国家职业教育建筑材料工程技术专业教学资源库建设项目
高等职业教育建筑材料工程技术专业复合型系列教材

普通混凝土制备及施工技术

主　编　纪明香　　陈　飞

主　审　邝静喆　　冯伟东

副主编　刘冬梅　　邹凌彦　　张常明

参　编　王晶莹　　贲　珊　　隋良志

　　　　马洪涛　　纪晓薇

武汉理工大学出版社

·武　汉·

内 容 简 介

本书是建筑材料工程技术专业国家教学资源库中的一门专业核心课程的教材。全书共分为七部分：课程引导、原材料及混凝土性能检测、混凝土配合比设计、普通混凝土制备、混凝土的运输及泵送、普通混凝土的施工、混凝土常见质量问题及其防治。

本书以突出培养学生实践和动手能力为目标进行编写。希望通过本书的学习，使学生掌握从原料的选用、混凝土生产工艺、生产设备、性能检测、配合比设计，原料计量、输送、搅拌、质量控制到混凝土的运输及泵送全过程，获得普通混凝土制备与施工的控制、检测及管理能力。本书采用了现代信息化技术，将一些需要动手的、难以理解的、日常生产中看不见的知识内容以二维码的形式展现，学生利用手机扫码随时观看，提高学生的学习兴趣和学习效果。

本书可作为高职院校相关专业在校学生的教学用书，也可为中职学校学生及工程技术人员在岗培训提供参考。

图书在版编目(CIP)数据

普通混凝土制备及施工技术 / 纪明香,陈飞主编. —武汉:武汉理工大学出版社,2020.11
高等职业教育建筑材料工程技术专业复合型系列教材
ISBN 978-7-5629-5348-7

Ⅰ. ①普…　Ⅱ. ①纪…　②陈…　Ⅲ. ①混凝土-制备-高等职业教育-教材　②混凝土施工-高等职业教育-教材　Ⅳ. ①TU528.062　②TU755

中国版本图书馆 CIP 数据核字(2020)第 196403 号

项目负责人:田道全　　　　　　　　　　责任编辑:黄玲玲
责任校对:张明华　　　　　　　　　　　版面设计:正风图文
出版发行:武汉理工大学出版社
地　　　址:武汉市洪山区珞狮路 122 号
邮　　　编:430070
网　　　址:http://www.wutp.com.cn
经　　　销:各地新华书店
印　　　刷:荆州市鸿盛印务有限公司
开　　　本:880mm×1230mm　1/16
印　　　张:15
字　　　数:546 千字(纸质教材 444 千字,数字资源 102 千字)
版　　　次:2020 年 11 月第 1 版
印　　　次:2020 年 11 月第 1 次印刷
印　　　数:1—1500 册
定　　　价:45.00 元

前 言 Preface

　　随着我国开启全面建设社会主义现代化国家新征程,中国特色社会主义新时代的不断推进,在职业教育领域深化产教融合,推动教育与社会经济协调发展已成为国家制度性安排。为此,根据国家新一轮高等职业学校专业教学标准修订稿的《建筑材料工程技术(混凝土方向)》专业标准中的核心课程设置要求,由黑龙江建筑职业技术学院联合哈尔滨晟圆新型建材有限公司联合编写了《普通混凝土制备及施工技术》复合型教材。

　　本书的编写是在行业企业调研基础上,按照预拌混凝土(也称为商品混凝土)生产流程为主线进行内容设计,遵循高等职业教育教学规律,面向普通混凝土搅拌站中控进料、搅拌、试验检测和现场管理等岗位,突出实践动手能力,并与二维码扫描技术结合,充分体现复合型教材的时代特色。书中二维码可以直接手机扫码观看。

　　本书是依据我国国家标准《预拌混凝土》(GB/T 14902—2012)、《混凝土质量控制标准》(GB 50164—2011)、《混凝土结构工程施工质量验收规范》(GB 50204—2015)、《普通混凝土拌合物性能试验方法标准》(GB/T 50080—2016)等编写而成,属于高职院校建筑材料工程技术(混凝土方向)专业的核心课教材。主要内容包括:课程引导、原材料及混凝土性能检测、混凝土配合比设计、普通混凝土制备、混凝土运输及泵送、普通混凝土施工、混凝土常见质量问题及其防治。

　　本书由纪明香、陈飞主编,刘冬梅、邹凌彦、张常明任副主编,王晶莹、贲珊、隋良志、马洪涛、纪晓薇参编。具体编写分工:黑龙江建筑职业技术学院纪明香编写项目3并进行全书统稿,哈尔滨晟圆新型建材有限公司陈飞编写项目2,黑龙江建筑职业技术学院隋良志、邹凌彦编写课程引导和项目1,刘冬梅编写项目4,张常明编写项目5,王晶莹编写项目6中的6.1节和6.3节,马洪涛编写6.2节,贲珊编写6.4节,纪晓薇编写6.5节和6.6节。全书由哈尔滨工业大学土木学院邝静喆和哈尔滨市建筑工程质量监督站冯伟东主审。

　　本书可作为高职院校建筑材料工程技术(混凝土方向)专业的教材,也可供中职教育及有关企业进行岗前、岗中培训使用。

　　由于编者本身业务能力和水平所限,书中难免存在不足之处,敬请广大读者批评指正。

编　者

2020 年 9 月

目 录 Contents

0 课程引导

0.1 学习目标

"普通混凝土制备及施工技术"是针对建筑材料工程技术专业(混凝土方向)的学生开设的一门专业必修课。该课程以混凝土制备的工艺过程为基础,通过学习使学生掌握普通混凝土生产和使用过程中各个环节的相关知识和操作技能。其学习的目标如下:

1. 素质目标

(1) 培养学生能够践行社会主义核心价值观,具有深厚的爱国情感和中华民族自豪感;

(2) 培养学生遵纪守法,崇德向善,诚实守信,尊重生命,热爱劳动,履行道德准则和行为规范,具有社会责任感和社会参与意识;

(3) 培养学生具有质量意识、环保意识、安全意识、信息素养、工匠精神、创新精神;

(4) 培养学生勇于奋斗,乐观向上,具有自我管理能力、职业生涯规划的意识,有较强的集体意识和团队合作精神;具有独立学习和分析解决问题的能力,具有与人沟通和团队合作的能力,具有严谨的科学态度和创新意识,具有良好的职业素养和坚韧、诚实的品德。

2. 知识目标

(1) 使学生了解混凝土制备及施工的国家标准及相关产业政策;

(2) 掌握普通混凝土结构与性能;

(3) 掌握普通混凝土组成材料选择的方法;

(4) 掌握普通混凝土配合比设计的方法;

(5) 掌握混凝土制备方法;

(6) 掌握混凝土运输与施工的方法;

(7) 掌握混凝土常见工程质量问题出现的原因及解决方法;

(8) 掌握制备混凝土生产设备构造、工作原理、设备维护方法及相关理论知识等。

3. 能力目标

(1) 能设计混凝土的配合比;

(2) 能制备各种要求的混凝土;

(3) 能进行混凝土运输与施工组织;

(4) 能解决混凝土常见工程质量问题。

0.2 学习方法

"普通混凝土制备及施工技术"是一门实践性较强的专业课程,在学习过程中存在"进不去,看不见;动不了,学不全;高危险,难再现"的问题。因此,学生在学习时一定要利用好以下资源:

1. 商品混凝土生产仿真平台

充分利用商品混凝土生产虚拟仿真教学平台的 3D 仿真系统,浏览混凝土制备的工艺流程,学习混凝土制备所用设备的内部结构、工作原理,掌握设备的操作与维护。利用 2D 操作仿真系统学习配合比的录入、合同的管理及生产时流程的启动与停止等。

2. 资源库平台

充分利用建筑材料工程技术专业资源库平台,将学生应该学习掌握的相关知识及实践操作的视频上传到平台,使学生可以随时、随地学习、观看,再通过学生在课前测试中反映出的问题,教师在课堂上进行重点讲解,做到线上、线下共同学习,提高学生的学习效果。

3. 实训室动手操作

学生在学习时,除应认真精读教材、到资源库平台上查阅相关资源进行学习外,还应该在教师指导下,到建筑施工现场、实训室、建材市场等地,对建筑与装饰材料进行认知实践。学习时要注意将理论知识落实在材料的选用、检测、验收等实践操作上,应该充分重视主要材料的试验训练。

0.3 混凝土概述

0.3.1 混凝土的定义及分类

1. 混凝土定义

混凝土是目前最主要的土木工程材料之一。它是以"胶凝材料、骨料和水为主要材料,也可加入外加剂和矿物掺合料等材料,经拌和、成型、养护等工艺制成、硬化后具有强度的工程材料"。

所谓骨料,是指在混凝土(或砂浆)中起骨架和填充作用的岩石颗粒等粒状松散材料,分为粗骨料、细骨料。

2. 混凝土的分类

混凝土的种类很多。按照不同的分类方法,可以分成不同种类的混凝土。

(1)按胶凝材料不同,可分为水泥混凝土(普通混凝土)、沥青混凝土、石膏混凝土及聚合物混凝土等。

(2)按干表观密度不同,可分为重混凝土(表观密度大于 2800 kg/m³)、普通混凝土(表观密度为 2000~2800 kg/m³)和轻混凝土(表观密度小于 2000 kg/m³)。

(3)按使用功能不同,可分为结构混凝土、道路混凝土、水工混凝土、海工混凝土、保温混凝土、耐热混凝土、耐酸混凝土、防辐射混凝土及装饰混凝土等。

(4)按配筋方式不同,可分为素(即无筋)混凝土、钢筋混凝土、钢丝网水泥混凝土、纤维混凝土、预应力混凝土等。

（5）按混凝土拌合物的和易性不同,可分为干硬性混凝土、半干硬性混凝土、塑性混凝土、流动性混凝土、高流动性混凝土、流态混凝土等。

（6）按施工工艺不同,可分为喷射混凝土、泵送混凝土、振动（压力）灌浆混凝土、离心混凝土、碾压混凝土、挤压混凝土、真空混凝土等。

此外,随着混凝土的发展和工程的需要,还出现了补偿收缩混凝土、加气混凝土、钢管混凝土、清水混凝土、大体积混凝土、水下不分散混凝土、透光混凝土、透水混凝土等具有特殊功能的混凝土。

0.3.2 混凝土的特点

混凝土的优点很多,如性能多样、用途广泛。可根据不同的工程要求配置不同性质的混凝土。混凝土的塑性较好,可根据需要浇筑成不同的形状和大小的构件和结构物;混凝土和钢筋有牢固的黏结力,钢筋混凝土结构或构件能充分发挥混凝土的抗压性能和钢筋的抗拉性能;混凝土组成材料中的砂、石等材料占80%以上,其来源广泛,符合就地取材和经济的原则;混凝土具有良好的耐久性,同钢材、木材相比,维修保养费用低;还能充分利用工业废料作骨料或掺合料,如粉煤灰、矿渣等,有利于环境保护。

同时,混凝土也存在抗拉强度低、变形能力小、易开裂、自重大、硬化速度慢和生产周期长等缺点,随着科学技术的迅速发展,混凝土的不足之处正在不断被改进。

0.3.3 预拌混凝土的发展

预拌混凝土（RMC）,又称商品混凝土,最早出现于欧洲,预拌混凝土行业已历经百余年的发展,产品类型逐渐丰富,从传统的普通混凝土向高性能混凝土、绿色环保混凝土方向转化。

国内于20世纪80年代开始发展预拌混凝土,开始只是在北京、上海等经济发达地区发展,目前在全国范围内逐步普及。

预拌混凝土的发源地是欧洲,一百多年前英国就产生将新鲜混凝土以商品的形式提供给用户的想法,1872年英国设计建造了世界第一座商品混凝土工厂,德国于1903年、美国于1913年、法国于1933年、日本于1954年相继建造了本国的第一座商品混凝土站。20世纪五六十年代,由于战后经济技术的恢复和发展,欧、美、日等商品混凝土进入快速发展阶段,到80年代经济发达国家商品混凝土用量已占总量的60%～80%,目前稳定到90%以上。随着商品混凝土的发展,很多大型建设单位自己建立混凝土搅拌站,生产的混凝土供本单位施工使用,所以,商品混凝土与这部分混凝土统称为预拌混凝土。

我国预拌混凝土行业始于1978年,经历了一个从无到有的发展时期,1986年发展到年产混凝土360万立方米。2003年,商务部、公安部、建设部、交通部发布了《关于限期禁止在城市城区现场搅拌混凝土的通知》,确定了124个禁止现场搅拌的城市,并且明确规定了城区禁止现场搅拌的时间表。2008年全国预拌混凝土生产企业已达3600个,年生产混凝土6.9亿立方米。2008年经济危机,2009年国家投资4万亿元拉动内需,此后几年预拌混凝土行业发展到顶峰,然后产量逐年下降,行业进入低谷。随着经济和城市化的发展,政府对混凝土推广力度加大,以及对现拌混凝土的使用场景进一步限制,使得我国混凝土生产保持稳定上升。2017年,混凝土产量16.4亿立方米,同比增长2.14%;目前,我国混凝土生产企业有11133家,年设计产能61.85亿立方米。

依据可持续发展战略及环保政策,预拌混凝土行业将进一步向工业化、专业化、产业化发展,全封闭绿色环保搅拌站将成为行业发展的方向。根据国家住宅产业化政策,工地现浇预拌混凝土逐步向工厂预制混凝土转变,工作性、耐久性、稳定性好,水胶比小、掺合料掺量大的高性能混凝土将得到逐步推广。

目前,混凝土仍向着轻质、高强、多功能、高性能、绿色环保、低碳的方向发展。发展复合材料,不断扩大资源,预拌混凝土和使混凝土商品化也是今后发展的重要方向。

0.3.4 混凝土的结构

混凝土组织结构如图0-1所示。

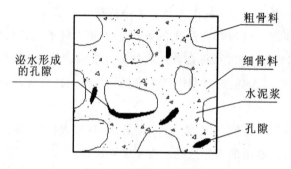

图 0-1 混凝土组织结构

在混凝土中,水泥与水形成水泥浆包裹砂、石颗粒,并填充砂石的空隙,水泥浆在硬化前主要起润滑作用,使混凝土拌合物具有良好的工作性;在硬化后,水泥浆主要起胶结作用,将砂、石黏结成一个整体,使其具有良好的强度及耐久性。砂、石在混凝土中起骨架作用,并可抑制混凝土的收缩。在混凝土结构中还存在由于泌水等原因产生的孔隙。

混凝土的技术性质在很大程度上是由原材料的性质及其相对含量决定的,同时也与施工工艺(搅拌、浇筑、养护)有关。因此,必须了解原材料的性质、作用及其质量要求,合理选用原材料,这样才能保证混凝土的质量。

0.3.5 混凝土制备工艺简介

一般混凝土的生产过程为原材料进厂(散装水泥运输车运输)、原材料堆存、电子秤计量、搅拌楼内搅拌、搅拌运输车(简称罐车)运输,然后到现场经过混凝土泵(简称泵车或泵)送到施工相应的建筑部位浇筑成型。预拌混凝土企业通常由"一站三车"(即预拌混凝土搅拌站,混凝土搅拌输送车、混凝土输送泵车、散装水泥输送车)构成了预拌混凝土搅拌站从原料进厂、混凝土搅拌到运输浇筑的整个过程。

项目 1　原材料及混凝土性能检测

【项目描述】

本项目主要介绍普通混凝土所用原材料：水泥、骨料、矿物掺合料、外加剂及水等材料的性能，控制要点及选择依据；普通混凝土拌合物的工作性、含气量、表观密度及硬化混凝土的强度、耐久性的要求，以及普通混凝土工作性和强度的检测方法。

【项目目标】

知识目标：熟练掌握普通混凝土原材料的性能及控制要点，掌握普通混凝土拌合物的性能及检测方法、硬化混凝土的强度及耐久性的影响因素及检测方法。

能力目标：能够完成普通混凝土原材料的选择及普通混凝土拌合物性能检测，以及硬化混凝土的强度及耐久性的检测。

素质目标：培养学生勇于探索实践的攻关精神及勤于钻研的基本职业素质。

1.1　混凝土原材料的选择

[任务描述]　本任务介绍普通混凝土原材料即水泥、骨料、矿物掺合料、外加剂及水的性质、控制要点及选择。

[能力目标]　能够根据普通混凝土的性能要求，合理地选择原材料的种类及性能。

[知识目标]　掌握普通混凝土原材料的性能、控制要点及选择方法。

[任务工单]

《普通混凝土制备及施工技术》学习任务工单

项目	原材料及混凝土性能检测		任务	1.1　混凝土原材料的选择	
队名		班级			学时
队长		队员			
工作任务	学会普通混凝土原材料即水泥、骨料、矿物掺合料、外加剂及水的性质、控制要点及选择。				
任务目标	[能力目标]能够根据普通混凝土的性能要求，合理地选择原材料的种类及性能。 [知识目标]掌握普通混凝土原材料的性能、控制要点及选择方法。				
工作方式	每个班级分为 6 个学习小分队，每队 6～7 人，按学习任务进行分工，每人在完成自学后，一起讨论，共同完成任务，并进行任务总结。				

工作记录								
任务总结								
工作评价		参与讨论 /(20)	工作数量 /(20)	工作质量 /(20)	团结协作 /(20)	工作结果 /(20)	合计 权重 分值	
	自我评价						30%	
	同学评价						30%	
	老师评价						40%	
教师评语						教师签名： 年 月 日		

1.1.1 水泥

建筑工程中应用的水泥品种众多,按其化学组成可分为硅酸盐系列水泥、铝酸盐系列水泥、硫铝酸盐系列水泥、铁铝酸盐系列水泥、氟铝酸盐系列水泥、磷酸盐系列水泥等。按性能与用途分为:用于一般建筑工程的通用硅酸盐水泥,简称通用水泥,主要包括硅酸盐水泥、普通硅酸盐水泥、矿渣硅酸盐水泥、火山灰质硅酸盐水泥、粉煤灰硅酸盐水泥和复合硅酸盐水泥;具有专门用途的专用水泥,如道路水泥、砌筑水泥、油井水泥等;具有某种比较突出性能的特性水泥,如快硬硅酸盐水泥、白色硅酸盐水泥、抗硫酸盐硅酸盐水泥、中热硅酸盐水泥及低热矿渣水泥、膨胀水泥等。工程中常用的为通用硅酸盐水泥。

1. 通用硅酸盐水泥的种类与组分

（1）种类

国家标准《通用硅酸盐水泥》(GB 175—2007)将通用硅酸盐水泥按混合材料的品种和掺量分为硅酸盐水泥、普通硅酸盐水泥(简称普通水泥)、矿渣硅酸盐水泥(简称矿渣水泥)、粉煤灰硅酸盐水泥(简称粉煤灰水泥)、火山灰质硅酸盐水泥(简称火山灰质水泥)和复合硅酸盐水泥(简称复合水泥)。

（2）组分

通用硅酸盐水泥组分如表1-1规定。

表 1-1 通用硅酸盐水泥组分

品 种	代号	组 分(%)				
		熟料＋石膏	粒化高炉矿渣	火山灰质混合材料	粉煤灰	石灰石
硅酸盐水泥	P·I	100	—	—	—	—
	P·II	≥95	≤5	—	—	—
		≥95	—	—	—	≤5
普通水泥	P·O	≥80 且<95	>5 且≤20①			—
矿渣水泥	P·S·A	≥50 且<80	>20 且≤50①	—	—	—
	P·S·B	≥30 且<50	>50 且≤70①	—	—	—
火山灰质水泥	P·P	≥60 且<80	—	>20 且≤40①	—	—
粉煤灰水泥	P·F	≥60 且<80	—	—	>20 且≤40①	—
复合水泥	P·C	≥50 且<80	>20 且≤50①			—

注:①本组分材料为活性混合材料,允许用不超过水泥质量的8%或不超过水泥质量5%的窑灰代替。

2. 硅酸盐水泥熟料的组成及性质

(1) 化学组成

硅酸盐水泥熟料的组成可分为化学组成和矿物组成两类。化学组成主要是氧化钙(CaO)、氧化硅(SiO_2)、氧化铝(Al_2O_3)、氧化铁(Fe_2O_3)四种氧化物,占熟料质量的95%以上。此外,还含有少量的其他氧化物,如 MgO、SO_3、Na_2O、K_2O、TiO_2、P_2O_5 等,它们的总量通常占熟料的5%以下。在实际生产中,硅酸盐水泥熟料中的主要氧化物含量的波动范围:CaO 占 62%～67%,SiO_2 占 20%～24%,Al_2O_3 占 4%～7%,Fe_2O_3 占 2.5%～6%。

(2) 矿物组成

硅酸盐水泥中的各种化学组成在高温下相互反应,生成四种主要矿物,并剩余少量氧化物。硅酸盐水泥熟料的四种主要矿物有:

① 硅酸三钙:$3CaO \cdot SiO_2$,简写成 C_3S。

② 硅酸二钙:$2CaO \cdot SiO_2$,简写成 C_2S。

③ 铝酸三钙:$3CaO \cdot Al_2O_3$,简写成 C_3A。

④ 铁铝酸四钙:$4CaO \cdot Al_2O_3 \cdot Fe_2O_3$,简写成 C_4AF。

此外,还含有少量的游离氧化钙($f\text{-}CaO$)、方镁石(结晶氧化镁)、含碱矿物和玻璃体等。

硅酸三钙和硅酸二钙合称硅酸盐矿物,占整个矿物组成的75%左右;铝酸三钙和铁铝酸四钙合称熔剂矿物,占整个矿物组成的22%左右,硅酸盐矿物和熔剂矿物总占95%左右。

(3) 各矿物的主要特性

硅酸盐水泥熟料主要矿物特性如表1-2所示。

表 1-2 硅酸盐水泥熟料主要矿物特性

矿物名称	硅酸三钙	硅酸二钙	铝酸三钙	铁铝酸四钙
水化反应速度	快	慢	最快	快
水化热	较高	低	最高	中
强度	高	早期低、后期发展较快	低	低(含量多时对抗折强度有利)
耐腐蚀性	差	好	最差	中
干缩性	中	小	大	小

由于铝酸三钙水化反应太快,所以,在水泥中加入石膏起缓凝作用。石膏的掺量与铝酸三钙的含量有关,掺少了起不到缓凝效果,掺多了由于石膏本身凝结较快,也会导致水泥凝结时间缩短。

3.通用硅酸盐水泥的技术要求

(1) 强度等级

① 硅酸盐水泥的强度等级分为:42.5、42.5R、52.5、52.5R、62.5、62.5R 六个等级(R 表示早强型水泥)。

② 普通水泥、复合水泥的强度等级分为:42.5、42.5R、52.5、52.5R 四个等级。

③ 矿渣水泥、火山灰质水泥、粉煤灰水泥的强度等级分为:32.5、32.5R、42.5、42.5R、52.5、52.5R 六个等级。

不同品种不同强度等级的通用硅酸盐水泥,其不同龄期的强度应符合表 1-3 的规定。

表 1-3　通用硅酸盐水泥强度指标

品种	强度等级	抗压强度(MPa)		抗折强度(MPa)	
		3d	28d	3d	28d
硅酸盐水泥	42.5	≥17.0	≥42.5	≥3.5	≥6.5
	42.5R	≥22.0		≥4.0	
	52.5	≥23.0	≥52.5	≥4.0	≥7.0
	52.5R	≥27.0		≥5.0	
	62.5	≥28.0	≥62.5	≥5.0	≥8.0
	62.5R	≥32.0		≥5.5	
普通硅酸盐水泥	42.5	≥17.0	≥42.5	≥3.5	≥6.5
	42.5R	≥22.0		≥4.0	
	52.5	≥23.0	≥52.5	≥4.0	≥7.0
	52.5R	≥27.0		≥5.0	
矿渣硅酸盐水泥 火山灰质硅酸盐水泥 粉煤灰硅酸盐水泥 复合硅酸盐水泥	32.5	≥10.0	≥32.5	≥2.5	≥5.5
	32.5R	≥15.0		≥3.5	
	42.5	≥15.0	≥42.5	≥3.5	≥6.5
	42.5R	≥19.0		≥4.0	
	52.5	≥21.0	≥52.5	≥4.0	≥7.0
	52.5R	≥23.0		≥4.5	

(2) 凝结时间

水泥的凝结时间可分为两个阶段:初凝、终凝。所谓初凝,即是从水泥加水拌和起,到水泥浆开始失去可塑性的时间。所谓终凝,即是从水泥加水拌和起,到水泥浆完全失去可塑性并开始产生强度的时间。

标准规定:硅酸盐水泥初凝不小于 45 min,终凝不大于 390 min。其他品种通用硅酸盐水泥初凝不小于 45 min,终凝不大于 600 min。

(3) 安定性

水泥浆体硬化后体积变化的均匀性称为水泥的体积安定性,即水泥硬化浆体能保持一定形状,不开裂、不变形、不溃散的性质。安定性不良的水泥会使混凝土构件膨胀开裂,使建筑物强度降低。

（4）细度

硅酸盐水泥和普通硅酸盐水泥的细度以比表面积表示,其比表面积不小于 $300\ m^2/kg$;其他通用水泥的细度以筛余表示,其 $80\ \mu m$ 方孔筛筛余不大于 10% 或 $45\ \mu m$ 方孔筛筛余不大于 30%。水泥颗粒越细,与水反应的表面积越大,水化反应速度加快,早期强度高,可改善水泥的安定性、泌水性、和易性及黏结性等,有利于施工。但过细,水泥需水量增大,干缩性及 7 d 水化热增大,抗冻性降低,强度降低,易风化,不宜久存。

（5）化学指标

通用硅酸盐水泥的化学指标应符合表 1-4 的规定。

表 1-4 通用硅酸盐水泥化学指标

品种	代号	不溶物 （%）	烧失量 （%）	三氧化硫 （%）	氧化镁 （%）	氯离子 （%）	碱 （%）
硅酸盐水泥	P·Ⅰ	≤0.75	≤3.0	≤3.5	≤5.0①	≤0.06③	≤0.6④
	P·Ⅱ	≤1.50	≤3.5				
普通硅酸盐水泥	P·O	—	≤5.0				
矿渣硅酸盐水泥	P·S·A	—	—	≤4.0			
	P·S·B	—	—				
火山灰质硅酸盐水泥	P·P	—	—	≤3.5	≤6.0②		
粉煤灰硅酸盐水泥	P·F	—	—				
复合硅酸盐水泥	P·C	—	—				

注:①如果水泥压蒸试验合格,允许放宽到 6.0%。

②如果水泥中的氧化镁含量大于 6.0%时,需进行水泥压蒸安定性试验并合格。

③当有更低要求时,该指标由买卖双方确定。

④水泥中碱含量按 $Na_2O+0.658K_2O$ 计算值表示,低碱水泥应不大于 0.6%或由买卖双方协商确定。

4. 水泥的质量控制要点

（1）水泥胶砂强度

混凝土强度主要取决于水胶比及水泥强度,如水泥强度波动大或不合格必然导致混凝土强度波动大或不合格,从而导致混凝土结构工程发生质量事故或留下质量隐患。

（2）水泥标准稠度用水量

一般情况水泥的标准稠度用水量与混凝土工作性具有相关性,水泥标准稠度用水量波动必然导致混凝土工作性波动,对预拌混凝土生产造成不必要的影响。应对此项指标加以控制,如有波动应采取应对措施,并要求水泥企业确保稳定。

（3）水泥凝结时间

水泥凝结时间与混凝土凝结时间有极大相关性,如水泥凝结时间出现波动或异常必然导致混凝土凝结时间出现波动或异常,从而影响工地施工进度,造成施工单位投诉,严重时造成质量事故,甚至造成较大经济损失。

（4）水泥安定性

水泥水化硬化后体积变化的稳定性,与混凝土的体积变化的稳定性有相关性,如水泥安定性不合格,将导致混凝土结构强度大幅度降低,结构变形过大。一旦安定性不合格的水泥用于混凝土工程,后果极为严重,轻则结构拆除重建,赔偿损失;重则企业倒闭,或全面退出某区域市场。

（5）水泥与外加剂（减水剂）的适应性

水泥与外加剂的适应性是决定预拌混凝土的工作性及工作稳定性最主要因素。目前预拌混凝土企业日常工作中，检测频率最多的就是水泥与外加剂的适应性。

1.1.2 骨料

普通混凝土中，骨料的体积占到 60％以上。骨料是混凝土中承受荷载、抵抗侵蚀和增强混凝土体积稳定性的重要组成材料，也是价格低廉的填充组分。普通混凝土中的骨料分为粗骨料和细骨料。

1. 粗骨料

粗骨料是公称粒径大于 5 mm 的骨料。由天然岩石经破碎、筛分而得的，公称粒径大于 5.00 mm 的岩石颗粒称为碎石；由自然条件作用形成的，公称粒径大于 5.00 mm 的岩石颗粒称为卵石。碎石与卵石相比，表面比较粗糙、多棱角，表面积大、孔隙率大，与水泥的黏结强度较高。因此，在水胶比相同的条件下，用碎石拌制的混凝土，流动性较小，但强度较高；而卵石正相反，流动性大，但强度较低。

配制混凝土的粗骨料技术性能参数的要求主要有以下几点：

（1）颗粒级配及最大粒径

① 颗粒级配

粗骨料的颗粒级配是通过筛分试验来确定的。取一套边长为 2.36 mm、4.75 mm、9.50 mm、16.0 mm、19.0 mm、26.5 mm、31.5 mm、37.5 mm、53.0 mm、63.0 mm、75.0 mm、90.0 mm 的标准方孔筛进行试验，各筛的累计筛余百分率须符合表 1-5 的规定。粗骨料累计筛余百分率的计算方法与砂相同。

碎石或卵石的颗粒级配按供应情况分连续粒级和单粒级两种。单粒级宜用于组合成满足要求的连续粒级；也可与连续粒级混合使用，以改善其级配或配成较大粒度的连续粒级。

当卵石的颗粒级配不符合表 1-5 规定时，应采取措施并经试验证实能确保工程质量后，方允许使用。

表 1-5　碎石或卵石的颗粒级配范围

级配情况	公称粒径（mm）	累计筛余，按质量计（%）											
		方孔筛筛孔边长尺寸（mm）											
		2.36	4.75	9.50	16.0	19.0	26.5	31.5	37.5	53.0	63.0	75.0	90.0
连续粒级	5～10	95～100	80～100	0～15	0	—	—	—	—	—	—	—	—
	5～16	95～100	85～100	30～60	0～10	0	—	—	—	—	—	—	—
	5～20	95～100	90～100	40～80	—	0～10	0	—	—	—	—	—	—
	5～25	95～100	90～100	—	30～70	—	0～5	0	—	—	—	—	—
	5～31.5	95～100	90～100	70～90	—	15～45	—	0～5	0	—	—	—	—
	5～40	—	95～100	70～90	—	30～65	—	—	0～5	0	—	—	—
单粒级	10～20	—	95～100	85～100	—	0～15	0	—	—	—	—	—	—
	16～31.5	—	95～100	—	85～100	—	—	0～10	—	—	—	—	—
	20～40	—	—	95～100	—	80～100	—	—	0～10	0	—	—	—
	31.5～63	—	—	—	95～100	—	—	75～100	45～75	—	0～10	0	—
	40～80	—	—	—	—	95～100	—	—	70～100	—	30～60	0～10	0

② 最大粒径

最大粒径是用来表示粗骨料的粗细程度的。公称粒径的上限称为该粒级的最大粒径。粗骨料的最大粒径增大,则该粒级的粗骨料总表面积减小,包裹粗骨料所需的水泥浆量就少。在一定和易性和水泥用量条件下,则能减小用水量而提高混凝土强度。对中低强度的混凝土,尽量选择最大粒径较大的粗骨料,但通常不宜大于 40 mm。

根据《混凝土质量控制标准》(GB 50164—2011)规定,对于混凝土结构中,粗骨料最大公称粒径不得大于构件截面最小尺寸的 1/4,且不得大于钢筋最小净距的 3/4;对混凝土实心板,骨料的最大公称粒径不宜大于板厚的 1/3,且不得大于 40 mm;对于大体积混凝土,粗骨料最大公称粒径不宜小于 31.5 mm。

(2)针、片状颗粒含量

凡岩石颗粒的长度大于该颗粒所属粒级的平均粒径 2.4 倍者为针状颗粒;厚度小于平均粒径 0.4 倍者为片状颗粒。平均粒径指该颗粒上、下限粒径的平均值。针、片状颗粒过多会使混凝土的强度、和易性和耐久性降低。石子中针、片状颗粒含量应符合表 1-6 的规定。

表 1-6 针、片状颗粒含量

混凝土强度等级	≥C60	C55~C30	≤C25
针、片状颗粒含量(按质量计,%)	≤8	≤15	≤25

(3)含泥量、泥块含量

碎石或卵石中含泥量和泥块含量应符合表 1-7 的规定。

表 1-7 碎石或卵石中含泥量和泥块含量

混凝土强度等级	≥C60	C55~C30	≤C25
含泥量(按质量计,%)	≤0.5	≤1.0	≤2.0
泥块含量(按质量计,%)	≤0.2	≤0.5	≤0.7

注:① 对于有抗冻、抗渗或其他特殊要求的混凝土,其所用碎石或卵石中含泥量不应大于 1.0%;
② 当碎石或卵石的含泥量是非黏土质的石粉时,其含泥量可由表中数据调高至 1.0%、1.5%、3.0%;
③ 对于有抗冻、抗渗或其他特殊要求的强度等级小于 C30 的混凝土,其所用碎石或卵石中泥块含量不应大于 0.5%。

(4)抗压强度和压碎值指标

碎石的强度可用岩石的抗压强度和压碎值指标表示。岩石的抗压强度应比所配制的混凝土强度至少高 20%。当混凝土强度等级大于或等于 C60 时,应进行岩石抗压强度检验。岩石强度首先应由生产单位提供,工程中可采用压碎值指标进行质量控制。碎石的压碎值指标宜符合表 1-8 的规定。

表 1-8 碎石的压碎值指标

岩石品种	混凝土强度等级	碎石压碎值指标(%)
沉积岩	C60~C40	≤10
	≤C35	≤16
变质岩或深成的火成岩	C60~C40	≤12
	≤C35	≤20
喷出的火成岩	C60~C40	≤13
	≤C35	≤30

注:沉积岩包括石灰岩、砂岩等;变质岩包括片麻岩、石英岩等;深成的火成岩包括花岗岩、正长岩、闪长岩和橄榄岩等;喷出的火成岩包括玄武岩和辉绿岩等。

卵石的强度可用压碎值指标表示。其压碎值指标宜符合表 1-9 的规定。

表 1-9　卵石的压碎值指标

混凝土强度等级	C60～C40	≤C35
压碎值指标（％）	≤12	≤16

（5）坚固性

碎石或卵石的坚固性应用硫酸钠溶液法检验,试样经 5 次循环后,其质量损失应符合表 1-10 的规定。

表 1-10　碎石或卵石的坚固性指标

混凝土所处的环境条件及其性能要求	5 次循环后的质量损失(％)
在严寒及寒冷地区室外使用,并经常处于潮湿或干湿交替状态下的混凝土;有腐蚀性介质作用或经常处于水位变化区的地下结构或有抗疲劳、耐磨、抗冲击等要求的混凝土	≤8
在其他条件下使用的混凝土	≤12

（6）有害物质

碎石或卵石中的硫化物和硫酸盐含量以及卵石中有机物等有害物质含量,应符合表 1-11 的规定。

表 1-11　碎石或卵石中的有害物质含量

项　　目	质　量　要　求
硫化物及硫酸盐含量（折算成 SO_3,按质量计,％）	≤1.0
卵石中有机物含量（用比色法试验）	颜色应不深于标准色。当颜色深于标准色时,应配制成混凝土进行强度对比试验,抗压强度比应不低于 0.95

当碎石或卵石中含有颗粒状硫酸盐或硫化物杂质时,应进行专门检验,确认能满足混凝土耐久性要求后,方可采用。

（7）碎石或卵石的碱活性

对于长期处于潮湿环境的重要结构混凝土,其所使用的碎石或卵石应进行碱活性检验。

进行碱活性检验时,首先应采用岩相法检验碱活性骨料的品种、类型和数量。当检验出骨料中含有活性二氧化硅时,应采用快速砂浆棒法或砂浆长度法进行骨料的碱活性检验;当检验出骨料中含有活性碳酸盐时,应采用岩石柱法进行碱活性检验。

经上述检验,当判定骨料存在潜在碱-碳酸盐反应危害时,不宜用作混凝土骨料;否则,应通过专门的混凝土试验,做最后评定。

当判定骨料存在潜在碱-硅反应危害时,应控制混凝土中的碱含量不超过 3 kg/m³,或采用能抑制碱-骨料反应的有效措施。

（8）粗骨料的质量控制要点

① 针片状颗粒含量（粒形）:过多则影响强度及混凝土工作性。

② 颗粒级配(大小搭配情况):如不合理则导致孔隙率过大,影响强度及混凝土工作性。

③ 含泥量:影响工作性及强度。

④ 最大粒径:影响强度、可泵性,一般小于 31.5 mm。

⑤ 风化石含量:影响强度及工作性。

2. 细骨料

细骨料(砂)是指公称粒径小于 5 mm 的岩石颗粒。混凝土用砂分为天然砂和人工砂。配制混凝土时所采用的细骨料的质量要求主要有以下几方面:

(1)砂的颗粒级配及粗细程度

① 砂的颗粒级配

砂的颗粒级配是指砂的大小颗粒的搭配情况,如图 1-1 所示。如果混凝土中用同样粗细的砂,空隙最大;两种粒径的砂搭配起来,空隙减小;而多种不同粒径的砂搭配在一起空隙就更小。从而可以看出混凝土用砂应该有较好的颗粒级配,级配良好的砂,不仅可以节省水泥,而且可以使混凝土结构密实、强度提高。

② 砂的粗细程度

砂的粗细程度是指不同粒径的砂粒混合在一起后的总体的粗细程度。通常按细度模数 μ_{f} 的不同分为粗、中、细、特细四级。在相同质量的条件下,细砂的总表面积大,而粗砂的总表面积小。在混凝土中,砂子的总表面积越大,则包裹砂粒表面的水泥浆需要量越多。因此,一般来说用粗砂拌制混凝土比用细砂拌制混凝土节省水泥浆。

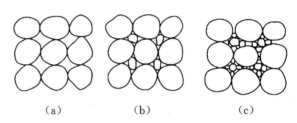

图 1-1　骨料颗粒级配示意图

(a)同种粒径级配;(b)两种不同粒径级配;(c)多种不同粒径级配

③ 砂颗粒级配和粗细程度的评定方法

在拌制混凝土时,砂的颗粒级配和粗细程度应同时考虑。而砂的颗粒级配和粗细程度常用筛分法测定。筛分法就是采用一套标准的试验筛(砂的公称粒径、砂筛筛孔的公称直径和方孔筛筛孔边长尺寸对照关系如表 1-12 所示),公称直径依次为 5.00 mm、2.50 mm、1.25 mm、630 μm、315 μm、160 μm、80 μm。将 500 g 的干砂试样由粗到细依次过筛,然后称得余留在各筛上砂的筛余量,记为 m_1、m_2、m_3、m_4、m_5、m_6,计算各筛上的分计筛余百分率 a_1、a_2、a_3、a_4、a_5、a_6(各筛上的筛余量占砂样总量的百分率)及累计筛余百分率 A_1、A_2、A_3、A_4、A_5、A_6(各级筛和比该筛粗的所有分计筛余百分率相加在一起)。

表 1-12　砂的公称粒径、砂筛筛孔的公称直径和方孔筛筛孔边长尺寸对照关系表

砂的公称粒径	砂筛筛孔的公称直径	方孔筛筛孔边长
5.00 mm	5.00 mm	4.75 mm
2.50 mm	2.50 mm	2.36 mm
1.25 mm	1.25 mm	1.18 mm
630 μm	630 μm	600 μm
315 μm	315 μm	300 μm
160 μm	160 μm	150 μm
80 μm	80 μm	75 μm

累计筛余与分计筛余的关系如表1-13所示。

表1-13 累计筛余与分计筛余的关系

筛孔公称直径（mm）	筛余量（g）	分计筛余百分率（%）	累计筛余百分比（%）
5.00	m_1	a_1	$A_1 = a_1$
2.50	m_2	a_2	$A_2 = a_1 + a_2$
1.25	m_3	a_3	$A_3 = a_1 + a_2 + a_3$
0.63	m_4	a_4	$A_4 = a_1 + a_2 + a_3 + a_4$
0.315	m_5	a_5	$A_5 = a_1 + a_2 + a_3 + a_4 + a_5$
0.16	m_6	a_6	$A_6 = a_1 + a_2 + a_3 + a_4 + a_5 + a_6$

除特细砂外，砂的颗粒级配可按公称直径630μm筛孔的累计筛余量分成三个级配区（见表1-14），且颗粒级配区应处于表1-14中的某一区内。

表1-14 砂颗粒级配区

公称粒径	级配区		
	Ⅰ区	Ⅱ区	Ⅲ区
	累计筛余（%）		
5.00 mm	10～0	10～0	10～0
2.50 mm	35～5	25～0	15～0
1.25 mm	65～35	50～10	25～0
630 μm	85～71	70～41	40～16
315 μm	95～80	92～70	85～55
160 μm	100～90	100～90	100～90

注：① 此表数据不适用特细砂；

② 砂的实际颗粒级配与表中数据相比，除公称直径为5.00 mm和630 μm的累计筛余外，其余公称粒径的累计筛余可稍有超出分界线，但总超出量不得大于5%。

为了更直观地反映砂的颗粒级配，可参照表1-14的内容绘制砂的级配曲线图，如图1-2所示。

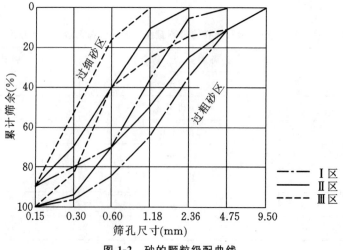

图1-2 砂的颗粒级配曲线

配制混凝土时宜优先选用Ⅱ区砂。当采用Ⅰ区砂时,应提高砂率,并保持足够的水泥用量,以满足混凝土的和易性要求;当采用Ⅲ区砂时,宜适当降低砂率;当采用特细砂时,应符合相应的规定。泵送混凝土,宜选用中砂。

用细度模数表示砂的粗细程度,如表1-15所示。

砂的细度模数μ_f的计算公式:

$$\mu_f = \frac{(A_2 + A_3 + A_4 + A_5 + A_6) - 5A_1}{100 - A_1} \tag{1-1}$$

表1-15　砂按细度模数分类

细度模数 μ_f	砂的粗细程度
3.7～3.1	粗砂
3.0～2.3	中砂
2.2～1.6	细砂
1.5～0.7	特细砂

（2）砂的含泥量及泥块含量

天然砂中含泥量应符合表1-16的规定。

表1-16　天然砂中含泥量

混凝土强度等级	≥C60	C55～C30	≤C25
含泥量（按质量计,%）	≤2.0	≤3.0	≤5.0
泥块含泥量（按质量计,%）	≤0.5	≤1.0	≤2.0

对于有抗冻、抗渗或其他特殊要求的小于或等于C25混凝土用砂,其含泥量不应大于3.0%,泥块含量不应大于1.0%。

（3）人工砂的石粉含量

人工砂或混合砂中石粉含量应符合表1-17的规定。

表1-17　人工砂或混合砂中石粉含量

混凝土强度等级		≥C60	C55～C30	≤C25
石粉含量(%)	MB<1.4（合格）	≤5.0	≤7.0	≤10.0
	MB≥1.4（不合格）	≤2.0	≤3.0	≤5.0

（4）砂的坚固性

砂的坚固性应采用硫酸钠溶液检验,试样经5次循环后,其质量损失应符合表1-18的规定。

表1-18　砂的坚固性指标

混凝土所处的环境条件及其性能要求	5次循环后的质量损失(%)
在严寒及寒冷地区室外使用,并经常处于潮湿或干湿交替状态下的混凝土;对于有抗疲劳、耐磨、抗冲击要求的混凝土;有腐蚀介质作用或经常处于水位变化区的地下结构混凝土	≤8
其他条件下使用的混凝土	≤10

（5）砂中的有害物质含量

当砂中含有云母、轻物质、有机物、硫化物及硫酸盐等有害物质时，其含量应符合表 1-19 的规定。

表 1-19　砂中的有害物质含量

项目	质量指标
云母含量（按质量计，%）	≤2.0
轻物质含量（按质量计，%）	≤1.0
硫化物及硫酸盐含量（折算成 SO_3 按质量计，%）	≤1.0
有机物含量（用比色法试验）	颜色不应深于标准色。当颜色深于标准色时，应按水泥胶砂强度试验方法进行强度对比试验，抗压强度比不应低于 0.95

对于有抗冻、抗渗要求的混凝土用砂，其云母含量不应大于 1.0%。

当砂中含有颗粒状的硫酸盐或硫化物杂质时，应进行专门检验，确认能满足混凝土耐久性要求后，方可采用。

（6）砂中氯离子含量

① 对于钢筋混凝土用砂，其氯离子含量不得大于 0.06%（以干砂的质量百分率计）；

② 对于预应力混凝土用砂，其氯离子含量不得大于 0.02%（以干砂的质量百分率计）。

（7）细骨料的质量控制要点

① 细度模数：影响用水量、工作性、抗裂性；

② 颗粒级配：影响用水量、工作性、可泵性；

③ 含泥量：影响强度、用水量、工作性、外加剂、适应性；

④ 杂质含量：影响工作性、强度、外加剂适应性、混凝土均匀性。

1.1.3　掺合料

在拌制混凝土时，为了节约水泥、改善混凝土性能、调节混凝土强度等级而加入的天然的或人造的矿物材料，统称为混凝土掺合料。

用于混凝土中的掺合料可分为活性矿物掺合料和非活性矿物掺合料两大类。非活性矿物掺合料一般与水泥组分不起化学作用或化学作用很小，如磨细石英砂、石灰石、硬矿渣之类材料。活性矿物掺合料虽然本身不硬化或硬化速度很慢，但能与水泥水化生成的 $Ca(OH)_2$ 生成具有水硬性的胶凝材料。如粒化高炉矿渣、粉煤灰、火山灰质材料等。

活性矿物掺合料依其来源分为天然类、人工类和工业废料类。

天然类主要有火山灰、凝灰岩、硅藻土、蛋白石质黏土、钙性黏土和黏土页岩等；人工类主要有煅烧页岩和黏土；工业废料类主要有粉煤灰、硅灰、沸石粉、水淬高炉矿渣粉和煅烧煤矸石。

1. 粉煤灰

粉煤灰是从燃烧煤粉的锅炉烟气中收集到的细粉末，其颗粒多呈球形，表面光滑。粉煤灰的技术要求如下：

（1）粉煤灰的化学组成

粉煤灰能够降低混凝土的需水量，并且有利于混凝土长期强度的发展。但是，由于煤品质的波动、煤粉燃烧条件和工艺的变动，粉煤灰的品质波动很大。根据煤种的不同，粉煤灰可分为如下两类：

C 类粉煤灰：由褐煤燃烧形成的粉煤灰，其氧化钙含量较高（＞10%），呈褐黄色，也称高钙灰。

F 类粉煤灰:烟煤和无烟煤燃烧形成的粉煤灰,其氧化钙含量很低(<10%),呈灰色或深灰色,也称为低钙粉煤灰,一般具有火山灰活性。两种煤粉灰典型的化学组成如表 1-20 所示。

表 1-20 粉煤灰化学组成

成分	低钙灰(F 类粉煤灰)(%)	高钙灰(C 类粉煤灰)(%)
CaO	0.5～10	10～38
SiO_2	34～60	25～40
Al_2O_3	17～31	8～17
Fe_2O_3	2～25	5～10
MgO	1～5	1～3
SO_3	0.5～1	0.2～8
K_2O	0.5～4	0.5～1.5
Na_2O	0.1～1.0	0.2～6
LOI	0.5～8	0.5～8
C	0.5～7	0.5～7

从矿物组成来看,粉煤灰含有一部分玻璃体、部分晶体矿物(活性或惰性的),另外还有部分未燃尽的碳。

(2)技术要求

《用于水泥和混凝土中的粉煤灰》(GB/T 1596—2017)规定了粉煤灰的技术要求,如表 1-21 所示。

表 1-21 粉煤灰技术要求

项目	粉煤灰类别	技术要求		
		Ⅰ级	Ⅱ级	Ⅲ级
细度(45μm 方孔筛筛余)(%),≤	F 类、C 类	12.0	25.0	45.0
需水量比(%),≤	F 类、C 类	95	105	115
烧失量(%),≤	F 类、C 类	5.0	8.0	10.0
含水量(%),≤	F 类、C 类	1.0		
三氧化硫(%),≤	F 类、C 类	3.0		
游离氧化钙(%),≤	F 类	1.0		
	C 类	4.0		
安定性(雷氏夹沸煮后增加距离,mm)≤	C 类	5.0		
放射性	F 类、C 类	合格		
碱含量($Na_2O+0.658K_2O$)	F 类、C 类	当粉煤灰用于活性骨料混凝土,要限制掺合料的碱含量时,由买卖双方协商确定		
均匀性	F 类、C 类	以细度(45 μm 方孔筛筛余)为考核依据,单一样品的细度不应超过前 10 个样品细度平均值的最大偏差,最大偏差范围由买卖双方协商确定		

(3)粉煤灰的质量控制要点

① 外观:颜色变化表明粉煤灰质量发生变化,必须进行全面检测,确保混凝土质量不出现异常

变化。

② 细度:细度波动影响粉煤灰的需水量,影响混凝土工作性,应大频率检测。

③ 需水量比:试验误差较大,且需要使用基准水泥,除非必要一般质量控制不以此为依据,实际多以待检粉煤灰试拌混凝土,以对混凝土性能影响为判断依据。

④ 净浆流动度:试验简单结果准确度高,应优先检测此项指标。

2. 粒化高炉矿渣粉

粒化高炉矿渣粉是以粒化高炉矿渣为主要原料磨制而成的一定细度的粉体,称作粒化高炉矿渣粉,简称矿渣粉。矿渣粉的组成及技术要求如下:

(1) 矿渣粉的化学组成

与其他掺合料相比,矿渣粉的化学成分与硅酸盐水泥熟料最接近,其典型化学成分为:

CaO:30%~48%;

SiO_2:31%~41%;

Al_2O_3:7%~18%;

MgO:4%~13%。

由于其与硅酸盐水泥熟料相似的化学组成和部分相似的矿物组分,矿渣粉具有潜在的水硬性,能发生与熟料矿物类似的水化反应。同时,矿渣粉也具有一定的火山灰性,即能与水泥熟料水化产生的副产物羟钙石发生二次水化反应,生成水化硅酸钙等产物。合适的激发条件(比如温度外掺石膏、碱等激发剂)能加速矿渣的反应。

由于矿渣粉的潜在水硬性及火山灰反应,消耗了副产物羟钙石,生成二次水化硅酸钙,填充了混凝土的空隙,增加了结构的致密程度,从而提高混凝土后期强度,改善了混凝土的耐久性。

(2) 矿渣粉的技术要求

《用于水泥、砂浆和混凝土中的粒化高炉矿渣粉》(GB/T 18046—2017)规定了矿渣粉的质量要求。合格的矿渣粉须满足表1-22中的技术要求。

表 1-22　矿渣粉技术要求

项目		级别		
		S105	S95	S75
密度(g/cm³)		≥2.8		
比表面积(m²/kg)		≥500	≥400	≥300
活性指数(%)	7 d	≥95	≥75	≥55
	28 d	≥105	≥95	≥75
流动度比(%)		≥95		
初凝时间比(%)		≤200		
含水量(质量分数)(%)		≤1.0		
三氧化硫(质量分数)(%)		≤4.0		
氯离子(质量分数)(%)		≤0.06		
烧失量(质量分数)(%)		≤1.0		
不溶物(质量分数)(%)		≤3.0		

续表 1-22

项目	级别		
	S105	S95	S75
玻璃体含量(质量分数)(%)	≥85		
放射性	$I_{\mathrm{ra}} \leqslant 1.0$ 且 $I_{\gamma} \leqslant 1.0$		

（3）矿渣粉的质量控制要点

① 比表面积:影响活性,影响混凝土强度,影响工作性及外加剂适应性;

② 活性:影响强度;

③ 外观:颜色一旦变化应查明原因,谨防厂家掺假,并做全面检测后方可大量使用;

④ 净浆流动度:试验简单,结果准确,应加大检测频率,用于监控矿粉的稳定性。

3. 硅灰

硅灰,又叫硅粉或微硅粉,是在冶炼硅铁合金或工业硅时,通过烟道排出的硅蒸气氧化后,经收尘器收集得到的以无定形二氧化硅为主要成分的工业副产品。

硅灰在形成过程中,因相变的过程中受表面张力的作用,形成了非结晶相无定形圆球状颗粒,且表面较为光滑,有些则是多个圆球颗粒粘在一起的团聚体。它是一种比表面积很大,活性很高的火山灰物质。表 1-23 显示了几种混凝土原材料的细度,其中硅灰的比表面积在 $20000\ \mathrm{m^2/kg}$ 以上,是水泥的 $50 \sim 80$ 倍。表 1-24 列出了硅灰的典型化学组成,其主要成分为二氧化硅。从矿物组成来看,硅灰中的二氧化硅为无定形状态,是一种活性很高的火山灰物质。

表 1-23　几种材料的比表面积

材料	比表面积(m²/kg)	材料	比表面积(m²/kg)
硅灰	20000～28000	粉煤灰	400～700
矿渣粉	450～600	通用水泥	350～450

表 1-24　硅灰的化学成分

成分	SiO_2	Al_2O_3	Fe_2O_3	MgO	CaO	Na_2O	pH
平均值(%)	75～96	1.0±0.2	0.9±0.3	0.7±0.1	0.3±0.1	1.3±0.2	中性

① 硅灰对混凝土性能的影响

由于硅灰是一种极细的高活性的矿物掺合料,能够填充水泥颗粒间的孔隙,改善界面区的结构,同时与水化产物生成凝胶体,与碱性材料氧化镁反应生成凝胶体,使混凝土结构更致密,从而提高强度和耐久性,主要表现为:

a.具有保水,防止离析、泌水性能,能大幅降低混凝土泵送阻力;

b.显著提高混凝土抗压、抗折强度,是高强混凝土的必要成分;

c.提高抗渗、防腐、抗冲击及耐磨性能;

d.提高混凝土抗侵蚀能力,特别是在氯盐污染侵蚀、硫酸盐侵蚀、高湿度等恶劣环境下,可提高混凝土的耐久性,延长其使用寿命。

不足的是,由于硅灰细,其需水量大,在混凝土中使用时要作相应的减水剂调整,同时,要保证其在混凝土中有效分散。

② 质量控制

关于硅灰的质量控制,目前尚无专用的国家标准,高强高性能混凝土用矿物外加剂标准对硅灰的技术指标和测试方法要求如表 1-25 所示。

表 1-25　硅灰技术要求和测试方法

项目	技术指标	测试方法
比表面积（m²/kg）	≥15000	BET 氮吸附法
含水量（质量分数）（%）	≤3.0	GB/T 176
需水量比（%）	≤125	GB/T 18736 附录 C
烧失量（%）	≤6.0	GB/T 176
二氧化硅（%）	≥85.0	GB/T 18736 附录 A
氯离子（%）	≤0.02	JC/T 420
28d 活性指数（%）	≥85	GB/T 18736 附录 C
放射性	合格	GB 6566

4. 沸石粉

沸石粉是用天然斜发沸石岩或丝光沸石岩磨细制成的粉体材料。

《混凝土和砂浆用天然沸石粉》（JG/T 566—2018）对沸石粉的技术要求如表 1-26 所示。

表 1-26　沸石粉的技术要求

项目	技术指标		
	Ⅰ级	Ⅱ级	Ⅲ级
吸铵值，mmol/100 g	≥130	≥100	≥90
细度（45 μm 筛余）（质量分数）（%）	≤12	≤30	≤45
需水量比（%）	≤115		
含水量（质量分数）（%）	≤5.0		

1.1.4　外加剂

外加剂是指能有效改善混凝土某项或多项性能的一类材料，掺加量占水泥质量的 5% 以下，能显著改善混凝土的和易性、强度、耐久性或调节凝结时间及节约水泥。外加剂的应用促进了混凝土技术的进步，使得高强高性能混凝土的生产和应用成为现实，并解决了许多工程技术难题。外加剂品种繁多，掺量很少，但是对新拌混凝土和硬化混凝土的性能影响很大。

1. 外加剂的功能和种类

混凝土外加剂的种类有：

① 改善混凝土流变性能的外加剂，如减水剂、引气剂、泵送剂等。

② 调节混凝土凝结硬化性能的外加剂，如缓凝剂、速凝剂、早强剂等。

③ 调节混凝土含气量的外加剂，如引气剂、加气剂、泡沫剂等。

④ 改善混凝土耐久性的外加剂，如引气剂、防水剂、阻锈剂和养护剂等。

⑤ 提供混凝土特殊性能的外加剂，如防冻剂、膨胀剂、着色剂、絮凝剂、减缩剂和泵送剂等。

2. 减水剂

减水剂是指在混凝土坍落度相同的条件下，能减少拌和用水量，或者在混凝土配合比和用水量均不变的情况下，能增加混凝土坍落度的外加剂。根据减水率大小或坍落度增加幅度分为普通减水剂和高效减水剂两大类。此外，尚有复合型减水剂，如引气减水剂，既具有减水作用，同时具有引气作用；早强减水剂，既具有减水作用，又具有提高早期强度作用；缓凝减水剂，同时具有延缓凝结时间的功能等。

（1）减水剂的主要功能

① 配合比不变时显著提高流动性。

② 流动性和水泥用量不变时，减少用水量，降低水灰比，提高强度。

③ 保持流动性和强度不变时，节约水泥用量，降低成本。

④ 配制高强高性能混凝土。

（2）常用减水剂品种

① 木质素系减水剂：主要有木质素磺酸钙（MG）、木质素磺酸钠和木质素磺酸镁。木质素磺酸钙是由生产纸浆的木质废液，经中和发酵等工艺而制成的棕黄色粉末，属缓凝引气型减水剂，掺量宜控制在 0.2%～0.3%，超掺有可能导致数天或数十天不凝结，影响强度和施工进度，严重时导致工程质量事故。木质素磺酸钙减水率约为 10%，保持流动性不变，可提高混凝土强度 8%～10%；若不减水则可增大混凝土坍落度 80～100 mm；若保持和易性与强度不变时，可节约水泥 5%～10%。木质素磺酸钙主要适用于夏季混凝土施工、滑模施工、大体积混凝土和泵送混凝土施工，也可用于一般混凝土工程，不宜用于蒸汽养护混凝土制品和工程。

② 萘磺酸盐系减水剂：是以工业萘或由煤焦油中分馏出含萘的同系物经分馏为原料，经磺化、缩合等一系列复杂的工艺而制成。其主要成分为 β-萘磺酸盐甲醛缩合物，有 FDN、NNO、NF、MF 等。萘系减水剂多数为非引气型高效减水剂，适宜掺量为 0.5%～1.2%，减水率可达 15%～30%，相应地可提高 28 d 强度 10% 以上或节约水泥 10%～20%。萘系减水剂对钢筋无锈蚀作用，具有早强功能，但混凝土的坍落度损失较大，通常与缓凝剂或引气剂复合。萘系减水剂主要适用于配制高强、早强、流态和蒸养混凝土制品和工程，也可用于一般工程。

③ 树脂系减水剂：磺化三聚氰胺甲醛树脂减水剂，是主要以三聚氰胺、甲醛和亚硫酸钠为原料，经磺化、缩聚等工艺生产而成的棕色液体。为非引气型早强高效减水剂，性能优于萘系减水剂，但目前价格较高。适宜掺量 0.5%～2.0%，减水率可达 20% 以上，1 d 强度提高一倍以上，7 d 强度可达基准 28 d 强度，长期强度也能提高，且可显著提高混凝土的抗渗、抗冻性和弹性模量。混凝土黏聚性较大，可泵性较差，坍落度损失也较大。主要用于配制高强混凝土、早强混凝土、流态混凝土和铝酸盐水泥耐火混凝土等。

④ 糖蜜类减水剂：糖蜜类减水剂是以制糖业的精渣和废蜜为原料，经石灰中和处理而成的棕色粉末或液体。糖蜜减水剂与 MG 减水剂性能基本相同，但缓凝作用比 MG 强，故通常作为缓凝剂使用。适宜掺量 0.2%～0.3%，减水率 10% 左右。主要用于大体积混凝土、大坝混凝土和有缓凝要求的混凝土工程。

⑤ 复合减水剂：单一减水剂往往很难满足不同工程性质和不同施工条件的要求，因此，减水剂研究和生产中往往复合各种其他外加剂，组成早强减水剂、缓凝减水剂、引气减水剂、缓凝引气减水剂等。这一类外加剂主要有聚羧酸盐与改性木质素的复合物、含磺酸基的聚羧酸多元聚合物、芳香族氨基磺酸系高分子化合物、改性羟基衍生物与烷基芳香磺酸盐的复合物、萘磺酸甲醛缩合物与木钙等的复合物、三聚氰胺甲醛缩合物与木钙等的复合物。其他减水剂新品种还有以甲基萘为原料的聚次甲基萘磺酸钠减水剂、氨基磺酸盐系高效减水剂、聚氨酸醚系与交联聚合物的复合物系高效减水剂、顺丁烯二酸衍生共聚物系高效减水剂、聚羧酸系高分子聚合物系减水剂等。

⑥ 聚羧酸系高性能混凝土减水剂：聚羧酸系高性能减水剂即使在低掺量时也能使混凝土具有高流动性，并且在低水灰比时也具有低黏度和坍落度保持性能。它与不同水泥有相对更好的相容性，是

高强高流动性混凝土不可缺少的材料。聚羧酸系混凝土减水剂是继木钙和萘系减水剂之后发展起来的第三代高性能化学减水剂，与传统减水剂相比主要具有以下几个突出的优点：

a.高减水率：聚羧酸高性能减水剂减水率可达 25%～40%。

b.高强度增长率：很高的强度增长率，尤其是早期强度增长率较高。

c.保坍性优异：极好的保坍性能，可保证混凝土极小的经时损失。

d.匀质性良好：所配混凝土有非常好的流动性，容易浇注和密实，适用于自流平、自密实混凝土。

e.生产可控性：可通过对聚合物分子量、侧链的长短、疏密及侧链基团种类的调整来调节该系列减水剂的减水率、保塑性和引气性能。

f.适应性广泛：对各种纯硅、普硅、矿渣硅酸盐水泥及各种掺合料制成的混凝土均具有良好的分散性及保塑性。

g.低收缩性：能有效提升混凝土的体积稳定性，较萘系减水剂混凝土 28d 收缩降低了 20% 左右，有效减少了混凝土开裂带来的危害。

h.绿色环保：无毒性、无腐蚀性，不含甲醛及其他有害成分。

3. 引气剂

引气剂指混凝土在搅拌过程中能引入大量均匀、稳定且封闭的微小气泡的外加剂。气泡直径一般为 0.02～1.0 mm，绝大部分小于 0.2 mm。其作用机理为引气剂作用于气-液界面，使表面张力下降，从而形成稳定的微细封闭气泡。常用引气剂有松香树脂、烷基苯磺酸盐、脂肪醇磺酸盐等。最常用的为松香热聚树脂和松香皂两种。掺量一般为 0.005%～0.01%。严防超量掺用，否则将严重降低混凝土强度。当采用高频振捣时，引气剂掺量可适当提高。

引气剂主要应用于具有较高抗渗和抗冻要求的混凝土工程，提高混凝土耐久性，也可用来改善泵送性。工程上常与减水剂复合使用，或采用复合引气减水剂。引气剂使混凝土含气量提高，混凝土有效受力面积减小，混凝土强度下降。一般每增加 1% 含气量，抗压强度下降 5% 左右，抗折强度下降 2%～3%。故引气剂的掺量必须通过含气量试验严格加以控制。粗骨料最大粒径为 10 mm、15 mm、20 mm、25 mm、40 mm，混凝土含气量限值分别为小于或等于 7.0%、6.0%、5.5%、5.0%、4.5%。

引气剂的主要功能有：

① 改善混凝土拌合物的和易性。在拌合物中，相互封闭的微小气泡能起到滚珠作用，减小骨料间的摩阻力，从而提高混凝土的流动性。若保持流动性不变，则可减少用水量，一般每增加 1% 的含气量可减少用水量 6%～10%。由于大量微细气泡能吸附一层稳定的水膜，从而减弱了混凝土的泌水性，故能改善混凝土的保水性和黏聚性。

② 提高混凝土的耐久性。由于大量的微细气泡堵塞和隔断了混凝土中的毛细孔通道，同时由于泌水少，泌水造成的孔隙也减少，因而能提高混凝土的抗渗、抗腐蚀和抗风化性能；另一方面，由于连通毛细孔减少，吸水率相应减小，且能缓冲水结冰时引起的内部水压力，从而使抗冻性提高。

4. 泵送剂

泵送剂是指能改善混凝土拌合物泵送性能的外加剂。泵送性能是指混凝土拌合物具有能顺利通过输送管道、不阻塞、不离析、塑性良好的性能。泵送剂是流变剂中的一种，它除了能提高拌合物流动性以外，还能使其在 60～180 min 时间内保持其流动性，剩余坍落度不小于原始的 55%。此外，它不是缓凝剂，缓凝时间不宜超过 120 min。

5. 缓凝剂

缓凝剂是指能延长混凝土的初凝和终凝时间的外加剂。最常用的缓凝剂为木钙和糖蜜，糖蜜的缓凝效果优于木钙，一般能缓凝 3 h 以上。

缓凝剂的主要功能有：

① 降低大体积混凝土的水化热和推迟温度峰值出现时间,有利于减小混凝土内外温差引起的应力开裂。

② 便于夏季施工和连续浇捣的混凝土,防止出现混凝土施工缝。

③ 便于泵送施工、滑模施工和远距离运输。

④ 通常具有减水作用,故也能提高混凝土后期强度或增强流动性或节约水泥用量。

6. 早强剂

早强剂是指能加速混凝土早期强度发展的外加剂。主要作用机理是加速水泥水化速度,加速水化产物的早期结晶和沉淀。主要功能是缩短混凝土施工养护期,加快施工进度,提高模板的周转率。主要适用于有早强要求的混凝土工程,低温、负温施工混凝土,有防冻要求的混凝土等。早强剂的主要品种有氯盐类早强剂、硫酸盐类早强剂和有机胺类早强剂三大类,但更多使用的是它们的复合早强剂。

（1）氯盐类早强剂

主要有 $CaCl_2$、$NaCl$、$AlCl_3$ 和 $FeCl_3$ 等,适宜掺量为 $0.5\%\sim3\%$。由于 Cl^- 对钢筋有腐蚀作用,故钢筋混凝土中掺量应控制在 1% 以内。早强剂能使混凝土 3d 强度提高 $50\%\sim100\%$,7d 强度提高 $20\%\sim40\%$,但后期强度不一定提高,甚至可能低于基准混凝土。此外,氯盐类早强剂对混凝土耐久性有一定影响,不得在下列工程中使用:

① 环境相对湿度大于 8%、水位升降区、露天或经常受水淋的结构。

② 与镀锌钢材或铝铁相接触部位及有外露钢筋埋件而无防护措施的结构。

③ 含有酸碱或硫酸盐侵蚀介质中使用的结构。

④ 环境温度高于 60℃ 的结构。

⑤ 使用冷拉钢筋或冷拔低碳钢丝的结构。

⑥ 给排水构筑物、薄壁构件、中级和重级吊车、屋架、落锤或锻锤基础。

⑦ 具预应力混凝土结构。

⑧ 含有活性骨料的混凝土结构。

⑨ 电力设施系统混凝土结构。

为消除对钢筋的锈蚀作用,通常要求与阻锈剂亚硝酸钠复合使用。

（2）硫酸盐类早强剂

主要有硫酸钠、硫代硫酸钠、硫酸钙、硫酸铝及硫酸铝钾等。建筑工程中最常用的为硫酸钠早强剂。

硫酸钠为白色粉末,适宜掺量为 $0.5\%\sim2.0\%$。早强效果不及 $CaCl_2$,对矿渣水泥混凝土早强效果较显著,但后期强度略有下降。硫酸钠早强剂在预应力混凝土结构中的掺量不得大于 1%;潮湿环境中的钢筋混凝土结构中掺量不得大于 1.5%。严格控制最大掺量,超掺可导致混凝土后期膨胀开裂,强度下降;混凝土表面起"白霜",影响外观和表面装饰。此外,硫酸钠早强剂不得用于下列工程:

① 与镀锌钢材或铝铁相接触部位及有外露钢筋预埋件而无防护措施的结构。

② 使用直流电源的工厂及电气化运输设施的钢筋混凝土结构。

③ 含有活性骨料的混凝土结构。

（3）有机胺类早强剂

主要有三乙醇胺、三异丙醇胺等。工程上最常用的为乙醇胺。乙醇胺为无色或淡黄色油状液体,呈碱性,易溶于水。三乙醇胺的掺量极微,一般为水泥质量的 $0.02\%\sim0.05\%$,虽然早强效果不及

$CaCl_2$，但后期强度不下降并略有提高，且无其他影响混凝土耐久性的不利作用。掺量不宜超过0.1%，否则可能导致混凝土后期强度下降。掺用时可将三乙醇胺先用水按一定比例稀释，以便于准确计量。此外，为改善三乙醇胺的早强效果，通常与其他早强剂复合使用。

（4）复合早强剂

为了克服单一早强剂存在的各种不足，发挥各自特点，通常将三乙醇胺、硫酸钠、氯化钙、氯化钠、石膏及其他外加剂复配组成复合早强剂，效果大大改善，有时可产生超叠加作用。常用配方有：

① 三乙醇胺 0.02%～0.05%＋NaCl 0.5%。

② 三乙醇胺 0.029%～0.05%＋NaCl 0.3%～0.5%＋亚硝酸钠 1%～2%。

③ 三乙醇胺 0.02%～0.05%＋生石膏 2%＋亚硝酸钠 1%。

④ 硫酸钠＋亚硝酸钠＋氯化钙＋氯化钠＝（1%～1.5%）＋（1%～3%）＋（0.3%～0.5%）＋（0.3%～0.5%）。

⑤ 硫酸钠＋NaCl＝（0.5%～1.5%）＋（0.3%～0.5%）。

⑥ 硫酸钠＋亚硝酸钠＝（0.5%～1.5%）＋1.0%。

⑦ 硫酸钠＋三乙醇胺＝（0.5%～1.5%）＋0.05%。

⑧ 硫酸钠＋三乙醇胺＋石膏＝（1%～1.5%）＋2%＋（0.03%～0.05%）。

⑨ 氯化钙＋亚硝酸钠＝（0.5%～3.5%）＋1%。

7. 其他外加剂

（1）养护剂

养护剂的主要作用是涂敷于混凝土表面，形成一层致密的薄膜，使混凝土表面与空气隔绝，防止水分蒸发，使混凝土利用自身水分最大限度地完成水化的外加剂。

（2）阻锈剂

阻锈剂指能抑制或减轻混凝土中钢筋或其他预埋金属件锈蚀的外加剂。钢筋或金属预埋件的锈蚀与其表面保护膜的情况有关。混凝土碱度高，埋入的金属件表面形成钝化膜，有效地抑制钢筋锈蚀。若混凝土中存在氯化物，会破坏钝化膜，加速钢筋锈蚀。加入适宜的阻锈剂可以有效地防止锈蚀的发生或减缓锈蚀的速度。

（3）防冻剂

防冻剂指能使混凝土中水的冰点下降，保证混凝土在负温下凝结硬化并产生足够强度的外加剂。绝大部分防冻剂由防冻组分、早强组分、减水组分或引气剂复合而成，主要适用于冬季负温条件下的施工。防冻组分本身并不一定能提高硬化混凝土的抗冻性。

（4）膨胀剂

膨胀剂是指能使混凝土产生一定体积膨胀的外加剂。掺入膨胀剂的目的是补偿混凝土自身收缩、干缩和温度变形，防止混凝土开裂，并提高混凝土的密实性和防水性能。常用膨胀剂的品种有硫铝酸钙、氧化钙、氧化镁、铁屑膨胀剂和复合膨胀剂。也有的采用加气类膨胀剂，如铝粉膨胀剂。目前建筑工程中膨胀剂的应用越来越多，如地下室底板、侧墙混凝土，钢管混凝土，超长结构混凝土，有防水要求的混凝土工程等。

（5）减缩剂

减缩剂的主要作用机理是降低混凝土孔隙水的表面张力，从而减小毛细孔失水时产生的收缩应力；另一方面，减缩剂增强了水分子在凝胶体中的吸附作用，进一步减小混凝土的最终收缩值。

（6）脱模剂

脱模剂是指用于减小混凝土与模板的黏着力，易于使二者脱离而不损坏混凝土或渗入混凝土内的外加剂。

8.外加剂的技术指标

（1）匀质性指标

外加剂的匀质性是表示外加剂自身质量稳定均匀的性能,用来控制产品生产质量的稳定、统一、均匀,用来检验产品质量和质量仲裁。

主要指标包含:含固量或含水量、密度、氯离子含量、水泥净浆流动度、细度、pH 值、表面张力、还原糖、总碱量、硫酸钠、泡沫性能、砂浆减水率。

（2）掺外加剂混凝土性能指标

① 减水率:是指混凝土的坍落度在基本相同的条件下,掺用外加剂混凝土的用水量与不掺外加剂基准混凝土的用水量之差与不掺外加剂基准混凝土用水量的比值。减水率检验仅在减水剂和引气剂中进行检验,它是区别高效型与普通型减水剂的主要功能技术指标之一。混凝土中掺用适量减水剂,在保持坍落度不变的情况下,可减少单位用水量 5%～20%,从而增加了混凝土的密实度,提高混凝土的强度和耐久性。

② 泌水率比:是指掺用外加剂混凝土的泌水量与不掺外加剂基准混凝土的泌水量的比值。在混凝土中掺用某些外加剂后,对混凝土泌水和骨料沉降有较大的影响。一般缓凝剂使泌水率增大,引气剂、减水剂使泌水率减小。如木质素磺酸钙减小泌水率 30%,有利于减少混凝土的离析,改善混凝土的工作性,因此泌水率比越小越好。

③ 含气量:混凝土拌合物中加入适量具有引气功能的外加剂后,会引入微小的气泡,从而使混凝土的含气量有所增加,而此指标就是对混凝土中含气量作限制。一般混凝土中引入极微小的气泡可以减小混凝土泌水,改善混凝土拌合物的工作性;同时引入极微小的气泡还可以提高混凝土的抗冻性能。因此,少量引入极微小的气泡是有益的,一般地,此项指标宜在 2%～5% 之间。

④ 凝结时间差:指掺用外加剂混凝土拌合物与不掺外加剂混凝土拌合物（基准混凝土拌合物）的凝结时间的差值。掺用外加剂混凝土拌合物的凝结时间,随着水泥品种、外加剂种类及掺量、气温条件以及混凝土流动度的不同而变化。掺用缓凝剂可延缓混凝土的凝结时间,而掺用早强剂可加速混凝土的凝结。混凝土的凝结时间对混凝土施工影响极大,要十分注意。

⑤ 抗压强度比:指掺外加剂的混凝土抗压强度与不掺外加剂混凝土抗压强度（基准混凝土）抗压强度的比值。它是评定外加剂质量等级的主要指标之一,抗压强度比受减水率、促凝剂、早强剂、加气剂的影响较大,减水率大,促凝早强效果更好,各龄期的抗压强度比值更高;而掺引气剂时,会使混凝土抗压强度比略有下降。

⑥ 相对耐久性:指掺用引气剂和引气减水剂量的混凝土在检验其耐久性能时的特殊指标,它用以下两种方式的一种来表示:

a.在 28 d 龄期时的掺外加剂混凝土,经冻融循环 200 次后,动弹性模量保留值应不小于 80%;

b.在 28 d 龄期时的掺外加剂混凝土,经冻融循环后动弹性模量保留值等于 80% 时,掺外加剂混凝土与基准混凝土冻融次数的比值应不小于 300%。

1.1.5 混凝土用水

混凝土用水是混凝土拌合用水和混凝土养护用水的总称,包括饮用水、地表水、地下水、再生水、混凝土企业设备洗刷水和海水等。符合国家标准的生活饮用水可用于拌和混凝土,海水可用来拌制素混凝土,但不得用来拌制钢筋混凝土与预应力钢筋混凝土。

[知识测试]

1. 水泥按性能与用途可分为（   ）、（   ）、（   ）。

2. 硅酸盐水泥熟料的四种主要矿物组成有（   ）、（   ）、（   ）、（   ）。

3. 水泥熟料中对强度贡献最大的矿物是（   ）。

4. 凡岩石颗粒的长度大于该颗粒所属粒级的平均粒径（   ）倍者为针状颗粒。

5. 当砂的细度模数为（   ）时为粗砂，为（   ）为中砂。

6. 用于混凝土中的掺合料可分为（   ）矿物掺合料和（   ）矿物掺合料两大类。

7. 粉煤灰的主要活性成分有（   ）、（   ）。

码 1-1　混凝土原材料的选择
知识测试答案

8. 减水剂是指在混凝土坍落度相同的条件下，能减少（   ），或者在混凝土配合比和用水量均不变的情况下，能增加混凝土（   ）的外加剂。

9. 引气剂指混凝土在搅拌过程中能引入大量均匀、稳定且封闭的（   ）的外加剂。

10. 为什么混凝土用砂要进行颗粒级配？

1.2　普通混凝土拌合物性能的认知

[任务描述]　本任务介绍普通混凝土的工作性及影响工作性的因素，混凝土的含气量、混凝土的表观密度及普通混凝土的凝结时间等。

[能力目标]　能够根据工程需要合理地设计混凝土的工作性。

[知识目标]　掌握普通混凝土工作性、含气量、表观密度及凝结时间的内容。

[任务工单]

《普通混凝土制备及施工技术》学习任务工单

项目	原材料及混凝土性能检测		任务	1.2　普通混凝土拌合物性能的认知	
队名		班级			学时	
队长		队员				
工作任务	学习普通混凝土的工作性及影响工作性的因素，混凝土的含气量、混凝土的表观密度及普通混凝土的凝结时间等。				
任务目标	[能力目标]能够根据工程需要合理地设计混凝土的工作性。 [知识目标]掌握普通混凝土工作性、含气量、表观密度及凝结时间的内容。				
工作方式	每个班级分为 6 个学习小分队，每队 6~7 人，按学习任务进行分工，每人在完成自学后，一起讨论，共同完成任务，并进行任务总结。				
工作记录					

	参与讨论 /(20)	工作数量 /(20)	工作质量 /(20)	团结协作 /(20)	工作结果 /(20)	合计	权重	分值
自我评价							30%	
同学评价							30%	
老师评价							40%	

任务总结

工作评价

教师评语　　　　　　　　　　　　　　　　　　　　教师签名：

年　　月　　日

1.2.1　混凝土拌合物的工作性

1. 工作性的概念

混凝土在未凝结硬化以前,称为混凝土拌合物。混凝土拌合物的工作性,也叫和易性,是指混凝土拌和物易于施工操作(拌和、运输、浇捣)并能获得质量均匀、成型密实的混凝土的性能。

工作性实际上是一项综合技术性质,包括流动性、黏聚性、保水性三方面含义。

(1) 流动性

指混凝土拌合物在本身自重或施工机械振捣的作用下,能产生流动,并均匀密实地填满模板的性能。

(2) 黏聚性

指混凝土拌合物在施工过程中其组成材料之间有一定的黏聚力,不致产生分层(拌合物中各组分出现层状分离现象)和离析(拌合物中某些组分的分离、析出现象)。

(3) 保水性

指混凝土拌合物在施工过程中,具有一定的保水能力,不致产生泌水(水从水泥浆中泌出)现象。

混凝土拌合物的工作性是上述三个方面性能的综合体现,它们之间既相互联系又相互矛盾。当流动性大时,往往黏聚性和保水性差,反之亦然。因此,应结合不同工程对混凝土拌合物工作性的需要,使这三方面的性能达到良好的统一,即矛盾得到统一。

混凝土拌合物如产生分层、离析、泌水等现象,会影响混凝土的密实性,降低混凝土质量。

2. 工作性的测定方法

对混凝土工作性的测定方法通常采用坍落度法和维勃稠度法,对于泵送高强度混凝土和自密实混凝土可采用坍落扩展度法。

(1) 坍落度法

当混凝土的坍落度不小于 10 mm,骨料最大粒径不大于 40 mm 时,采用坍落度法检测混凝土的流动性。如图 1-3 所示,坍落度试验就是将混凝土拌合物按规定方法装入坍落度筒内,装满刮平后,垂直向上将筒提起,置于混凝土一侧,混凝土拌合物由于自重将会产生坍落现象,用尺量出拌合物向下坍落的高度(mm)即为拌合物的坍落度值(用 T 表示)。坍落度值越大表示混凝土拌合物流动性越大。

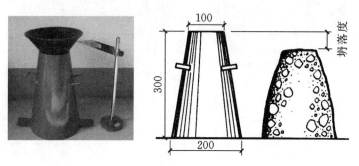

图 1-3 坍落度筒及坍落度法示意图

施工过程中选择混凝土拌合物的坍落度,要根据构件截面大小、钢筋疏密程度及捣实方法等来确定。构件截面尺寸较小或钢筋较密,或采用人工插捣时,坍落度可选择大些。反之,如构件截面尺寸较大,或钢筋较疏,或采用振动器振捣时,坍落度可选择小些。

拌合物黏聚性的评定是用捣棒在已坍落完成的混凝土拌合物锥体侧面轻轻敲打,此时如果锥体保持整体均匀逐渐下沉,则表示黏聚性良好;如锥体突然倒塌或出现离析现象,则表示黏聚性不好。

拌合物保水性的评定是通过观察混凝土拌合物稀浆析出的程度来评定,坍落度筒提起后如有较多的稀浆从底部析出,则表明混凝土的保水性不好;如无稀浆或只有少量稀浆析出,表示混凝土的保水性良好。

(2)维勃稠度法

对于干硬性混凝土拌合物(坍落度值小于 10 mm)通常采用维勃稠度仪测定其稠度。如图 1-4 所示为维勃稠度仪及维勃稠度法示意图。

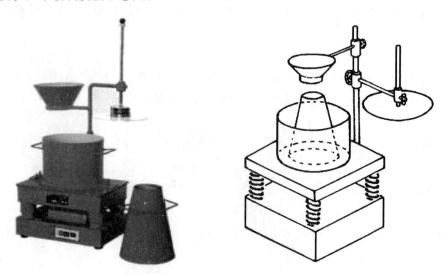

图 1-4 维勃稠度仪及维勃稠度法示意图

维勃稠度测试法就是在坍落度筒中按规定方法装满拌合物,提起坍落度筒,在拌合物锥体顶面放一透明圆盘,开启振动台,同时用秒表计时,到透明圆盘的底面完全为水泥浆所布满时,停止计时,关闭振动台。所读秒数即为维勃稠度。

（3）坍落扩展度法

当混凝土拌合物的坍落度大于 220 mm 时，用钢尺测量混凝土扩展后最终的最大直径和最小直径，在这两个直径之差小于 50 mm 的条件下，用其算术平均值作为坍落扩展度值；否则，此次试验无效。坍落扩展度检测示意图见图 1-5。

如果发现粗骨料在中央集堆或边缘有水泥浆析出，表示此混凝土拌合物抗离析性不好，应予记录。

（4）坍落度经时损失测定方法

在混凝土进行完坍落度试验后，立即将混凝土拌合物装入不吸水的容器内密闭搁置 1 h，然后再将混凝土拌合物倒入搅拌机内搅拌 20 s，卸出搅拌机后应再次测试混凝土拌合物的坍落度。前后两次坍落度之差即为坍落度 1 h 的经时损失，计算精确到 5 mm。

图 1-5　坍落扩展度检测示意图

如果工程需要，也可按照此方法测定经过不同时间的坍落度损失。坍落度损失可以为负值，表示经过一段时间后，混凝土拌合物坍落度反而有所增大。

3. 影响混凝土拌合物工作性的因素

影响混凝土工作性的因素很多，主要有原材料的性质、混凝土的水泥浆数量、水胶比、砂率、环境因素及施工条件等。

（1）水泥浆数量

混凝土拌合物中的水泥浆使得混凝土具有流动性。在水胶比不变的情况下，单位体积拌合物内，如果水泥浆愈多，则拌合物的流动性愈大。但若水泥浆过多，将会出现流浆现象，使拌合物的黏聚性变差，同时对混凝土的强度与耐久性也会产生一定影响，且水泥用量也大。水泥浆过少，致使其不能填满骨料空隙或不能很好包裹骨料表面时，就会产生崩坍现象，黏聚性变差。因此，混凝土拌合物中水泥浆的含量应以满足流动性要求为度，不宜过量。

（2）水胶比

水胶比即每立方米混凝土中水和胶凝材料质量之比（当胶凝材料仅为水泥时，也叫水灰比），用 W/B 表示。水胶比的大小，代表胶凝材料浆体的稀稠程度，水胶比越大，浆体越稀软，混凝土拌合物的流动性越大，但混凝土的黏聚性和保水性会差；水胶比越小，浆体越干稠，混凝土拌合物的流动性越差。

（3）砂率

砂率是指混凝土中砂的质量占砂、石总质量的百分率。砂率的变动会使骨料的空隙率和骨料的总表面积有显著改变，因而对混凝土拌合物的工作性产生显著影响。砂率可用下式表示：

$$\beta_s = \frac{m_s}{m_s + m_g} \times 100\% \tag{1-2}$$

式中　β_s——砂率，%；

　　m_s——砂的质量，kg；

　　m_g——石子的质量，kg。

砂率过大时，骨料的总表面积及空隙率都会增大，在水泥浆含量不变的情况下，水泥浆相对变少，减弱了水泥浆的润滑作用，使得混凝土拌合物的流动性降低。如砂率过小，又不能保证在粗骨料之间有足够的砂浆层,也会降低混凝土拌合物的流动性,而且会严重影响其黏聚性和保水性。因此,砂率有一个合理值。当采用合理砂率时,在用水量及水泥用量一定的情况下,能使混凝土拌合物获得最大的流动性且能保持良好的黏聚性和保水性,如图1-6所示。或者,当采用合理砂率时,能使混凝土拌合物获得所要求的流动性及良好的黏聚性与保水性,而水泥用量为最少,如图1-7所示。

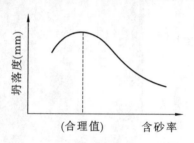

图 1-6　含砂率与坍落度的关系曲线

(水与水泥用量一定)

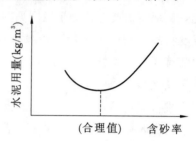

图 1-7　含砂率与水泥用量的关系曲线

(坍落度相同)

影响合理砂率的因素很多,很难通过计算的方法得出合理的砂率。通常我们在保证拌合物不离析,又能很好地浇筑、捣实的条件下,尽量选用较小的砂率,可以节省水泥。对于工程量较大的工程应通过试验的方法找出合理的砂率。若如无使用经验,可按骨料的品种、规格及混凝土的水胶比参照表1-27选用。

表 1-27　混凝土的砂率(%)

水胶比	卵石最大粒径(mm)			碎石最大粒径(mm)		
	10	20	40	16	20	40
0.40	26～32	25～31	24～30	30～35	29～34	27～32
0.50	30～35	29～34	28～33	33～38	32～37	30～35
0.60	33～38	32～37	31～36	36～41	35～40	33～38
0.70	36～41	35～40	34～39	39～44	38～43	36～41

注:① 本表数值系中砂的选用砂率,对细砂或粗砂,可相应地减小或增大砂率;

② 采用人工砂配制混凝土时,砂率可适当增大;

③ 只用一个单粒级粗骨料配制混凝土时,砂率应适当增大。

(4)水泥品种和骨料性质

用矿渣水泥和火山灰质水泥时,拌合物的坍落度一般较用普通水泥时为小,而且矿渣水泥将使拌合物的泌水性显著增加。从前面对骨料的分析可知,一般卵石拌制的混凝土拌合物比碎石拌制的流动性好。河砂拌制的混凝土拌合物比山砂拌制的流动性好。骨料级配好的混凝土拌合物的流动性也好。

(5)温度和时间

拌合物的工作性受温度的影响,如图1-8所示。因为环境温度的升高,水分蒸发及水泥水化反应加快,拌合物的流动性变差,而且坍落度损失也变快。因此施工中为保证一定的工作性,必须注意环境温度的变化,采取相应的措施。

拌合物拌制后,随时间的延长而逐渐变得干稠,流动性减小,原因是有一部分水供水泥水化,一部分水被骨料吸收,一部分水蒸发以及凝聚结构的逐渐形成,致使混凝土拌合物的流动性变差。图1-9是坍落度随时间变化曲线图。由于拌合物流动性的这种变化特点,在施工中测定工作性的时间,应推迟至搅拌完约15 min为宜。

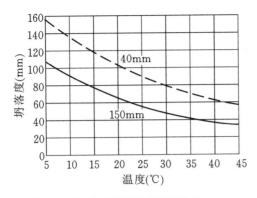

图 1-8 温度对坍落度的影响曲线

（线上数字为拌合物骨料最大粒径）

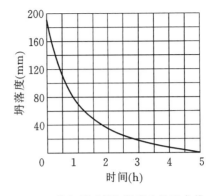

图 1-9 拌和后时间与坍落度关系曲线

（6）外加剂

在拌制混凝土时，加入很少量的外加剂能使混凝土拌合物在不增加水泥用量的条件下，获得很好的工作性，增大流动性和改善黏聚性、降低泌水性，并且由于改变了混凝土结构，还能提高混凝土的耐久性。因此，工程中这种方法较为常用。

4. 改善混凝土拌合物工作性的措施

实际工作中，如只注重改善混凝土工作性的话，可能混凝土的其他性质如强度等就会受到影响。通常调整混凝土的工作性时可采取如下措施：

① 尽可能降低砂率，有利于提高混凝土的质量和节约水泥。

② 改善砂、石的级配，尽量采用较粗的砂、石。

③ 当混凝土拌合物坍落度太小时，维持水胶比不变，适当增加水泥和水的用量，或者加入外加剂等；当拌合物坍落度太大，但黏聚性良好时，可保持砂率不变，适当增加砂、石用量。

1.2.2 混凝土拌合物的其他性质

1. 混凝土拌合物的凝结时间

凝结时间是混凝土拌合物的一项重要指标，对混凝土的搅拌、运输以及施工具有重要的参考作用。混凝土的凝结时间以贯入阻力来表示，当贯入阻力为 3.5 MPa 时为初凝时间，贯入阻力为 28 MPa 时为终凝时间。

混凝土的运输、施工浇筑等需要一定的时间，浇筑成型后又要进行下一道工序的施工操作，因此，混凝土的凝结时间不宜过短又不宜过长。混凝土的凝结时间主要以满足运输和施工要求来进行控制，当不满足时可采取掺入适量的外加剂进行调整。

2. 混凝土拌合物的表观密度

混凝土拌合物捣实后的单位体积质量，称为拌合物的表观密度。混凝土烘至恒重时的单位体积质量，称为干表观密度。单位以 kg/m³ 表示。

混凝土拌合物的表观密度因组成材料密度、粗骨料的最大尺寸、配合比、含气量以及捣实程度不同而不同。以下几种混凝土的干表观密度为：

① 普通混凝土：2000～2800 kg/m³，以普通石子和砂为粗细骨料。

② 重混凝土：大于 2800 kg/m³，含有较重的粗细骨料，如钢屑、重晶石等。

③ 轻骨料混凝土：不大于 1950 kg/m³，骨料为浮石、火山渣、陶粒、膨胀珍珠岩等。

④ 次轻混凝土:1950~2300 kg/m³,普通骨料中掺入轻骨料。

⑤ 多孔混凝土:一般在 800 kg/m³ 以下,如泡沫混凝土、加气混凝土。

3. 混凝土拌合物的含气量

混凝土的含气量是指混凝土中气泡体积与混凝土总体积的比值。

混凝土中有一定均匀分布的微小气泡,对混凝土的流动性有明显改善,减少混凝土拌合物离析和泌水现象的发生,并对提高混凝土耐久性有利。未掺引气剂的混凝土含气量一般在 1% 左右,当掺入引气剂后,混凝土含气量可达 5% 以上。少量的含气量对硬化混凝土的性能影响不大,而且当含气量在 3%~5% 时,还可获得足够的抗冻性。但是,含气量超过一定范围时,每增加 1% 降低混凝土强度 3%~5%,含气量过大还将降低混凝土的耐久性。因此,混凝土中的含气量不宜超过 6%。

[知识测试]

1. 混凝土的工作性实际上是一项综合技术性质,包括( )、( )、( )三方面。

2. 对混凝土工作性的测定方法通常采用( )法和( )法。

3. 当混凝土拌合物的坍落度大于( )时,采用坍落扩展度法检测混凝土的流动性。

码 1-2 普通混凝土拌合物性能的 认知 知识测试答案

4. 水胶比即每立方米混凝土中水和( )质量之比,用 W/B 表示。

5. 砂率是指混凝土中砂的质量占( )的百分率。

6. 影响混凝土工作性的因素很多,主要有原材料的性质、( )、( )、( )、环境因素及施工条件等。

7. 混凝土拌合物的表观密度因组成材料( )、粗骨料的( )、配合比、含气量以及( )不同而不同。

8. 通常调整混凝土工作性时可采取哪些措施?

1.3 硬化混凝土性能的认知

[**任务描述**] 本任务介绍普通混凝土硬化后的强度、变形及耐久性,影响混凝土强度、变形及耐久性的因素及提高混凝土强度、耐久性的措施等。

[**能力目标**] 能够根据工程需要合理地选择混凝土的强度。

[**知识目标**] 掌握普通混凝土强度、变形及耐久性的内容及影响因素。

[**任务工单**]

《普通混凝土制备及施工技术》学习任务工单

项目	原材料及混凝土性能检测		任务	1.3 硬化混凝土性能的认知	
队名		班级			学时
队长		队员			
工作任务	学习普通混凝土硬化后的强度、变形及耐久性,影响混凝土强度、变形及耐久性的因素及提高混凝土强度、耐久性的措施等。				
任务目标	[能力目标]能够根据工程需要合理地选择混凝土的强度。 [知识目标]掌握普通混凝土强度、变形及耐久性的内容及影响因素。				

工作方式	每个班级分为 6 个学习小分队,每队 6～7 人,按学习任务进行分工,每人在完成自学后,一起讨论,共同完成任务,并进行任务总结。							
工作记录								
任务总结								
工作评价		参与讨论 /(20)	工作数量 /(20)	工作质量 /(20)	团结协作 /(20)	工作结果 /(20)	合计	权重	分值
	自我评价							30%	
	同学评价							30%	
	老师评价							40%	
教师评语					教师签名: 年　　月　　日			

1.3.1　混凝土的强度

混凝土拌合物硬化后,应具有足够的强度,以保证建筑物能安全地承受设计荷载。混凝土的强度包括抗压强度、抗拉强度、抗剪强度等,其中混凝土的抗压强度最大,抗拉强度最小。

1. 混凝土受压破坏过程

硬化后的混凝土在未受外力作用之前,由于水泥水化造成的化学收缩和物理收缩引起砂浆体积的变化,在粗骨料与砂浆界面上产生了分布极不均匀的拉应力,它足以破坏粗骨料与砂浆的界面,形成许多分布很乱的界面裂缝。混凝土受外力作用时,其内部产生了拉应力,这种拉应力很容易在具有几何形状为楔形的微裂缝顶部形成应力集中,随着拉应力的逐渐增大,导致微裂缝的进一步延伸、汇合、扩大,最后形成几条可见的裂缝。混凝土试件就随着这些裂缝形成发展而破坏。如图 1-10 所示为一混凝土试块在轴向压力逐渐增大的情况下,内部裂缝逐渐形成发展直至试块破坏的全过程。

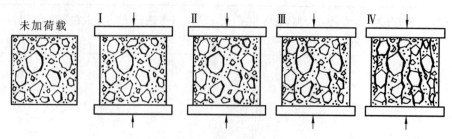

图 1-10　试块受压破坏裂缝发展示意图

2. 混凝土抗压强度与强度等级

（1）混凝土抗压强度

混凝土抗压强度是指将标准养护的标准试件，用标准的测试方法得到的抗压强度值，称为混凝土抗压强度。试件的标准养护方法：按标准方法制作的边长为 150 mm 的立方体试件，成型后立刻用不透水的薄膜覆盖表面，在温度为(20 ± 5)℃的环境中静置 1 至 2 昼夜，然后编号、拆模。拆模后应立即放入温度为(20 ± 2)℃、相对湿度为 95％以上的标准养护室中养护，或在温度为(20 ± 2)℃的不流动的 $Ca(OH)_2$ 饱和溶液中养护。标准养护龄期为 28 d（从搅拌加水开始计时）。

试件有标准试件和非标准试件。标准试件的尺寸为边长 150 mm 的立方体，当采用边长为 100 mm、200 mm 的非标准立方体试件时，须折算为标准立方体试件的抗压强度，换算系数分别为 0.95、1.05。

（2）混凝土强度等级

混凝土的强度等级按立方体抗压强度标准值划分，用 C 与立方体抗压强度标准值（以 MPa 计）来表示。根据《混凝土质量控制标准》（GB 50164—2011），将混凝土强度划分为：C10、C15、C20、C25、C30、C35、C40、C45、C50、C55、C60、C65、C70、C75、C80、C85、C90、C95、C100 等 19 个级别。

3. 混凝土的抗拉强度

混凝土的抗拉强度很低，只有抗压强度的 1/20～1/10，且随着混凝土强度等级的提高，比值有所降低，也就是当混凝土强度等级提高时，抗拉强度的增加不及抗压强度提高得快。因此，混凝土在工作时一般不依靠其抗拉强度。抗拉强度对于开裂现象有重要意义，在结构设计中抗拉强度是确定混凝土抗裂度的重要指标，有时也用它来间接衡量混凝土与钢筋的黏结强度。

4. 影响混凝土强度的因素

混凝土的强度与水泥强度等级、水胶比及骨料的性质有密切关系，此外还受到施工质量、养护条件及龄期的影响。

（1）水泥强度等级和水胶比

水泥强度等级和水胶比是影响混凝土强度的主要因素。在相同的配合比条件下，水泥强度等级越高，所配制的混凝土强度越高。在水泥的强度及其他条件相同的情况下，水胶比越小，水泥石的强度及与骨料黏结强度越大，混凝土的强度越高。但水胶比过小，拌合物过于干稠，也不易保证混凝土质量。试验证明，混凝土的强度随水胶比的增大而降低，呈曲线关系，而混凝土强度和胶水比的关系则呈直线关系，如图 1-11 所示。

（2）养护的温度和湿度

① 温度影响

温度升高，水化速度加快，混凝土强度的发展也快；反之，在低温下混凝土强度发展相应迟缓，温度对混凝土强度的影响如图 1-12 所示。当温度处于冰点以下时，由于混凝土中的水分大部分结冰，

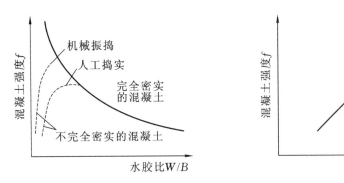

图 1-11　混凝土强度与水胶比、胶水比的关系

混凝土的强度不但停止发展,同时还会受到冻胀破坏作用,严重影响混凝土的早期和后期强度。

② 湿度影响

湿度适当,水泥水化能顺利进行,使混凝土强度得到充分发挥。如果湿度不够,水泥水化反应不能正常进行,甚至水化停止,使混凝土结构疏松,形成干缩裂缝,严重降低了混凝土的强度和耐久性。图 1-13 所示是混凝土强度与保持潮湿日期的关系。

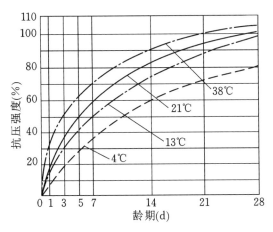

图 1-12　养护温度对混凝土强度的影响

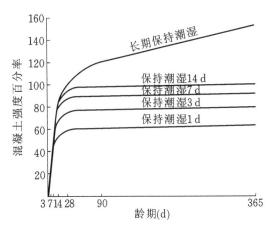

图 1-13　混凝土强度与保持潮湿日期的关系

(3) 龄期

混凝土在正常养护条件下,其强度将随着龄期的增加而增长。最初 7～14 d 内,强度增长较快,28 d 以后增长缓慢。但龄期延续很久其强度仍有所增长。不同龄期混凝土强度的增长情况如图 1-12 所示。因此,在一定条件下养护的混凝土,可根据其早期强度大致地估计 28 d 的强度。

除上述因素外,施工条件、试验条件等都会对混凝土的强度产生一定影响。

5. 提高混凝土强度的措施

针对混凝土强度的影响因素,提高混凝土强度的措施主要有以下几种:

① 采用高强度水泥和快硬早强类水泥;

② 降低水胶比;

③ 采用蒸汽养护和蒸压养护;

④ 采用机械搅拌和振捣的方式;

⑤ 掺入合适的混凝土外加剂、掺合料。

1.3.2 混凝土的变形

1. 干湿变形

干湿变形取决于周围环境的湿度变化。混凝土在干燥过程中,首先发生气孔水和毛细孔水的蒸发。气孔水的蒸发并不引起混凝土的收缩。毛细孔水的蒸发,使毛细孔中形成负压,随着空气湿度的降低,负压逐渐增大,产生收缩力,导致混凝土收缩。当毛细孔中的水蒸发完后,如继续干燥,则凝胶体颗粒的吸附水也发生部分蒸发,由于分子引力的作用,粒子间距离变小,使凝胶体紧缩。混凝土这种收缩在重新吸水以后大部分可以恢复。当混凝土在水中硬化时,体积不变,甚至轻微膨胀。这是由于凝胶体中胶体粒子的吸附水膜增厚,胶体粒子间的距离增大所致。膨胀值远比收缩值小,一般没有破坏作用。

在一般条件下混凝土的极限收缩值为$(50\sim90)\times10^{-5}$ mm/mm。收缩受到约束时往往引起混凝土开裂,故施工时应予以注意。通过试验得知:

① 混凝土的干燥收缩是不能完全恢复的;

② 混凝土的干燥收缩与水泥品种、用量和用水量有关;

③ 砂石在混凝土中形成骨架,对混凝土收缩有一定的抵抗作用;

④ 在水中养护或在潮湿条件下养护可大大减小混凝土的收缩。

2. 温度变形

混凝土与其他材料一样,也具有热胀冷缩的性质。混凝土的温度膨胀系数约为1×10^{-5},即温度升高 1 ℃,每米膨胀 0.01 mm。温度变形对大体积混凝土及大面积混凝土工程极为不利。

在混凝土硬化初期,水泥水化放出较多的热量,混凝土同时也是热的不良导体,散热较慢,大体积混凝土内部的水化热不能及时释放出来,而混凝土表面温度散失快,因此大体积混凝土会形成较大的内外温差,有时可达 50～70℃。这将使内部混凝土的体积产生较大的膨胀,而外部混凝土却随气温降低而收缩。内部膨胀和外部收缩互相制约,在外表混凝土中将产生很大拉应力,严重时使混凝土产生裂缝。因此,对大体积混凝土工程,必须尽量设法减少混凝土发热量,如采用低水化热水泥,减少水泥用量,采取人工降温等措施去防止温度变形对混凝土结构的影响。

3. 化学缩减

混凝土在硬化过程中,由于水泥水化生成的产物其平均密度比反应前物质的平均密度大,混凝土在硬化时体积就会变小,引起混凝土的收缩,称之为化学缩减。其特点是混凝土的收缩量随龄期的延长而增加,大概在 40 d 左右趋于稳定。通常化学缩减对混凝土质量的影响较小。

4. 荷载作用下的变形

(1) 短期荷载作用下的变形

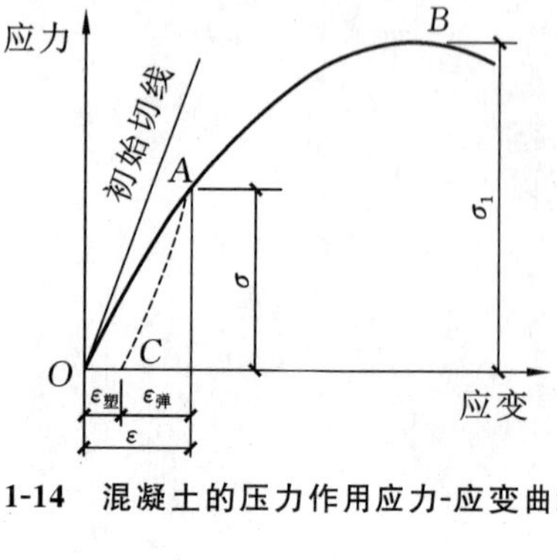

图 1-14　混凝土的压力作用应力-应变曲线

① 弹塑性变形

混凝土内部结构中含有砂石骨料、水泥石(水泥石中又存在着凝胶、晶体和未水化的水泥颗粒)、游离水分和气泡,这就决定了混凝土本身的不匀质性。它不是一种完全的弹性体,而是一种弹塑性体。它在受力时,既会产生可以恢复的弹性变形,又会产生不可恢复的塑性变形,其应力与应变之间的关系不是直线而是曲线,如图 1-14 所示。

在静力实验的加荷过程中,若加荷至应力为 σ、应变为 ε

的 A 点，然后将荷载逐渐卸去，卸荷时的应力-应变曲线如图 1-14 中 AC 段所示。卸荷后能恢复的应变 $\varepsilon_{弹}$ 是混凝土的弹性作用引起的，称为弹性应变；剩余的不能恢复的应变 $\varepsilon_{塑}$ 则是由于混凝土的塑性性质引起的，称为塑性应变。

② 混凝土变形模量

在应力-应变曲线上任一点的应力 σ 与其应变 ε 的比值，叫作混凝土在该应力下的变形模量。在计算钢筋混凝土的变形、裂缝开展及大体积混凝土的温度应力时，均需知道该时混凝土的变形模量。在混凝土结构或钢筋混凝土结构设计中，常采用一种按标准方法测得的静力受压弹性模量 E_c。混凝土的强度越高，弹性模量越高，两者存在一定的相关性。

混凝土的弹性模量随其骨料与水泥石的弹性模量而异。由于水泥石的弹性模量一般低于骨料的弹性模量，所以混凝土的弹性模量一般略低于其骨料的弹性模量。在材料质量不变的条件下，混凝土的骨料含量较多、水胶比较小、养护较好及龄期较长时，混凝土的弹性模量就较大。蒸汽养护的弹性模量比标准养护的低。

混凝土的弹性模量与钢筋混凝土构件的刚度关系很大，建筑物须有足够的刚度，在受力下保持较小的变形，才能发挥其正常使用功能，因此所用混凝土须有足够高的弹性模量。

（2）徐变

混凝土在长期荷载作用下，沿着作用力方向的变形会随时间不断增长，即荷载不变但变形仍随时间增大，这个过程通常要持续 2 至 3 年。这种在长期荷载作用下产生的变形称为徐变。

混凝土徐变和许多因素有关。混凝土的水胶比较小或混凝土在水中养护时，同龄期的水泥石中未填满的孔隙较少，故徐变较小。水胶比相同的混凝土，其水泥用量越多，即水泥石相对含量越大，其徐变越大。混凝土所用骨料弹性模量较大时，徐变较小。此外，徐变与混凝土的弹性模量也有密切关系，一般弹性模量大者，徐变小。

混凝土不论是受压、受拉或受弯时，均有徐变现象。混凝土的徐变对钢筋混凝土构件来说，能消除钢筋混凝土内的应力集中，使应力较均匀地重新分布；对大体积混凝土，能消除一部分由于温度变形所产生的破坏应力。但在预应力钢筋混凝土结构中，混凝土的徐变，将使钢筋的预加应力受到损失。

1.3.3　混凝土的耐久性

混凝土的耐久性是指混凝土抵抗环境介质作用并长期保持其良好的使用性能和外观完整性，从而维持混凝土结构的安全、正常使用的能力。混凝土的耐久性主要包括抗渗性、抗冻性、抗侵蚀性、抗碳化及抗碱-骨料反应等方面。

1. 混凝土的抗渗性

混凝土的抗渗性指混凝土抵抗水、油等液体在压力作用下渗透的性能。它直接影响混凝土的抗冻性和抗侵蚀性。混凝土的抗渗性主要与其密实度及内部孔隙的大小和构造有关。混凝土内部的互相连通的孔隙和毛细管通路，以及由于在混凝土施工成型时，振捣不实产生的蜂窝、孔洞都会造成混凝土渗水。

混凝土的抗渗性用抗渗等级 P 表示，分为 P4、P6、P8、P10、P12 等五个等级，相应表示混凝土能抵抗 0.4 MPa、0.6 MPa、0.8 MPa、1.0 MPa、1.2 MPa 的静水压力而不渗水。

抗渗混凝土所用原材料应符合以下规定：

① 粗骨料宜采用连续级配，其最大粒径不宜大于 40 mm，含泥量不得大于 1.0%，泥块含量不得大于 0.5%；

② 细骨料的含泥量不得大于 3.0%，泥块含量不得大于 1.0%；

③ 外加剂宜采用防水剂、膨胀剂、引气剂、减水剂或引气减水剂；

④ 抗渗混凝土宜掺用矿物掺合料；

⑤ 每立方米混凝土中的水泥和矿物掺合料总量不宜小于 320 kg；

⑥ 砂率宜为 35%～45%。

2. 混凝土的抗冻性

混凝土的抗冻性是指混凝土在水饱和状态下，经受多次冻融循环作用，能保持强度和外观完整性的能力。混凝土的抗冻性能用抗冻等级（快冻法）F 表示，分为 F50、F100、F150、F200、F250、F300、F350、F400 等八个级别，例如 F50 表示混凝土能承受最大冻融循环次数为 50 次。

混凝土的抗冻性主要取决于混凝土的构造特征和含水程度。具有较高密实度和含闭口孔多的混凝土具有较高的抗冻性，混凝土中水饱和程度越高，产生的冰冻破坏就越严重。

3. 混凝土的抗侵蚀性

当混凝土所处环境中含有侵蚀性介质时，混凝土便会遭受侵蚀，通常有软水侵蚀、硫酸盐侵蚀、镁盐侵蚀、碳酸侵蚀、一般酸侵蚀与强碱侵蚀等。混凝土在海岸、海洋工程中的应用也很广，海水对混凝土的侵蚀作用除化学作用外，尚有反复干湿的物理作用；盐分在混凝土内的结晶与聚集、海浪的冲击磨损、海水中氯离子对混凝土内钢筋的锈蚀作用等，也会使混凝土遭受破坏。

混凝土的抗侵蚀性与所用水泥的品种、混凝土的密实程度和孔隙特征有关。密实和孔隙封闭的混凝土，环境水不易侵入，故其抗侵蚀性较强。所以，提高混凝土抗侵蚀性的措施，主要是合理选择水泥品种、降低水胶比、提高混凝土的密实度和改善孔结构。

4. 混凝土的碳化

混凝土的碳化，是指空气中的二氧化碳在湿度适宜的条件下与水泥水化产物氢氧化钙发生反应，生成碳酸钙和水。碳化使混凝土内部碱度降低，对钢筋的保护作用降低，使钢筋易锈蚀，对钢筋混凝土造成极大的破坏。碳化对混凝土也有有利的影响，碳化放出的水分有助于水泥的水化作用，而且碳酸钙可填充水泥石孔隙，提高混凝土的密实度。

5. 混凝土的碱-骨料反应

碱-骨料反应是指混凝土中的碱性物质与骨料中的活性成分发生化学反应，引起混凝土内部自膨胀产生应力而开裂的现象。碱-骨料反应给混凝土工程带来的危害是相当严重的，因为碱-骨料反应时间较为缓慢，短则几年，长则几十年才能被发现。一旦发生就难以控制，严重影响混凝土结构的耐久性。因此，需要预先防止。

碱-骨料反应中的碱指 Na 和 K，含碱量以当量 Na_2O 计算。碱-骨料反应发生和产生破坏作用的三个必要条件为：

① 混凝土使用的骨料含有碱活性矿物，即属于碱活性骨料；

② 混凝土含有过量的当量 Na_2O，一般超过 3.0 kg/m³；

③ 环境潮湿，能提供碱-硅凝胶膨胀的水源。

6. 提高混凝土耐久性的措施

除原材料的选择外，提高混凝土的密实度是提高混凝土耐久性的一个关键点。通常提高混凝土耐久性的措施有以下几个方面：

① 根据实际情况合理选择水泥品种。

② 适当控制混凝土的水胶比及水泥用量，其中水胶比不但影响混凝土的强度，而且也严重影响其耐久性，故应该严格控制水胶比。

③ 选用较好的砂、石骨料是保证混凝土耐久性的重要条件。

④ 掺用减水剂、引气剂等外加剂,提高混凝土的抗渗性、抗冻性等。

⑤ 混凝土施工时,应搅拌均匀、振捣密实、加强养护,以保证混凝土的施工质量。

⑥ 使用非活性骨料,可对骨料进行碱活性测试,或根据以往的调查结果选用骨料。

⑦ 控制混凝土的总含碱量(当量 Na_2O)低于 $3.0\ kg/m^3$。碱的来源包括水泥、外加剂、拌合水和骨料,其中水泥和外加剂是主要来源。

⑧ 胶凝材料中使用 6% 以上硅灰,或 25% 以上粉煤灰,或 40% 以上磨细矿渣(矿粉)。这些矿物掺合料含有的氧化硅,比骨料中氧化硅活性更高,能够预先将钾、钠固结在早期反应生成的硅酸钙凝胶中,从而防止后期有过量钾、钠与骨料反应。

[知识测试]

1. 检测混凝土强度的标准试块是边长为(　　　　　)mm 的立方体。

2. 当采用边长为 100 mm、200 mm 的非标准立方体试件时,须折算为标准立方体试件的抗压强度,换算系数分别为(　　　　)、(　　　　)。

3. 混凝土在干燥过程中,首先发生气孔水和毛细孔水的蒸发。毛细孔水的蒸发,使毛细孔中(　　　　),导致混凝土收缩。

4. 在混凝土硬化初期,(　　　　)放出较多的热量,在大体积混凝土内部的水化热不能及时释放出来,而混凝土表面温度散失快,因此大体积混凝土会形成较大的内外温差,导致混凝土产生裂缝。

5. 在混凝土水化过程中,由于(　　　　)的总体积小于反应前的总体积,引起混凝土产生收缩,称为混凝土的化学缩减。

6. 混凝土的抗渗等级 P6,表示混凝土能抵抗(　　　　) MPa 的静水压力而不渗水。

7. 混凝土的抗冻等级 F150 表示混凝土能承受最大(　　　　　　)。

8. 混凝土的碳化,是指(　　　　)在湿度适宜的条件下与水泥水化产物氢氧化钙发生反应,生成碳酸钙和水。

9. 碱-骨料反应是指混凝土中的碱性物质与骨料中的(　　　　)发生化学反应,引起混凝土内部自膨胀产生应力而开裂的现象。

10. 提高混凝土强度的措施主要有哪些?

码 1-3　硬化混凝土性能的认知知识测试答案

【项目实训】

一、混凝土坍落度的检测

1. 任务工单

《普通混凝土制备及施工技术》实训任务工单

项目	原材料及混凝土性能检测		实训任务	混凝土坍落度的检测	
队名		班级			学时
队长		队员			
工作任务	检测混凝土拌合物的坍落度,并观察其黏聚性和保水性,评价混凝土的工作性。				
任务目标	[能力目标]能够检测混凝土拌合物的流动性,并能评价混凝土的工作性。 [知识目标]掌握混凝土拌合物流动性的检测方法及工作性的评定方法。				

工作方式	每个班级分为 6 个学习小分队,每队 5~6 人,按学习任务进行分工,每人在完成自学后,一起讨论,共同完成任务,并进行任务总结。							
工作记录								
任务总结								
工作评价		参与讨论 /(20)	工作数量 /(20)	工作质量 /(20)	团结协作 /(20)	工作结果 /(20)	合计	权重	分值
	自我评价							30%	
	同学评价							30%	
	老师评价							40%	
教师评语	教师签名:　　　年　　月　　日							

2. 操作步骤

(1) 仪器设备

① 坍落度筒——为铁板制成的截头圆锥筒,高 300 mm,上口内径 100 mm,下口内径 200 mm,厚度不小于 1.5 mm,内侧平滑,筒上方 2/3 处有两个把手,下端两侧焊有两个脚踏板,保证坍落度筒可以稳定操作(见图 1-3)。

② 捣棒——为直径 16 mm、长 600 mm,并具有半球形端头的钢质圆棒。

③ 其他——小铲、钢尺、镘刀、钢板等。

（2）坍落度法

本方法适用于骨料最大粒径不大于 40 mm、坍落度不小于 10 mm 的混凝土拌合物。

① 在坍落度筒内壁和底板上应无明水。底板应放置在坚实水平面上,并把筒放在底板中心,然后用脚踩住两边的脚踏板,坍落度筒在装料时应保持固定的位置。

② 把按要求取得的混凝土试样用小铲分三层均匀地装入筒内,使捣实后每层高度为筒高的三分之一左右。每层用捣棒插捣 25 次。插捣应沿螺旋方向由外向中心进行,各次插捣应在截面上均匀分布。插捣筒边混凝土时,捣棒可以稍微倾斜。插捣底层时,捣棒应贯穿整个深度。插捣第二层和顶层时,捣棒应插透本层至下一层的表面;浇灌顶层时,混凝土应灌到高出筒口。插捣过程中,如混凝土沉落到低于筒口,则应随时添加。顶层插捣完后,刮去多余的混凝土,并用抹刀抹平。

③ 清除筒边底板上的混凝土后,垂直平稳地提起坍落度筒。坍落度筒的提离过程应在 5～10 s 内完成;从开始装料到提坍落度筒的整个过程应不间断地进行,并应在 150 s 内完成。

④ 提起坍落度筒后,测量筒高与坍落后混凝土试体最高点之间的高度差,即为该混凝土拌合物的坍落度值;坍落度筒提离后,如混凝土发生崩坍或一边剪坏现象,则应重新取样另行测定;如第二次试验仍出现上述现象,则表示该混凝土和易性不好,应予记录备查。

⑤ 观察坍落后的混凝土试体的黏聚性及保水性。黏聚性的检查方法是用捣棒在已坍落的混凝土锥体侧面轻轻敲打,此时如果锥体逐渐下沉,则表示黏聚性良好,如果锥体倒塌、部分崩裂或出现离析现象,则表示黏聚性不好。保水性以混凝土拌合物稀浆析出的程度来评定,坍落度筒提起后如有较多的稀浆从底部析出,锥体部分的混凝土也因失浆而骨料外露,则表明此混凝土拌合物的保水性能不好;如坍落度筒提起后无稀浆或仅有少量稀浆自底部析出,则表示此混凝土拌合物保水性良好。

（3）维勃稠度法

对于干硬性混凝土拌合物(坍落度值小于 10 mm)通常采用维勃稠度仪测定其稠度。

维勃稠度法就是在坍落度筒中按规定方法装满拌合物,提起坍落度筒,在拌合物锥体顶面放一透明圆盘,开启振动台,同时用秒表计时,到透明圆盘的底面完全为水泥浆所布满时,停止计时,关闭振动台。所读秒数即为维勃稠度。

（4）坍落扩展度法

当混凝土拌合物的坍落度大于 220 mm 时,用钢尺测量混凝土扩展后最终的最大直径和最小直径,在这两个直径之差小于 50 mm 的条件下,用其算术平均值作为坍落扩展度值;否则,此次试验无效。

如果发现粗骨料在中央集堆或边缘有水泥浆析出,表示此混凝土拌合物抗离析性不好,应予记录。

（5）试验记录并计算结果

将混凝土拌合物坍落度试验数据记录到任务单上,并计算坍落度检测结果。

码 1-4 混凝土拌合物坍落度检测

二、混凝土抗压强度的检测

1. 任务工单

《普通混凝土制备及施工技术》学习任务工单

项目	原材料及混凝土性能检测		实训任务	混凝土抗压强度的检测		
队名		班级			学时	
队长		队员				
工作任务	检测硬化混凝土的抗压强度					
任务目标	［能力目标］能够检测硬化混凝土的抗压强度。 ［知识目标］掌握混凝土抗压强度的检测方法及评定混凝土强度是否合格。					
工作方式	每个班级分为 6 个学习小分队，每队 5～6 人，按学习任务进行分工，每人在完成自学后，一起讨论，共同完成任务，并进行任务总结。					
工作记录						
任务总结						

工作评价		参与讨论 /(20)	工作数量 /(20)	工作质量 /(20)	团结协作 /(20)	工作结果 /(20)	合计	权重	分值
	自我评价							30％	
	同学评价							30％	
	老师评价							40％	

教师评语	教师签名： 　　　　　年　　月　　日

2. 操作步骤

（1）所用仪器、设备

① 试模

a.试模应符合《混凝土试模》（JG 237—2008）中技术要求的规定。

b.应定期对试模进行自检,自检周期宜为半个月。

150 mm 立方体试模如图 1-15 所示,100 mm 立方体三联试模如图 1-16 所示。

图 1-15　150 mm 立方体试模

图 1-16　100 mm 立方体三联试模

② 振动台

a.振动台应符合相关技术要求的规定。

b.应具有有效期内的计量检定证书。

混凝土振动台如图 1-17 所示。

③ 压力试验机

a.压力试验机除应符合相关技术要求外,其测量精度为±1%,试件破坏荷载应大于压力机全量程的 20%且小于压力机全量程的 80%。

b.应有加载速度指示装置或加载速度控制装置,并应能均匀、连续地加载。

c.应具有有效期内的计量检定证书。

混凝土抗压强度试验机如图 1-18 所示。

图 1-17　混凝土振动台

图 1-18　混凝土抗压强度试验机

④ 钢垫板

a.钢垫板的平面尺寸应不小于试件的承压面积,厚度应不小于 25 mm。

b.钢垫板应机械加工,承压面的平面度公差为 0.04 mm;表面硬度不小于 55HRC;硬化层厚度约为 5 mm。

⑤ 其他量具及器具

a.量程大于 600 mm、分度值为 1 mm 的钢板尺。

b.量程大于 200 mm、分度值为 0.02 mm 的卡尺。

c.符合相关技术要求规定的直径 16 mm、长 600 mm、端部呈半球形的捣棒。

(2)试件的制作

① 混凝土试件的制作应符合下列规定:

a.成型前,应检查试模尺寸并符合有关规定;试模内表面应涂一薄层矿物油或其他不与混凝土发生反应的脱模剂。

b.在试验室拌制混凝土时,其材料用量应以质量计,称量的精度:水泥、掺合料、水和外加剂为±0.5%;骨料为±1%。

c.取样或试验室拌制的混凝土应在拌制后尽量短的时间内成型,一般不宜超过 15 min。

d.根据混凝土拌合物的稠度确定混凝土成型方法,坍落度不大于 70 mm 的混凝土宜用振动振实;大于 70 mm 的宜用捣棒人工捣实;检验现浇混凝土或预置构件的混凝土,试件成型方法宜与实际采用的方法相同。

② 混凝土试件制作应按下列步骤进行:

A.用振动台振实制作试件应按下述方法进行:

a.将混凝土拌合物一次装入试模,装料时应用抹刀沿各试模壁插捣,并使混凝土拌合物高出试模口。

b.试模应附着或固定在符合要求的振动台上,振动时试模不得有任何跳动,振动应持续到表面出浆为止;不得过振。

B.用人工插捣制作试件应按下述方法进行:

a.混凝土拌合物应分两次装入模内,每层的装料厚度大致相等。

b.插捣应按螺旋方向从边缘向中心均匀进行。在插捣底层混凝土时,捣棒应达到试模底部;插捣上层时,捣棒应贯穿上层后插入下层 20~30 mm;插捣时捣棒应保持垂直,不得倾斜。然后应用抹刀沿试模内壁插拔数次。

c.每层插捣次数按在 10000 mm² 截面积内不得少于 12 次。

d.插捣后应用橡皮锤轻轻敲击试模四周,直至插捣棒留下的空洞消失为止。

C.用插入式振捣棒振实制作试件应按下述方法进行:

a.将混凝土拌合物一次装入试模,装料时应用抹刀沿各试模壁摇捣,并使混凝土拌合物高出试模壁。

b.使用直径为 ϕ25 mm 的插入式振捣棒,插入试模振捣时,振捣棒距试模底板 10~20 mm 且不得触及试模底板,振动应持续到表面出浆为止,且应避免过振,以防止混凝土离析;一般振捣时间为 20 s。振捣棒拔出时要缓慢,拔出后不得留有孔洞。

c.刮除试模上口多余的混凝土,待混凝土临近初凝时,用抹刀抹平。

成型试件如图 1-19 所示。

图 1-19　成型试件

（3）试件的养护

① 试件成型后应立即用不透水的薄膜覆盖表面。

② 采用标准养护的试件，应在温度为（20±5）℃的环境中静置一昼夜至二昼夜，然后编号、拆模。拆模后应立即放入温度为（20±2）℃、相对湿度为95％以上的标准养护室中养护，或在温度为（20±2）℃的不流动的 Ca(OH)₂ 饱和溶液中养护。标准养护室内的试件应放在支架上，彼此间隔10～20 mm，试件表面应保持潮湿，并不得被水直接冲淋。标准养护室如图1-20所示。

③ 同条件养护试件的拆模时间可与实际构件的拆模时间相同，拆模后，试件仍须保持同条件养护。

图 1-20　标准养护室

④ 标准养护龄期为28 d（从搅拌加水开始计时）。

（4）抗压强度试验

① 试件从养护地点取出后应及时进行试验，将试件表面与上下承压板面擦干净。

② 将试件安放在试验机的下压板或垫板上，试件的承压面应与成型时的顶面垂直。试件的中心应与试验机下压板中心对准，开动试验机，当上压板与试件或钢垫板接近时，调整球座，使接触均衡。

③ 在试验过程中应连续均匀地加荷，混凝土强度等级＜C30 时，加荷速度取每秒钟0.3～0.5 MPa；混凝土强度等级≥C30 且＜C60 时，取每秒钟0.5～0.8 MPa；混凝土强度等级≥C60 时，取每秒钟0.8～1.0 MPa。

④ 当试件接近破坏开始急剧变形时，应停止调整试验机油门，直至破坏，然后记录破坏荷载。

（5）抗压强度试验结果计算

① 混凝土立方体抗压强度应按下式计算（精确至0.1 MPa）：

$$f_{cc} = \frac{F}{A} \tag{1-3}$$

式中　f_{cc}——混凝土立方体试件抗压强度，MPa；

　　　F——试件破坏荷载，N；

　　　A——试件承压面积，mm²。

② 强度值的确定应符合下列规定：

a. 三个试件测值的算术平均值作为该组试件的强度值（精确至0.1 MPa）；

b. 三个测值中的最大值或最小值中如有一个与中间值的差值超过中间值的15％时，则最大及最小值一并舍除，取中间值作为该组试件的抗压强度值；

c. 如最大值和最小值与中间值的差均超过中间值的15％，则该组试件的试验结果无效。

③ 混凝土强度等级＜C60 时，用非标准试件测得的强度值均应乘以尺寸换算系数，其值为对 200 mm×200 mm×200 mm 试件为1.05；对 100mm×100 mm×100 mm 试件为0.95；当混凝土强度等级≥C60 时，宜采用标准试件；使用非标准试件时，尺寸换算系数应由试验确定。

（6）试验记录并计算结果

将混凝土抗压强度试验数据记录到任务单上，并计算强度检测结果。

码 1-5　混凝土强度检测

【项目评价】

原材料及混凝土性能检测项目评价表

评价模块	评价内容	完成情况	分值
1.1 混凝土原材料的选择	1.掌握原材料性能； 2.能够合理地选择混凝土的原材料		（满分20）
1.2 普通混凝土拌合物性能的认知	1.掌握混凝土拌合物的性能； 2.掌握影响混凝土拌合物工作性的因素		（满分20）
1.3 硬化混凝土性能的认知	1.掌握硬化混凝土的性能； 2.掌握影响硬化混凝土性能的因素		（满分20）
实训：一、混凝土坍落度的检测	1.掌握混凝土坍落度的检测方法； 2.能够完成混凝土拌合物的性能检测		（满分20）
实训：二、混凝土抗压强度的检测	1.掌握混凝土抗压强度检测方法及要求； 2.能够完成混凝土抗压强度检测		（满分20）
合　计			100

项目 1 参考文献

1. 纪明香,初景峰.预拌混凝土生产及仿真操作[M].天津:天津大学出版社,2018.

2. 杨绍林,邵宇良,韩红明.预拌混凝土企业检测试验人员实用读本[M].3版.北京:中国建筑工业出版社,2016.

3. 杨绍林,张彩霞.预拌混凝土生产企业管理实用手册[M].2版.北京:中国建筑工业出版社,2012.

4. 杨红霞.商品混凝土质量与成本控制技术[M].北京:中国建材工业出版社,2014.

5. 隋良志,李玉甫.建筑与装饰材料[M].4版.天津:天津大学出版社,2017.

6. 刘冬梅.水泥及混凝土检验员常用标准汇编[M].北京:中国建材工业出版社,2016.

项目 2　混凝土配合比设计

【项目描述】

本项目以《普通混凝土配合比设计规程》为依据,主要介绍了普通混凝土配合比设计的发展历程、混凝土配合比设计的基本概念、基本要求、基本原则,普通混凝土配合比设计的资料准备,确定水灰(胶)比、单位用水量和砂率三个参数的基本原则,普通混凝土配合比设计步骤、配合比设计的检验及调整;介绍了抗渗混凝土、抗冻混凝土、高强混凝土、泵送混凝土及大体积混凝土配合比设计的要点。

【项目目标】

知识目标:掌握普通混凝土、预拌混凝土及有特殊要求的混凝土的配合比设计的基本概念、基本要求、基本原则及设计计算步骤。

能力目标:能够完成普通混凝土、预拌混凝土及有特殊要求的混凝土配合比设计计算、检验及调整。

素质目标:养成勇于探索实践的攻关精神,一丝不苟、勤于钻研的基本职业素质。

2.1　普通混凝土配合比设计概论

[任务描述]　本任务介绍混凝土配合比设计的发展历程、基本概念、基本要求、基本原则,资料准备,以及水灰(胶)比、单位用水量和砂率三个参数。

[能力目标]　能够为混凝土配合比设计准备资料。

[知识目标]　掌握混凝土配合比设计的要求及原则,三个参数的确定原则等。

[任务工单]

《普通混凝土制备及施工技术》学习任务工单

项目	混凝土配合比设计		任务	2.1　普通混凝土配合比设计概论		
队名		班级			学时	2
队长		队员				
工作任务	掌握混凝土配合比设计的发展历程、基本概念、基本要求、基本原则,资料准备及水灰(胶)比、单位用水量和砂率三个参数的确定。					
任务目标	[能力目标]能够为混凝土配合比设计准备资料。 [知识目标]掌握混凝土配合比设计的要求及原则,三个参数的确定原则等。					
工作方式	每个班级分为 6 个学习小分队,每队 5～6 人,按学习任务进行分工,每人在完成自学后,一起讨论,共同完成任务,并进行任务总结。					

	参与讨论 /(20)	工作数量 /(20)	工作质量 /(20)	团结协作 /(20)	工作结果 /(20)	合计	权重	分值
自我评价							30%	
同学评价							30%	
老师评价							40%	

工作记录

任务总结

工作评价

教师评语　　　　　　　　　　　　　　　　　　　　　　教师签名：

　　　　　　　　　　　　　　　　　　　　　　　　年　　月　　日

2.1.1　配合比设计的发展历程

　　混凝土配合比设计是混凝土材料科学中最基本而又最重要的一个问题。早在 1918 年美国人 Duff Abrams（D.艾布拉姆斯）就发表了混凝土强度的水灰比定则："对于一定材料,强度仅取决于一个因素,即水灰比。"这一定则可以用下式表示：

$$\sigma_c = \frac{a}{b^{1.5(W/C)}} \tag{2-1}$$

式中　σ_c——一定龄期的抗压强度,MPa；

　　　a——经验常数,一般取 925 kg/m³；

　　　b——取决于水泥的种类,可取 4 左右。

　　一些西方国家常以艾布拉姆斯公式作为配合比设计的依据,且常采用圆柱体试模制作抗压试件（见图 2-1）。

图 2-1　圆柱体抗压试件

　　1930 年瑞典学者 Bolomy（鲍罗米）根据大量试验结果,应用数理统计方法,进一步考虑了水泥强度因素之后,提出了混凝土的强度等级及水灰比之间的关系：

$$f_{cu} = \alpha_a f_{ce}(C/W - \alpha_b) \tag{2-2}$$

式中　f_{cu}——混凝土的配制强度,MPa；

　　　f_{ce}——水泥的实测强度,MPa；

　　　C/W——灰水比；

　　　α_a、α_b——回归系数。

该式即为著名的鲍罗米公式,是我国目前混凝土配合比设计的基础公式。我国采用立方体试模成型试件(见图 2-2)。

图 2-2　立方体抗压试件

到目前为止,采用鲍罗米公式设计混凝土配合比也几经发展,现在最为常用的两种方法是绝对体积法和假定容重法。这两种方法都是以强度为基础的半定量、半经验设计方法。

然而,这种仅以强度为基础的半定量计算方法,已不能全面满足现代混凝土的性能要求。随着我国经济建设的迅猛发展,建筑业对混凝土品质的要求不断提高,促使混凝土向着高强、高流动性、高耐久性等高性能方向发展。研究开发适合现代混凝土要求的混凝土配合比设计理论和应用技术,已经成为混凝土行业的一种客观需求,特别是将混凝土技术由试验验证转变为数字计算显得尤其重要。于是,近些年来人们陆续探索出了一些新的配合比设计方法,通过科学合理地计算,就可确定混凝土各组成材料的用量,并且能够满足现代混凝土对各项性能的要求。

20 世纪 90 年代,陈建奎教授研究出“现代混凝土配合比设计-全计算法”。该方法是以工作性、强度和耐久性为基础建立数学模型,通过严格的数学推导,得到混凝土的用水量和砂率的计算公式,并且将此两式与水灰比定则相结合,能计算出混凝土各组分之间的定量关系和用量。

21 世纪初,朱效荣教授提出了多组分混凝土理论,采用数字量化技术,经过对混凝土的体积组成进行分析,结合生产试验、数据分析和工程实践建立了多组分混凝土强度理论数学模型及计算公式,即:

$$f = \sigma \cdot u \cdot m \tag{2-3}$$

式中　σ——胶凝材料水化形成的标准稠度浆体的强度,MPa;

　　　u——胶凝材料填充强度贡献率;

　　　m——硬化密实浆体在混凝土中的体积百分比。

多组分混凝土硬化后单位体积内的石子、砂子均没有参与胶凝材料的水化硬化,其体积没有发生改变,由多组分混凝土理论计算公式可知,混凝土的强度由硬化胶凝材料标准稠度浆体的强度、胶凝材料的填充强度贡献率和硬化密实浆体的体积百分比决定。

澳洲学者李华生博士推出一种“高性能混凝土配合比设计方法”。该设计方法是将组成混凝土的各组分材料按各自体积和粒径大小填充达到最大密实度作为这个系统建立的核心基础和设计方法(体积法)。组成混凝土的各材料中,由砂子填满石子间的空隙来达到一级密实,而砂子间的空隙由胶凝材料来填充,在胶凝材料中,水泥颗粒间的空隙由颗粒更小的粉煤灰来填充(同时起到润滑作用和火山灰效应),粉煤灰颗粒间的空隙由更小颗粒的矿渣粉来填充,一级填一级,达到混凝土结构体更好的密实度。如果配制高强度混凝土,则由更细的微珠或硅灰来填充矿渣粉颗粒间的空隙,最终向理想的零空隙率方向迈进。最后,由水来填充所有材料间的空隙,同时水与水泥发生水化作用,搅拌让混凝土各组分材料均匀有机地结合在一起,形成混凝土结构的原形。

2.1.2　配合比设计的基本概念

配合比设计指采用工程或工厂所用原材料,确定混凝土中各原材料的比例用量,以获得具有特定性能混凝土的过程。目的是计算出 1 m³ 混凝土中各组成材料的用量,或各组成材料的质量比。其表示方法是以 1 m³ 混凝土中各项材料的质量表示:

水泥:300 kg;砂:720 kg;石子:1200 kg;水:180 kg

以各项材料的质量比来表示(以水泥或胶凝材料质量为 1)

水泥∶砂∶石子∶水＝1∶2.4∶4∶0.6

以下是与混凝土配合比相关的几个基本概念：

水灰（胶）比：混凝土中用水量与水泥（胶凝材料）用量的质量比。

胶凝材料：混凝土中水泥和矿物掺合料的总称。

胶凝材料用量：混凝土中水泥用量和矿物掺合料用量之和。

矿物掺合料掺量：矿物掺合料用量占胶凝材料用量的质量百分比。

外加剂掺量：外加剂用量相对于胶凝材料用量的质量百分比。

2.1.3 配合比设计的基本要求

混凝土必要的四项基本要求见图2-3。

图2-3 混凝土必要的四项基本要求

配合比设计时要满足混凝土的四项基本要求，具体如下：

① 强度：以抗压强度为基础，强度保证率在95%以上。主要取决于水胶比、水泥用量，同时受骨料粒径、级配等的影响。

② 工作性：满足施工要求，易于浇筑并能利用现有的设备充分捣实。通常包括流动性、黏聚性和保水性。主要取决于集料级配、水泥砂浆用量、外加剂等因素。注意：不能通过单独加水来调节。

③ 耐久性：低渗透性、耐腐蚀性。成型浇筑良好无原始裂缝时，强度越高的混凝土密实度越好，耐久性就越高。取决于水胶比、矿物掺合料等。

④ 经济性：最大限度节约水泥，降低混凝土成本。

2.1.4 配合比设计的基本原则

1. 骨料紧密堆积原则

使骨料尽可能地紧密堆积和达到最小比表面积是确保混凝土密实性和最小水泥用量的基础。采用尽可能大的骨料粒径，连续、良好的骨料级配，砂率应保证填满石子的空隙且略有富余。骨料最佳级配图见图2-4。

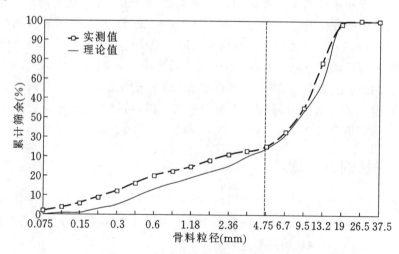

图2-4 骨料最佳级配图

2. 最小用水量或水泥用量原则

使用满足工作性的最小用水量(即最小浆体量),可得到体积稳定、经济、耐久的混凝土。

2.1.5　配合比设计的资料准备

工程要求是混凝土配合比设计的基础,应根据工程不同的混凝土结构要求,有针对性地采用科学、合理又经济的混凝土配合比。因此,在进行配合比设计时应了解以下工程信息:

① 了解工程设计要求的混凝土强度等级,以便确定混凝土配制强度。

② 了解工程所处环境对混凝土耐久性的要求,以便确定所配制混凝土的最大水灰比和最小水泥用量。

③ 了解结构构件断面尺寸及钢筋配制情况,以便确定混凝土骨料的最大粒径。

④ 了解混凝土施工方法及管理水平,以便选择混凝土拌合物坍落度及混凝土强度的标准差。

⑤ 掌握原材料的以下性能指标:

水泥——品种、强度等级、密度;

骨料——种类、表观密度、级配、最大粒径、含泥量等;

拌合用水——水质情况;

外加剂——品种、性能、与水泥的适应性、适宜掺量;

掺合料——粉煤灰、矿渣、硅粉等。

2.1.6　配合比设计中的三个参数

水灰(胶)比、单位用水量和砂率是混凝土配合比设计中的三个基本参数。水灰(胶)比表示水与水泥(胶凝材料)之间的比例关系,砂率表示砂与石子之间的比例关系,单位体积用水量表示水泥浆与骨料之间的比例关系。确定三个参数的基本原则为:

① 在满足混凝土强度和耐久性的基础上,确定混凝土的水灰比;

② 在满足混凝土施工要求的和易性基础上,根据粗骨料的种类和规格确定混凝土的单位用水量;

③ 砂在骨料中的数量应以填充石子空隙后略有富余的原则来确定。

[知识测试]

1. 混凝土配合比设计,现在最为常用的两种方法是(　　　　　)法和(　　　　　)法。

2. 混凝土配合比设计必要的四项基本要求是(　　　　)、(　　　　)、(　　　　)、(　　　　)。

3. 混凝土配合比设计的基本原则:骨料(　　　　)原则,最小(　　　　)或(　　　　)原则。

4. (　　　　)、(　　　　)和(　　　　)是混凝土配合比设计中的三个基本参数。

5. 水灰(胶)比:(　　　　　　　　　　　　　)。

6. 胶凝材料:(　　　　　　　　　　　　　)。

7. 胶凝材料用量:(　　　　　　　　　　　　)。

8. 矿物掺合料掺量:(　　　　　　　　　　　)。

9. 外加剂掺量:(　　　　　　　　　　　　)。

码 2-1　普通混凝土配合比
设计概论　知识测试答案

2.2 普通混凝土和预拌混凝土配合比设计

[任务描述] 本任务介绍普通混凝土及预拌混凝土配合比设计的计算步骤,检验及调整,施工配合比计算等。

[能力目标] 能够设计普通混凝土及预拌混凝土的配合比。

[知识目标] 掌握混凝土配合比设计的计算方法和步骤。

[任务工单]

《普通混凝土制备及施工技术》学习任务工单

项目	混凝土配合比设计		任务	2.2 普通混凝土和预拌混凝土配合比设计		
队名		班级			学时	
队长		队员				
工作任务	掌握普通混凝土及预拌混凝土配合比设计的计算步骤,检验及调整,施工配合比计算等。					
任务目标	[能力目标]能够设计普通混凝土及预拌混凝土的配合比。 [知识目标]掌握混凝土配合比设计的计算方法和步骤。					
工作方式	每个班级分为6个学习小分队,每队5~6人,按学习任务进行分工,每人在完成自学后,一起讨论,共同完成任务,并进行任务总结。					
工作记录						
任务总结						

工作评价		参与讨论 /(20)	工作数量 /(20)	工作质量 /(20)	团结协作 /(20)	工作结果 /(20)	合计	权重	分值
	自我评价							30%	
	同学评价							30%	
	老师评价							40%	

教师评语	教师签名: 年 月 日

2.2.1　普通混凝土配合比设计

普通混凝土配合比设计方法是先计算再试配的方法,其计算准则基于逐级填充原理,即水与水泥组成水泥浆,水泥浆填充砂的空隙组成砂浆,砂浆填充石子的空隙组成混凝土,设计原则基于假定容重法和绝对体积法。计算得到粗略配合比,再按照所确定的材料用量,制备混凝土试件,标准养护到28 d 龄期,测试试件的相关性能,若试件性能符合要求,则采用该配合比,否则,需要进一步调整配合比。

混凝土配合比设计应按照现行行业标准《普通混凝土配合比设计规程》(JGJ 55—2011)的要求和步骤进行。

1. 计算混凝土配制强度

$$f_{cu,0} \geqslant f_{cu,k} + 1.645\sigma \tag{2-4}$$

式中　$f_{cu,0}$——混凝土的配制强度,MPa;

　　　$f_{cu,k}$——混凝土立方体抗压强度标准值,这里取混凝土的设计强度等级值,MPa;

　　　1.645——概率度,该值是混凝土强度保证率为95%时的数值;

　　　σ——混凝土强度标准差,MPa。

2. 混凝土强度标准差的确定

$$\sigma = \sqrt{\dfrac{\sum\limits_{i=1}^{n} f_{cu,i}^2 - n m_{fcu}^2}{n-1}} \tag{2-5}$$

式中　$f_{cu,i}$——统计周期内第 i 组混凝土试件的立方体抗压强度,MPa;

　　　m_{fcu}——统计周期内混凝土试件立方体抗压强度平均值,MPa;

　　　n——统计周期内相同强度等级的混凝土试件组数,该值不得少于30组。

3. 确定水灰比值(W/C)

$$W/C = \dfrac{\alpha_a f_{ce}}{f_{cu,0} + \alpha_a \alpha_b f_{ce}} \tag{2-6}$$

式中　α_a、α_b——回归系数。

回归系数可根据工厂或工程所使用的原材料,通过试验建立的水灰比与混凝土强度关系式来确定。或当不具备统计资料时,可按照现行行业标准 JGJ 55 中的回归系数选用表选取。由于该标准随着混凝土技术的不断进步几经修订,回归系数也多次调整,因此,在选用回归系数时,可结合配合比设计的实际情况,按表 2-1 选取。

f_{ce} 即水泥 28 d 抗压强度实测值(MPa)。当无实测值时,可按下式计算:

$$f_{ce} = \gamma_c f_{ce,g} \tag{2-7}$$

式中　γ_c——水泥强度等级值的富余系数,可按实际统计资料确定;

　　　$f_{ce,g}$——水泥强度等级值,MPa。

表 2-1　回归系数(α_a、α_b)选用表

版本	1996 版	2000 版	2011 版	1996 版	2000 版	2011 版
石种类		碎石			卵石	
α_a	0.48	0.46	0.53	0.50	0.48	0.49
α_b	0.52	0.07	0.20	0.61	0.33	0.13

4. 确定混凝土单方用水量 m_{w0}

根据施工要求的坍落度、骨料品种、粒径,由表 2-2 选取。

表 2-2　混凝土单位用水量选用表

项目	指标	卵石最大粒径(mm)				碎石最大粒径(mm)			
		10	20	31.5	40	16	20	31.5	40
坍落度 (mm)	10～30	190	170	160	150	200	185	175	165
	35～50	200	180	170	160	210	195	185	175
	55～70	210	190	180	170	220	205	195	185
	75～90	215	195	185	175	230	215	205	195

注:① 本表用水量系采用中砂时的取值。采用细砂时,每立方米混凝土用水量可增加 5～10 kg;采用粗砂时,可减少 5～10 kg。

　② 掺用矿物掺合料和外加剂时,用水量应相应调整。

5. 计算混凝土的单位水泥用量(m_{c0})

$$m_{c0} = \frac{m_{w0}}{W/C} \tag{2-8}$$

式中　m_{c0}——水泥用量,kg;

　　　m_{w0}——用水量,kg。

混凝土的最大水灰比和最小水泥用量应符合现行行业标准 JGJ 55 的相关规定。

6. 确定砂率(β_s)

砂率是细骨料用量占总骨料用量的百分比。

$$\beta_s = \frac{m_{s0}}{m_{s0} + m_{g0}} \times 100\% \tag{2-9}$$

式中　m_{s0}——每立方米混凝土的细骨料用量,kg/m³;

　　　m_{g0}——每立方米混凝土的粗骨料用量,kg/m³。

合理砂率可通过试验、计算或查表求得。试验是通过调整砂率,以获得最佳混凝土和易性。也可根据骨料品种、粒径及水灰比参考表 2-3 选用。

表 2-3　混凝土砂率选用表

水灰比 (W/C)	卵石最大粒径(mm)			碎石最大粒径(mm)		
	10	20	40	16	20	40
0.40	26～32	25～31	24～30	30～35	29～34	27～32
0.50	30～35	29～34	28～33	33～38	32～37	30～35
0.60	33～38	32～37	31～36	36～41	35～40	33～38
0.70	36～41	35～40	34～39	39～44	38～43	36～41

注:① 此表系中砂的选用砂率,对细砂或粗砂,可相应地减少或增大砂率。

　② 此表适用于坍落度为 10～60 mm 的混凝土。坍落度大于 60 mm 或小于 10 mm 时,应相应增大或减小砂率;按每增大 20 mm,砂率增大 1% 调整。

　③ 采用人工砂配制混凝土时,砂率可适当增大。

　④ 只用一个单粒级粗骨料配制混凝土时,砂率应适当增大。

7. 确定 1 m³ 混凝土的粗、细骨料用量

当采用质量法计算混凝土配合比时，粗、细骨料用量应按式(2-10)计算，并与砂率公式(2-11)联立方程求得。

$$m_{c0}+m_{s0}+m_{g0}+m_{w0}=m_{cp} \tag{2-10}$$

式中　m_{cp}——每立方米混凝土拌合物的假定质量，可取 $2350\sim2450$ kg/m³。

当采用体积法计算混凝土配合比时，粗、细骨料用量应按式(2-11)计算。

$$\frac{m_{c0}}{\rho_c}+\frac{m_{s0}}{\rho_s}+\frac{m_{g0}}{\rho_g}+\frac{m_{w0}}{\rho_w}+0.01\alpha=1 \tag{2-11}$$

式中　ρ_c——水泥密度，kg/m³；

　　　ρ_s——细骨料的表观密度，kg/m³；

　　　ρ_g——粗骨料的表观密度，kg/m³；

　　　ρ_w——水的密度，可取 1000 kg/m³；

　　　α——混凝土的含气量百分数，在不使用引气剂或引气型外加剂时，α 可取 1。

8. 配合比检验与调整

在计算配合比的基础上应进行混凝土试拌。宜保持水灰比不变，通过调整配合比其他参数使混凝土拌合物性能符合设计要求，然后修正计算配合比，提出试拌配合比。

在试拌配合比的基础上，另选取较试拌配合比的水灰比增加和减少 0.05 的两组配合比进行试拌，用水量与原试拌配合比相同，砂率可分别增加和减少 1%。

试拌后成型抗压强度试件，通常至少制作三组，并放入标准养护室养护。三组试件分别试压 3 d、7 d、28 d 或设计规定龄期强度。

根据三组配合比强度试验结果，可以绘制出强度和灰水比的线性关系图(见图 2-5)，或用插值法确定略大于配制强度对应的灰水比。

在混凝土进行试拌时，拌合物性能应符合设计要求。混凝土拌合物搅拌均匀后测坍落度，并观察其黏聚性和保水性能如何，如果混凝土和易性未能符合设计要求，可参照表 2-4 进行调整。

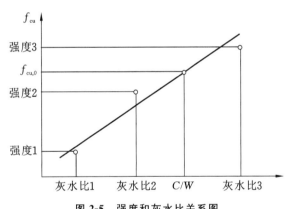

图 2-5　强度和灰水比关系图

表 2-4　混凝土和易性调整方法

不能满足要求情况	调整方法
坍落度小于要求，黏聚性和保水性合适	保持水胶比不变，增加胶凝材料和水用量，相应减少骨料用量(砂率不变)；适当增加泵送剂(减水剂)掺量
坍落度大于要求，黏聚性和保水性合适	保持水胶比不变，减少胶凝材料和水用量，相应增加骨料用量(砂率不变)；减少泵送剂(减水剂)掺量
坍落度合适，黏聚性和保水性不好	增加砂率(保持骨料总量不变，提高砂用量)；必要时可保持水胶比不变，增加胶凝材料用量，调整骨料用量；采用较小粒径的粗骨料等
砂浆含量过多	保持骨料总量不变，减少砂率

最终配合比的确定方法如下：

(1) 通过检查试拌混凝土的和易性，确定适宜的用水量。

（2）通过检查试拌混凝土的和易性和凝结时间,确定适宜的外加剂掺量和砂率。

（3）以混凝土强度检验结果,确定混凝土水灰比,以此为依据,计算水泥用量。

（4）以实测的混凝土容积密度和试拌时确定的砂率为依据,计算粗、细骨料的用量。

（5）根据以上方法确定初步配合比后,还应进行混凝土拌合物表观密度校正。方法如下:

① 计算混凝土初步配合比的表观密度计算值($\rho_{c,c}$):

$$\rho_{c,c}=m_c+m_s+m_g+m_w \tag{2-12}$$

式中　$\rho_{c,c}$——混凝土拌合物的表观密度计算值,kg/m^3;

　　　m_c——每立方米混凝土的水泥用量,kg/m^3;

　　　m_s——每立方米混凝土的细骨料用量,kg/m^3;

　　　m_g——每立方米混凝土的粗骨料用量,kg/m^3;

　　　m_w——每立方米混凝土的用水量,kg/m^3。

② 用初步配合比试拌混凝土,测得表观密度实测值($\rho_{c,t}$),按下式得出校正系数 δ,即:

$$\delta=\frac{\rho_{c,t}}{\rho_{c,c}} \tag{2-13}$$

③ 当实测值与计算值之差的绝对值不超过计算值的 2% 时,则该初步配合比可确定为正式配合比。若二者之差超过 2% 时,则须将初步配合比中某一项材料用量均乘以校正系数,即为最终确定的混凝土正式配合比。

9. 生产配合比的确定

设计配合比是以干燥材料为基准的,而实际生产用砂、石的含水率是随着气候变化的。所以现场材料的称量应按砂、石实际的含水情况进行修正,修正后的配合比,叫作生产配合比。

现假定砂的含水率为 $a(\%)$,石子的含水率为 $b(\%)$,则将设计配合比换算为生产配合比,其材料称量为:

换算后的水泥用量:　　$m'_c=m_c$　（kg）;

换算后的细骨料用量:　$m'_s=m_s(1+a\%)$　（kg）;

换算后的粗骨料用量:　$m'_g=m_g(1+b\%)$　（kg）;

换算后的用水量:　　　$m'_w=m_w-(m_s\times a\%+m_g\times b\%)$　（kg）。

10. 普通混凝土配合比设计实例

【例题 2-1】 某框架结构工程现浇钢筋混凝土梁,混凝土的设计强度等级为 C30,施工要求坍落度为 30~50mm(混凝土由机械搅拌,机械振捣),根据施工单位历史统计资料,混凝土强度标准差 $\sigma=4.8$ MPa。采用的原材料:P·O 42.5 水泥(实测 28 d 强度 45 MPa),密度 $\rho_c=3100$ kg/m^3;中砂,表观密度 $\rho_s=2650$ kg/m^3;5~31.5 mm 碎石,表观密度 $\rho_g=2700$ kg/m^3,最大粒径 $D_{max}=20$ mm;自来水。

要求:1. 试分别采用质量法和体积法设计混凝土配合比(按干燥材料计算)。假定混凝土容积密度为 2400 kg/m^3。

2. 施工现场砂含水率 3%,碎石含水率 1%,求施工配合比。

【解】 1. 求计算配合比

（1）确定配制强度($f_{cu,0}$)

$f_{cu,0}=f_{cu,k}+1.645\sigma=30+1.645\times4.8=37.896$,取 38 MPa

（2）确定水灰比(W/C)

回归系数按照《普通混凝土配合比设计规程》(JGJ 55—2011)取 $\alpha_a=0.46$、$\alpha_b=0.07$

则:$W/C=\alpha_a f_{ce}/(f_{cu,0}+\alpha_a\alpha_b f_{ce})=0.46\times45/(38+0.46\times0.07\times45)=0.525$,取 0.52

（3）确定单位用水量（m_{w0}）

查表 2-2，取 $m_{w0} = 195$ kg

（4）计算水泥用量（m_{c0}）

$m_{c0} = m_{w0} / (W/C) = 195/0.52 = 375$（kg）

（5）确定合理砂率值（β_s）

根据骨料及水灰比情况，查表 2-3，取 $\beta_s = 35\%$

（6）采用质量法计算骨料用量，并确定计算配合比。

联立方程（2-9）和（2-10）得骨料用量：

$375 + m_{s0} + m_{g0} + 195 = 2400$

$$35\% = \frac{m_{s0}}{m_{s0} + m_{g0}}$$

得：$m_{s0} = 641$ kg，可取 640 kg；$m_{g0} = 1189$ kg，可取 1190 kg。

因此计算配合比为：

水泥∶砂∶石子∶水 $= 375 ∶ 640 ∶ 1190 ∶ 195$

（7）采用体积法计算骨料用量。

按以下联立方程（2-9）和（2-11）计算骨料用量。

$$35\% = \frac{m_{s0}}{m_{s0} + m_{g0}}$$

$$\frac{375}{3100} + \frac{m_{s0}}{2650} + \frac{m_{g0}}{2700} + \frac{195}{1000} + 0.01 \times 1 = 1$$

解得：$m_{s0} = 633$ kg，可取 630 kg；$m_{g0} = 1176$ kg，可取 1180 kg。

因此计算配合比为：水泥∶砂∶石子∶水 $= 375 ∶ 630 ∶ 1180 ∶ 195$

2. 求施工配合比

将计算配合比换算成现场施工配合比，用水量应扣除砂、石所含水量；而砂、石则应增加砂、石的含水量。所以施工配合比（以采用质量法求得的配合比为例）如下：

$m'_c = 375$ kg

$m'_s = 640 \times (1 + 3\%) = 659.2$ kg 取 660 kg

$m'_g = 1190 \times (1 + 1\%) = 1201.9$ kg 取 1200 kg

$m'_w = 195 - 640 \times 3\% - 1190 \times 1\% = 164$ kg

则施工配合比为：

水泥∶砂∶石子∶水 $= 375 ∶ 660 ∶ 1200 ∶ 164$

2.2.2 预拌混凝土配合比设计

1. 预拌混凝土概况

随着现代混凝土的快速发展，传统的混凝土已经不能满足现代工程的需要。配合比指标以抗压强度为主转变为以耐久性设计为主，矿物掺合料以及各种外加剂的普遍应用，也给传统的混凝土赋予了更多新的功能。

预拌混凝土的出现，极大地加快了工程施工进度，质量相对于现场搅拌的混凝土更稳定，有利于采用新技术、新材料，配制各种新型的特种混凝土以及高性能混凝土，也有利于节约水泥和推广应用散装水泥，减少粉尘、噪声等环境污染，有利于文明施工和提高工程质量等许多优点。

预拌混凝土又称商品混凝土，是由水泥、骨料、水以及根据需要掺入的外加剂和矿物掺合料等组分,按一定比例在搅拌站经计量、拌制后出售,并采用运输车在规定时间内运至使用地点的混凝土拌合料。

预拌混凝土具有以下特性:

(1) 具有"时效性"

混凝土不能较长时间储存,从搅拌开始至初凝之前必须浇捣完毕。

(2) 是"半成品"

交货时混凝土是塑性、流态状的混凝土拌合物,从混凝土浇筑后至形成最终产品还需较长时间(如通常以 28 d 强度作质量验收),其产品的许多性能(如强度、抗裂性、耐久性等)的最终实现还必须依靠混凝土公司与施工单位的相互配合,才能达到最终的设计要求。因此,混凝土质量是供需双方共同的责任。

(3) 以销定产

以销定产的生产加工模式决定了搅拌站是基本定型且比较单一的管理模式,赋予其生产工艺相对简洁、稳定,人员少,劳动生产率高等特性。

预拌混凝土配合比设计可参考现行行业标准《普通混凝土配合比设计规程》(JGJ 55—2011)进行。基于以上特性,除须满足试配强度要求外,还要考虑混凝土坍落度的经时损失和施工泵送对和易性的要求。因此,预拌混凝土配合比设计较普通混凝土有以下不同之处。

① 预拌混凝土砂率须适当提高。

② 胶凝材料用量须适当增加。

③ 须掺加高效减水剂或缓凝型减水剂。

④ 泵送混凝土的坍落度不宜小于 100 mm,通常需要在 180±30 mm。

2. 预拌混凝土配合比设计要求

(1) 混凝土配合比设计应满足混凝土配制强度、拌合物性能、力学性能、长期性能和耐久性能的设计要求。

(2) 混凝土配合比设计应采用工程实际使用的原材料,并应满足国家现行标准的有关要求;配合比设计应以干燥状态骨料为基准,细骨料含水率应小于 0.5%,粗骨料含水率应小于 0.2%。

(3) 混凝土的最大水胶比应符合《混凝土结构设计规范》(GB 50010—2010)的规定,参见表 2-5。

表 2-5 混凝土耐久性的最大水胶比要求

环境类别	一	二(a)	二(b)	三
最大水胶比	0.65	0.60	0.55	0.50

(4) 混凝土的最小胶凝材料用量应符合表 2-6 的规定,配制 C15 及其以下强度等级的混凝土,可不受表 2-6 的限制。

表 2-6 最小胶凝材料用量

最大水胶比	最小胶凝材料用量(kg/m³)		
	素混凝土	钢筋混凝土	预应力混凝土
0.60	250	280	300
0.55	280	300	300
0.50	320		
≤0.45	330		

（5）矿物掺合料在混凝土中的掺量应通过试验确定。钢筋混凝土中矿物掺合料最大掺量宜符合表 2-7 的规定；预应力混凝土中矿物掺合料最大掺量宜符合表 2-8 的规定。

表 2-7　钢筋混凝土中矿物掺合料最大掺量（仅以粉煤灰和矿粉为例）

矿物掺合料种类	水胶比	最大掺量（%）	
		硅酸盐水泥	普通硅酸盐水泥
粉煤灰	≤0.40	45	35
	>0.40	40	30
粒化高炉矿渣粉	≤0.40	65	55
	>0.40	55	45
复合掺合料	≤0.40	65	55
	>0.40	55	45

注：① 采用其他通用硅酸盐水泥时，宜将水泥混合材料掺量 20% 以上的混合材料量计入矿物掺合料。

② 复合掺合料各组分的掺量不宜超过单掺时的最大掺量。

表 2-8　预应力混凝土中矿物掺合料最大掺量（仅以粉煤灰和矿粉为例）

矿物掺合料种类	水胶比	最大掺量（%）	
		硅酸盐水泥	普通硅酸盐水泥
粉煤灰	≤0.40	35	30
	>0.40	25	20
粒化高炉矿渣粉	≤0.40	55	45
	>0.40	45	35
复合掺合料	≤0.40	50	40
	>0.40	40	30

（6）混凝土拌合物中水溶性氯离子最大含量应符合表 2-9 的要求。

表 2-9　混凝土拌合物中水溶性氯离子最大含量

环境条件	水溶性氯离子最大含量（%，水泥用量的质量百分比）		
	钢筋混凝土	预应力混凝土	素混凝土
干燥环境	0.3		
潮湿但不含氯离子的环境	0.2	0.06	1.0
潮湿而含有氯离子的环境、盐渍土环境	0.1		
除冰盐等侵蚀性物质的腐蚀环境	0.06		

（7）长期处于潮湿或水位变动的寒冷和严寒环境以及盐冻环境的混凝土应掺用引气剂。引气剂掺量应根据混凝土含气量要求经试验确定；掺用引气剂的混凝土最小含气量应符合表 2-10 的规定，最大不宜超过 7.0%。

表 2-10　混凝土最小含气量

粗骨料最大公称粒径 (mm)	混凝土最小含气量（%）	
	潮湿或水位变动的寒冷和严寒环境	盐冻环境
40.0	4.5	5.0
25.0	5.0	5.5
20.0	5.5	6.0

注：含气量为气体占混凝土体积的百分比。

（8）对于有预防混凝土碱骨料反应设计要求的工程，混凝土中最大碱含量不应大于 3.0 kg/m³，并宜掺用适量粉煤灰等矿物掺合料；对于矿物掺合料碱含量，粉煤灰碱含量可取实测值的 1/6，粒化高炉矿渣粉碱含量可取实测值的 1/2。

3. 预拌混凝土配合比设计方法和步骤

（1）混凝土配制强度的确定

当混凝土的设计强度等级小于 C60 时，配制强度应按式（2-14）计算：

$$f_{cu,0} \geqslant f_{cu,k} + 1.645\sigma \tag{2-14}$$

当设计强度等级不小于 C60 时，配制强度应按下式计算：

$$f_{cu,0} \geqslant 1.15 f_{cu,k} \tag{2-15}$$

混凝土强度标准差应按照下列规定确定：

① 当有近期 1 至 3 个月的同一品种、同一强度等级混凝土的强度资料时，其混凝土强度标准差 σ 应按式（2-16）计算：

$$\sigma = \sqrt{\frac{\sum_{i=1}^{n} f_{cu,i}^{2} - nm_{fcu}^{2}}{n-1}} \tag{2-16}$$

对于强度等级不大于 C30 的混凝土：当 σ 计算值不小于 3.0 MPa 时，应按照计算结果取值；当 σ 计算值小于 3.0 MPa 时，σ 应取 3.0 MPa。

对于强度等级大于 C30 且不大于 C60 的混凝土：当 σ 计算值不小于 4.0 MPa 时，应按照计算结果取值；当 σ 计算值小于 4.0 MPa 时，σ 应取 4.0 MPa。

② 当没有近期的同一品种、同一强度等级混凝土强度资料时，其强度标准差 σ 可按表 2-11 取值。

表 2-11　标准差 σ 值（MPa）

混凝土强度标准值	≤C20	C25～C45	C50～C55
$\sum$	4.0	5.0	6.0

（2）混凝土配合比计算

① 水胶比

混凝土强度等级不大于 C60 等级时，水胶比按下式计算：

$$W/B = \frac{\alpha_a f_b}{f_{cu,0} + \alpha_a \alpha_b f_b} \tag{2-17}$$

式中　W/B——混凝土水胶比；

α_a、α_b——回归系数，可按照现行行业标准回归系数选用表选取，或根据实际情况，按照表 2-1 选取；

f_b——胶凝材料 28 d 胶砂抗压强度实测值(MPa)。当无实测值时,可按下式计算:

$$f_b = \gamma_f \gamma_s f_{ce} \tag{2-18}$$

式中　γ_f、γ_s——粉煤灰影响系数和粒化高炉矿渣粉影响系数,可按表 2-12 选用;

　　　　f_{ce}——水泥 28 d 抗压强度实测值,MPa。

表 2-12　粉煤灰影响系数和粒化高炉矿渣粉影响系数

掺量(%)	粉煤灰影响系数 γ_f	粒化高炉矿渣粉影响系数 γ_s
0	1.00	1.00
10	0.85～0.95	1.00
20	0.75～0.85	0.95～1.00
30	0.65～0.75	0.90～1.00
40	0.55～0.65	0.80～0.90
50	—	0.70～0.85

注:① 采用 Ⅰ 级、Ⅱ 级粉煤灰宜取上限值;

　② 采用 S75 级粒化高炉矿渣粉宜取下限值,采用 S95 级粒化高炉矿渣粉宜取上限值,采用 S105 级粒化高炉矿渣粉可取上限值加

　　0.05;

　③ 当超出表中的掺量时,粉煤灰和矿渣粉影响系数应经试验确定。

当 f_{ce} 无实测值时,可按式(2-19)计算:

$$f_{ce} = \gamma_c f_{ce,g} \tag{2-19}$$

式中　γ_c——水泥强度等级值的富余系数,可按实际统计资料确定,当缺乏实际统计资料时,可按表

　　　　2-13 选用;

　　　　$f_{ce,g}$——水泥强度等级值,MPa。

表 2-13　水泥强度等级值的富余系数(γ_c)

水泥强度等级值	32.5	42.5	52.5
富余系数	1.12	1.16	1.10

② 用水量和外加剂用量

每立方米干硬性或塑性混凝土的用水量(m_{w0})应符合下列规定:

a.混凝土水胶比在 0.40～0.80 范围时,可按表 2-14 和表 2-15 选取;

b.混凝土水胶比小于 0.40 时,可通过试验确定。

干硬性或塑性混凝土掺外加剂后的用水量在以上数据的基础上通过试验进行调整。

表 2-14　干硬性混凝土的用水量(kg/m³)

拌合物稠度		卵石最大公称粒径(mm)			碎石最大公称粒径(mm)		
项目	指标	10.0	20.0	40.0	16.0	20.0	40.0
维勃稠度(s)	16～20	175	160	145	180	170	155
	11～15	180	165	150	185	175	160
	5～10	185	170	155	190	180	165

表 2-15　塑性混凝土的用水量（kg/m³）

拌合物稠度		卵石最大公称粒径（mm）				碎石最大公称粒径（mm）			
项目	指标	10.0	20.0	31.5	40.0	16.0	20.0	31.5	40.0
坍落度 （mm）	10～30	190	170	160	150	200	185	175	165
	35～50	200	180	170	160	210	195	185	175
	55～70	210	190	180	170	220	205	195	185
	75～90	215	195	185	175	230	215	205	195

注：① 本表用水量系采用中砂时的取值。采用细砂时，每立方米混凝土用水量可增加 5～10 kg；采用粗砂时，可减少 5～10 kg。

② 掺用矿物掺合料和外加剂时，用水量应相应调整。

掺外加剂时，每立方米流动性或大流动性混凝土的用水量（m_{w0}）可按下式计算：

$$m_{w0} = m'_{w0}(1-\beta) \tag{2-20}$$

式中　m_{w0}——计算配合比每立方米混凝土的用水量，kg/m³；

m'_{w0}——未掺外加剂时推定的满足实际坍落度要求的每立方米混凝土的用水量（kg/m³），以表 2-15 中 90 mm 坍落度的用水量为基础，按每增大 20 mm 坍落度相应增加 5 kg/m³ 用水量来计算，当坍落度增大到 180mm 以上时，随坍落度增加的坍落度可减少；

β——外加剂的减水率（%），应经混凝土试验确定。

每立方米混凝土中外加剂用量（m_{a0}）应按下式计算：

$$m_{a0} = m_{b0}\beta_a \tag{2-21}$$

式中　m_{a0}——计算配合比每立方米混凝土中外加剂用量，kg/m³；

m_{b0}——计算配合比每立方米混凝土中胶凝材料用量，kg/m³；

β_a——外加剂掺量，%，应经混凝土试验确定。

③ 胶凝材料、矿物掺合料和水泥用量

每立方米混凝土的胶凝材料用量（m_{b0}）应按下式计算，并应进行试拌调整，在拌合物性能满足的情况下，取经济合理的胶凝材料用量。

$$m_{b0} = \frac{m_{w0}}{W/B} \tag{2-22}$$

每立方米混凝土的矿物掺合料用量（m_{f0}）应按下式计算：

$$m_{f0} = m_{b0}\beta_f \tag{2-23}$$

式中　m_{f0}——计算配合比每立方米混凝土中矿物掺合料用量，kg/m³；

β_f——矿物掺合料掺量，%。

每立方米混凝土的水泥用量（m_{c0}）应按下式计算：

$$m_{c0} = m_{b0} - m_{f0} \tag{2-24}$$

式中　m_{c0}——计算配合比每立方米混凝土中水泥用量，kg/m³。

④ 砂率

砂率应根据骨料的技术指标、混凝土拌合物性能和施工要求，参考既有历史资料确定。当缺乏砂率的历史资料可参考时，混凝土砂率的确定应符合下列规定：

a.坍落度小于 10 mm 的混凝土，其砂率应经试验确定；

b.坍落度为 10～60mm 的混凝土，其砂率可根据粗骨料品种、最大公称粒径及水胶比按表 2-3 选取。

c.坍落度大于 60 mm 的混凝土，其砂率可经试验确定，也可在表 2-3 的基础上，按坍落度每增大 20 mm、砂率增大 1% 的幅度予以调整。

⑤ 粗、细骨料用量

当采用质量法计算粗、细骨料用量时,应按式(2-25)和砂率公式(2-26)计算:

$$m_{c0}+m_{f0}+m_{s0}+m_{g0}+m_{w0}=m_{cp} \tag{2-25}$$

$$\beta_s=\frac{m_{s0}}{m_{s0}+m_{g0}}\times100\% \tag{2-26}$$

式中　m_{s0}——计算配合比每立方米混凝土的细骨料用量,kg/m³;

　　　m_{g0}——计算配合比每立方米混凝土的粗骨料用量,kg/m³;

　　　m_{cp}——每立方米混凝土拌合物的假定质量,kg,可取 2350～2450 kg/m³。

当采用体积法计算粗、细骨料用量时,应按式(2-27)和砂率公式(2-26)计算:

$$\frac{m_{c0}}{\rho_c}+\frac{m_{f0}}{\rho_f}+\frac{m_{s0}}{\rho_s}+\frac{m_{g0}}{\rho_g}+\frac{m_{w0}}{\rho_w}+0.01\alpha=1 \tag{2-27}$$

码 2-2　预拌混凝土配合比设计方法和步骤　微课视频

(3) 混凝土配合比的试配、调整与确定

混凝土配合比的试配、调整与确定可参考"2.2.1 普通混凝土配合比设计"中步骤 8"配合比检验与调整"的内容进行,不再赘述。

4. 预拌混凝土配合比设计实例

【例题 2-2】　某工程剪力墙,设计强度等级为C40,现场泵送浇筑施工,要求坍落度为 190～210 mm,试分别用质量法和体积法设计混凝土配合比。施工所用原材料如下:

水泥:P·O 42.5,表观密度 $\rho_c=3.1$ g/cm³;

细骨料:天然中砂,细度模数 2.5,表观密度 $\rho_s=2.7$ g/cm³;

粗骨料:石灰石碎石 5～31.5 mm 连续粒级、级配良好,表观密度 $\rho_g=2.7$ g/cm³;

掺合料:Ⅱ级粉煤灰,掺量为胶凝材料的 15%,表观密度 $\rho_f=2.2$ g/cm³;

S95 级矿渣粉,掺量为胶凝材料的 15%,表观密度 $\rho_s=2.8$ g/cm³;

外加剂:萘系泵送剂(水剂),含固量30%,推荐掺量为胶凝材料的 2%,减水率20%,密度 $\rho_a=1.1$ g/cm³;

水:饮用自来水;

假定混凝土容积密度为 2400 kg/m³。

【解】　(1) 确定配制强度:

该工程无近期统计标准差 σ 资料,查表 2-11,C40 强度标准差 σ 值取 5.0 MPa,

则混凝土配制强度:$f_{cu,0}\geq f_{cu,k}+1.645\sigma=40+1.645\times5.0=48.2$ (MPa)

取 $f_{cu,0}=49.0$ MPa

(2) 确定水胶比

胶凝材料中粉煤灰掺量15%,矿渣粉掺量15%,查表 2-12,粉煤灰影响系数Ⅱ级灰 γ_f 取 0.83,粒化高炉矿渣粉影响系数 γ_s 取 1.00。

水泥为 P·O 42.5,无实测胶砂强度值,富余系数 γ_c 取 1.16,则:

$f_{ce}=\gamma_c f_{ce,g}=1.16\times42.5=49.3$ (MPa)

胶凝材料 28 d 胶砂强度计算值:$f_b=\gamma_f\gamma_s f_{ce}=0.83\times1.00\times49.3=40.9$(MPa)

水胶比:$W/B=\alpha_a f_b/(f_{cu,0}+\alpha_a\alpha_b f_b)=(0.53\times40.9)/(49.0+0.53\times0.20\times40.9)=0.41$

(3) 确定用水量

查混凝土用水量表 2-15。

坍落度要求 190～210 mm,按 200 mm 设计,查塑性混凝土的用水量,坍落度 90 mm,碎石最大公称粒径 31.5 mm 对应用水量205 kg,以 90 mm 坍落度的用水量为基础,按每次增大 20 mm 坍落度,相应增加 5 kg 用水量来计算坍落度 200 mm 时,每立方米混凝土用水量:(200 mm－90 mm)÷

20 mm/次＝5.5 次。

用水量：205 kg/m³＋5 kg/次×5.5 次＝232.5 kg/m³

掺萘系泵送剂，考虑外加剂的减水作用，计算每立方米混凝土用水量：$m_{w0}＝232.5×(1－20\%)＝$ 186 kg/m³

（4）计算胶凝材料用量

胶凝材料总量：$m_{b0}＝186/0.41＝454$ kg/m³

其中粉煤灰用量：$m_{f0}＝454×15\%＝68$ kg/m³

矿渣粉用量：$m_{sl0}＝454×15\%＝68$ kg/m³

水泥用量：$m_{c0}＝454－68－68＝318$ kg/m³

（5）外加剂用量：$m_{m0}＝454×2\%＝9.08$ kg/m³

外加剂含水量：$9.08×(1－30\%)＝6.36$ kg

对水胶比影响：$(186＋6.36)/454＝0.424$

$0.424－0.41＝0.014＞0.01$

故用水量要扣除外加剂含水量，则每立方米混凝土用水量：$m_{w0}＝186－6.36＝180$ kg

（6）确定砂率

按泵送混凝土砂率宜为 35%～45%，选砂率为 40%。

（7）确定砂、石用量

① 以质量法计算：

采用质量法计算粗、细骨料用量：

$68＋68＋318＋m_{g0}＋m_{s0}＋180＋9.08＝2400$

$40\%＝m_{s0}/(m_{g0}＋m_{s0})$

联立求解二元一次方程得：$m_{g0}＝1054$ kg/m³，$m_{s0}＝703$ kg/m³

则求得混凝土配合比为：

水泥：粉煤灰：矿粉：砂：石子：水：泵送剂＝318：68：68：703：1054：180：9.08

② 以体积法计算：

同理，采用体积法公式(2-27)和砂率公式(2-26)联立方程得到配合比如表 2-16 所示(计算过程略)。

表 2-16 配合比

材料名称	水泥	矿渣粉	粉煤灰	砂	碎石	泵送剂	水
计算用量(kg/m³)	318	68	68	706	1060	9.08	180

③ 质量法与体积法分别计算粗细骨料的差异：

砂：$(706－703)/703＝0.4\%$

碎石：$(1060－1054)/1054＝0.6\%$

可见误差很小。

码 2-3　混凝土配合比设计
知识测试答案

[知识测试]

已知：强度等级 C30，坍落度 75～90 mm，$f_{ce}＝48.0$ MPa；$\sigma＝4.0$ MPa，$\alpha_a＝0.46$，$\alpha_b＝0.07$；P·O 42.5 水泥，$\rho_c＝3000$ kg/m³；中砂 $\rho_s＝2650$ kg/m³；碎石 5～31.5 mm，$\rho_g＝2700$ kg/m³；Ⅱ级粉煤灰，$\rho_f＝2200$ kg/m³。

1.设计不掺粉煤灰的配合比。

2.设计粉煤灰等量取代水泥 20% 的配合比。

2.3　有特殊要求的混凝土配合比设计

　　[**任务描述**]　本任务主要介绍抗渗混凝土、抗冻混凝土、高强混凝土、泵送混凝土、大体积混凝土配合比设计的要点。

　　[**能力目标**]　能够对有特殊要求的混凝土进行配合比设计。

　　[**知识目标**]　掌握抗渗混凝土、抗冻混凝土、高强混凝土、泵送混凝土、大体积混凝土配合比设计的原料及参数的选择。

　　[**任务工单**]

《普通混凝土制备及施工技术》学习任务工单

项目	混凝土配合比设计		任务	2.3　有特殊要求的混凝土配合比设计			
队名		班级				学时	
队长		队员					
工作任务	掌握抗渗混凝土、抗冻混凝土、高强混凝土、泵送混凝土、大体积混凝土配合比设计的要点等。						
任务目标	[能力目标]能够对有特殊要求的混凝土进行配合比设计。 [知识目标]掌握抗渗混凝土、抗冻混凝土、高强混凝土、泵送混凝土、大体积混凝土配合比设计的原料及参数的选择。						
工作方式	每个班级分为6个学习小分队,每队5～6人,按学习任务进行分工,每人在完成自学后,一起讨论,共同完成任务,并进行任务总结。						
工作记录							
任务总结							

工作评价		参与讨论 /(20)	工作数量 /(20)	工作质量 /(20)	团结协作 /(20)	工作结果 /(20)	合计	权重	分值
	自我评价							30%	
	同学评价							30%	
	老师评价							40%	

教师评语		教师签名: 　　年　　月　　日

2.3.1 抗渗混凝土配合比设计要点

1. 原材料的要求

水泥：宜采用普通硅酸盐水泥；

粗骨料：宜采用连续级配，其最大粒径不宜大于 40 mm，含泥量不得大于 1.0%，泥块含量不得大于 0.5%；

细骨料：宜采用中砂，含泥量不得大于 3.0%，泥块含量不得大于 1.0%；

宜掺用外加剂和矿物掺合料，粉煤灰等级应为 Ⅰ 级或 Ⅱ 级。

2. 配合比要求

抗渗混凝土配合比应符合下列规定：

① 最大水胶比满足表 2-17 的规定；

② 每立方米混凝土中的胶凝材料不宜小于 320 kg/m³；

③ 砂率宜为 35%～45%。

表 2-17　抗渗混凝土最大水胶比

设计抗渗等级	最大水胶比	
	C20～C30	＞C30
P6	0.60	0.55
P8～P12	0.55	0.50
＞P12	0.50	0.45

3. 抗渗技术要求

配合比设计中混凝土抗渗技术要求应符合下列规定：

① 配制抗渗混凝土要求的抗渗水压值应比设计值高 0.2 MPa；

② 抗渗试验结果应满足下式要求：

$$P_t \geqslant \frac{P}{10} + 0.2 \tag{2-28}$$

式中　P_t——6 个试件中不少于 4 个未出现渗水时的最大水压值，MPa；

　　　P——设计要求的抗渗等级值。

4. 含气量要求

掺用引气剂或引气型外加剂的抗渗混凝土，应进行含气量试验，含气量宜控制在 3.0%～5.0%。

2.3.2 抗冻混凝土配合比设计要点

1. 原材料要求

水泥：应选用硅酸盐水泥或普通硅酸盐水泥。

粗骨料：宜采用连续级配，其含泥量不得大于 1.0%，泥块含量不得大于 0.5%。

细骨料：含泥量不得大于 3.0%，泥块含量不得大于 1.0%。

宜掺用减水剂，对 F100 及以上的混凝土应掺引气剂。

在钢筋混凝土和预应力混凝土中不得掺用含有氯盐的防冻剂；在预应力混凝土中不得掺用含有亚硝酸盐或碳酸盐的防冻剂。

2. 配合比要求

配合比应符合下列规定：

① 最大水胶比和最小胶凝材料用量应符合表 2-18 的规定。

表 2-18　最大水胶比和最小胶凝材料用量

设计抗冻等级	最大水胶比		最小胶凝材料用量（kg/m³）
	无引气剂时	掺引气剂时	
F50	0.55	0.60	300
F100	0.50	0.55	320
不低于 F150	—	0.50	350

② 复合矿物掺合料掺量宜符合表 2-19 的规定。

表 2-19　复合矿物掺合料掺量

水胶比	最大掺量（%）	
	采用硅酸盐水泥时	采用普通硅酸盐水泥时
≤0.40	60	50
>0.40	50	40

掺入其他矿物掺合料时，掺量应符合表 2-7 和表 2-8 的规定。

③ 掺用引气剂的混凝土最小含气量应符合表 2-10 的规定。

2.3.3　高强混凝土配合比设计要点

1. 原材料要求

水泥：应选用活性较高的硅酸盐水泥或普通硅酸盐水泥。

粗骨料：宜采用连续级配，其最大公称粒径不宜大于 25.0 mm，针片状颗粒含量不宜大于 5.0%，含泥量不应大于 0.5%，泥块含量不宜大于 0.2%。

细骨料：细度模数宜为 2.6～3.0，含泥量不应大于 2.0%，泥块含量不应大于 0.5%。

减水剂：宜采用减水率不小于 25% 的高性能减水剂。

矿物掺合料：宜复合掺用活性较好的矿粉、粉煤灰和硅灰等；粉煤灰等级不应低于 Ⅱ 级；对强度等级不低于 C80 的高强混凝土宜掺用硅灰。

2. 配合比要求

(1) 水胶比、胶凝材料用量和砂率可按表 2-20 选取，并应经试配确定。

表 2-20　水胶比、胶凝材料用量和砂率

强度等级	水胶比	胶凝材料用量（kg/m³）	砂率（%）
≥C60，<C80	0.28～0.34	480～560	
≥C80，<C100	0.26～0.28	520～580	35～42
C100	0.24～0.26	550～600	

(2) 外加剂和矿物掺合料的品种、掺量，应通过试配确定；矿物掺合料掺量宜为 25%～40%；硅灰

掺量不宜大于 10%。

（3）水泥用量不宜大于 500 kg/m³。

3. 试配要求

在试配过程中,应采用三个不同的配合比进行混凝土强度试验,其中一个可为依据表 2-20 计算后调整拌合物的试拌配合比,另外两个配合比的水胶比,宜较试拌配合比分别增加和减少 0.02。

4. 试件要求

高强混凝土抗压强度测定宜采用标准尺寸试件,即边长为 150 mm×150 mm×150 mm 的试件。

2.3.4 泵送混凝土配合比设计要点

1. 原材料的要求

水泥:应选用硅酸盐水泥、普通硅酸盐水泥、矿渣硅酸盐水泥和粉煤灰硅酸盐水泥。

粗骨料:宜采用连续级配,针片状颗粒含量不宜大于 10%;粗骨料的最大公称粒径与输送管径之比宜符合表 2-21 的规定。

表 2-21 粗骨料的最大公称粒径与输送管径之比

粗骨料品种	泵送高度(m)	粗骨料的最大公称粒径 与输送管径之比
碎石	<50	≤1:3.0
	50~100	≤1:4.0
	>100	≤1:5.0
卵石	<50	≤1:2.5
	50~100	≤1:3.0
	>100	≤1:4.0

细骨料:宜采用中砂,其通过 0.315 mm 筛孔的颗粒含量不宜少于 15%。

应掺用泵送剂或减水剂,并宜掺用矿物掺合料。

2. 配合比要求

① 胶凝材料用量不宜小于 300 kg/m³;

② 砂率宜为 35%~45%。

3. 试配要求

泵送混凝土试配时应考虑坍落度经时损失。

2.3.5 大体积混凝土配合比设计要点

1. 原材料要求

水泥:宜选用中、低热硅酸盐水泥或低热矿渣硅酸盐水泥;当采用硅酸盐水泥或普通硅酸盐水泥时,应采取相应措施延缓水化热的释放。

粗骨料:宜采用连续级配;粒径不宜小于 31.5 mm,含泥量不应大于 1.0%。

细骨料:宜采用中砂,含泥量不应大于 3.0%。

宜掺用矿物掺合料和缓凝型减水剂。

2. 配合比要求

① 水胶比不宜大于 0.55,用水量不宜大于 175 kg/m³。

② 在保证混凝土性能要求的前提下,宜提高每立方米混凝土中的粗骨料用量;砂率宜为 38%～42%。

③ 在保证混凝土性能要求的前提下,应减少胶凝材料中的水泥用量,提高矿物掺合料掺量。

码 2-4　有特殊要求混凝土配合比设计
微课视频

[知识测试]

1. 抗渗混凝土配合比设计所用粗骨料,其最大粒径不宜大于(　　　　)mm。

2. 抗渗混凝土配合比设计时,砂率宜为(　　　　)。

3. 抗冻混凝土配合比设计时,对(　　　　)及以上等级的混凝土应掺引气剂。

4. 对强度等级不低于(　　　　)的高强混凝土宜掺用硅灰。

5. (　　　　)混凝土试配时应考虑坍落度经时损失。

6. 大体积混凝土宜选用(　　　　)硅酸盐水泥或(　　　　)矿

码 2-5　有特殊要求混凝土配合比设计
知识测试答案

渣硅酸盐水泥。

【项目实训】

预拌混凝土配合比设计

1. 任务工单

《普通混凝土制备及施工技术》实训任务工单

项目	混凝土配合比设计	实训任务	预拌混凝土配合比设计	
队名		班级		学时
队长		队员		
工作 任务	某工程剪力墙,设计强度等级为 C45,现场泵送浇筑施工,要求坍落度为 190～210 mm,试分别用质量法和体积法设计混凝土配合比。施工所用原材料如下: 　水泥:P·O42.5,表观密度 ρ_c=3100 kg/m³; 　细骨料:天然中砂,细度模数 2.5,表观密度 ρ_s=2650 kg/m³; 　粗骨料:碎石 5～31.5 mm 连续粒级、级配良好,表观密度 ρ_g=2700 kg/m³; 　掺合料:Ⅱ级粉煤灰,掺量为胶凝材料的 15%,表观密度 ρ_f=2200 kg/m³; 　S95 级矿渣粉,掺量为胶凝材料的 15%,表观密度 ρ_s=2800 kg/m³; 　外加剂:聚羧酸,含固量 20%,推荐掺量为胶凝材料的 1%,减水率 30%,密度 ρ_a=1100 kg/m³; 　水:饮用自来水; 　假定混凝土容积密度为 2400 kg/m³。			
任务 目标	[能力目标] 能够完成预拌混凝土配合比设计。 [知识目标] 掌握预拌混凝土配合比设计要求及计算步骤。			
工作 方式	每个班级分为 6 个学习小分队,每队 5～6 人,按学习任务进行分工,每人在完成自学后,一起讨论,共同完成任务,并进行任务总结。			

工作记录								
任务总结								
工作评价		参与讨论/(20)	工作数量/(20)	工作质量/(20)	团结协作/(20)	工作结果/(20)	合计	权重	分值
	自我评价							30%	
	同学评价							30%	
	老师评价							40%	
教师评语						教师签名： 年　　月　　日		

2. 操作步骤

参考"2.2.2 预拌混凝土配合比设计"中的"3.预拌混凝土配合比设计方法和步骤"。

【项目评价】

混凝土配合比设计项目评价表

评价模块	评价内容	完成情况	分值
2.1 普通混凝土配合比设计概论	1.混凝土配合比设计的表示方法； 2.混凝土配合比设计的基本要求、基本原则。		（满分15）
2.2 普通混凝土和预拌混凝土配合比设计	1.普通混凝土配合比设计步骤； 2.预拌混凝土配合比设计		（满分40）
2.3 有特殊要求的混凝土配合比设计	1.对抗渗、抗冻、高强、泵送及大体积混凝土配合比设计要点； 2.能够进行有特殊要求混凝土的配合比设计		（满分25）
实训:预拌混凝土配合比设计	能够完成预拌混凝土搅拌配合比设计		（满分20）
合计			100

项目 2 参考文献

1. 纪明香,初景峰.预拌混凝土生产及仿真操作[M].天津:天津大学出版社,2018.

2. 杨绍林,邵宇良,韩红明.预拌混凝土企业检测试验人员实用读本[M].3 版.北京:中国建筑工业出版社,2016.

3. 杨绍林,张彩霞.预拌混凝土生产企业管理实用手册[M].2 版.北京:中国建筑工业出版社,2012.

4. 杨红霞.商品混凝土质量与成本控制技术[M].北京:中国建材工业出版社,2014.

5. 隋良志,李玉甫.建筑与装饰材料[M].4 版.天津:天津大学出版社,2017.

6. 刘冬梅.水泥及混凝土检验员常用标准汇编[M].北京:中国建材工业出版社,2016.

项目 3　普通混凝土制备

【项目描述】

本项目依据预拌混凝土的制备流程，介绍了预拌混凝土搅拌站的原材料验收、储存及管理制度；预拌混凝土生产调度；预拌混凝土生产的开盘鉴定、原料输送、原料计量、混凝土搅拌、混凝土出厂检验、运输及交货检验，混凝土生产的废水、废渣处理；预拌混凝土搅拌站的试验室职责及环境条件、组织机构及人员配备、试验仪器设备等内容。

【项目目标】

知识目标：熟练掌握预拌混凝土制备工艺流程，掌握普通混凝土制备过程所用设备的构造及原理，熟悉普通混凝土制备及质量控制的标准和方法。

能力目标：能够完成普通混凝土过程中的材料验收、储存及生产调度工作，能够进行普通混凝土搅拌及出厂、交货检验，能够对混凝土质量进行控制。

素质目标：养成团队合作精神，具有质量第一的基本职业素质。

【项目实施】

目前普通混凝土多以预拌混凝土为主，本项目就以预拌混凝土为例，了解普通混凝土的制备过程及要求。一般预拌混凝土的生产过程为原材料进厂、原材料堆存、原材料输送、电子秤计量、搅拌楼的搅拌、搅拌运输车（简称罐车）运输，然后到现场经过混凝土泵（简称泵车或泵）送到施工相应的建筑部位浇筑成型。通常由"一站三车"构成了预拌混凝土搅拌站从原料进场、混凝土搅拌到运输浇筑的整个过程，也即是预拌混凝土搅拌站，散装水泥及粉状掺合料运输车、混凝土搅拌运输车、混凝土输送泵车。图 3-1 所示为预拌混凝土企业工作流程图。

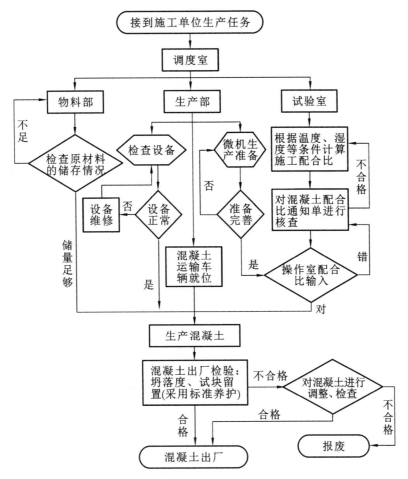

图 3-1 预拌混凝土企业工作流程图

3.1 原材料的验收与储备

［**任务描述**］ 本任务介绍预拌混凝土搅拌站砂、石、骨料、水泥、掺合料及外加剂等原材料进场验收、储存的验收方法及要求。

［**能力目标**］ 能够完成预拌混凝土搅拌站的原材料进场验收及储存工作。

［**知识目标**］ 掌握预拌混凝土搅拌站原材料进场验收的方法及要求。

［**任务工单**］

《普通混凝土制备及施工技术》学习任务工单

项目	普通混凝土制备		任务	3.1 原材料的验收与储备		
队名		班级			学时	2
队长		队员				
工作任务	学会预拌混凝土搅拌站砂、石、骨料、水泥、掺合料及外加剂等原材料进场验收、储存的方法及要求。					

任务目标	［能力目标］能够完成预拌混凝土搅拌站的原材料进场验收及储存工作。 ［知识目标］掌握预拌混凝土搅拌站原材料进场验收的方法及要求。							
工作方式	每个班级分为 6 个学习小分队，每队 5～6 人，按学习任务进行分工，每人在完成自学后，一起讨论，共同完成任务，并进行任务总结。							
工作记录								
任务总结								
工作评价		参与讨论 /(20)	工作数量 /(20)	工作质量 /(20)	团结协作 /(20)	工作结果 /(20)	合计	权重	分值
	自我评价							30%	
	同学评价							30%	
	老师评价							40%	
教师评语						教师签名： 年　　月　　日		

3.1.1　原材料的进厂验收

原材料的选择与应用，既关系到混凝土的质量，也直接影响混凝土的成本。混凝土生产企业应依据国家现行标准及地方法规文件的规定选用原材料，并依据《混凝土质量控制标准》（GB 50164—2011）中规定的主要控制项目，对原材料质量证明文件进行核查。

在保证混凝土质量的前提下，优先选用节能减排型原材料，不宜采用能源消耗较大或污染排放较大的原材料，严禁使用对环境造成污染和对人体有害，对混凝土耐久性有危害的原材料。

混凝土的原材料主要包括骨料、水泥及粉煤灰等粉料及外加剂等。下面我们分别了解各种材料的进场验收及储存。

1. 砂石（骨料）进场验收

对于批量进场骨料的首车应进行首检。

首先要核对运输单中标明的砂、石级配、粒径、含泥、颜色等是否与"进货通知单"相符。然后通知试验室对进场砂、石进行取样、检验。

在首检过程中，如发现有材质问题，应及时向部门领导及总工汇报，必要时采取拒绝进货、暂停进货、隔离存放等措施。

正常进料时,要认真核对每一车砂、石运输单中所标明的产地、级配、粒径、含泥、颜色等是否与进货通知单相符,并目测是否合格。图 3-2 所示为目测砂、石质量。

目测中,如发现有材质问题,未卸车的拒绝卸车,已卸车的隔离存放,并汇报质检部相关人员。图 3-3 所示为进场砂、石过磅。

对符合上述要求的合格砂、石,要求司机及装卸人员全部下车,进行过磅称检计量,扣除相应含水,并在运输单上签证数量。

图 3-2　目测砂、石质量

图 3-3　进场砂、石过磅

过磅后,指挥车辆到堆料现场指定地点卸车,分别在砂、石料堆两侧连续堆集,为铲车攒料创造条件。

2. 水泥、粉煤灰等粉料的进场验收

粉料车进厂后由收料员负责监督司机从灌装运输车中取样并检测,检测结果及时记录到验收单上。图 3-4 所示为散装水泥或粉状掺合料运输车。

图 3-4　散装水泥或粉状掺合料运输车

检测合格后方可安排卸料,卸料过程中可随时抽样检测,抽检不合格,立即停止卸料,留好试样,做好记录,并通知领导及采购负责人。

合格料卸车完毕后,由收料员开具验收单,准予出厂,并填写粉料验收台账,输入检测结果。

3. 外加剂进场验收

外加剂进厂后,由试验员取样检测,检测合格后方可打入罐内,打料时试验员监督检查,禁止打错罐,防止撒漏。

检测不合格,按照验收规定进行扣吨或拒收,并做好记录。

每次检测后,必须留样,贴好标签,以备复查。

3.1.2 原材料的储存

1. 骨料的储存

由于混凝土的骨料用量大,进厂骨料一般以露天堆场储存(见图 3-5);随着环保要求的提高,现在要求预拌混凝土搅拌站采用封闭式骨料堆场(见图 3-6)。

图 3-5　砂、石露天堆场

图 3-6　砂、石封闭式堆场

骨料储存要分级存放,各种材料不得混仓,不得积水。砂石骨料应按规定进行材料的质量检验状态标识,标识包括材料名称、产地、规格、数量、进料时间、检验状态、试验报告编号、检验批次等。

2. 粉料储存

图 3-7　粉料的储存

混凝土生产用到的粉状物料主要有:散装水泥、粉煤灰、矿渣粉及硅灰等材料。这些材料的储存一般采用筒仓(见图 3-7)。

所有的筒仓必须有醒目的指示铭牌,能标明每一罐体生产企业、品种、强度等。这样可以很好地将不同生产企业或不同品种区分。质检人员要对存放期超过三个月的水泥,在使用前重新检验,并按检验结果使用。站内的设备维护保养人员更是需要保证水泥、粉煤灰等材料在贮存时保持密封、干燥、防止受潮。

3. 外加剂的储存

在预拌混凝土搅拌站的生产应用中,外加剂的作用一直被认为是十分重要的,不管是生产何种等级的混凝土产品,都少不了外加剂的使用。

目前企业使用的外加剂有粉状和液体两种。

粉状外加剂,一般为袋装,可直接存放于库内(见图 3-8);液体外加剂,应设置专用的外加剂储存罐(见图 3-9)。

图 3-8　袋装外加剂储存

图 3-9　液体外加剂储存

外加剂储存的要求如下：

① 在显著地方必须有醒目的指示铭牌,标明品种和等级。

② 放置外加剂的仓库要与其他配件、水泥等仓库隔开,并设有专人保管。

③ 从仓库向外申请外加剂使用时,要注意不同种类的外加剂不能混到一起,不能混入杂质。非专业人员不能随意掺拌外加剂。

④ 不同强度等级、不同类别的外加剂要分区域存放。

3.1.3　原材料进厂检验及储存管理制度

原材料进厂检验及储存管理制度如下：

(1) 原材料进厂后,由材料科按照"检验和试验计划"验证进厂产品的品种、数量、外观、合格证等。必要时进行检尺、量方、称重。若无误则给予标识,并将所验证的有关资料交给技术负责人。

(2) 对需要进行进货检验和试验的原材料,由材料员会同安全员、质量员共同取样,由试验员送检,材料员、安全员、质量员根据试验报告的结果,分别建立试验统计台账,验证判定是否接收和结算报销的质量签认。"试验报告"原件由技术负责人存查归档,材料员保存复印件。

(3) 收料员根据检验结果办理入场手续。对进厂产品予以标识,对不合格品按不合格品控制程序的规定办理。

(4) 确定原材料进货检验的数量和性质时,应考虑原材料控制的程度和所提供的合格证据。

(5) 未经检测的原材料不得投入使用。

(6) 标识分为待检验标识、合格标识、不合格标识,检验后将确定标识。

(7) 对于现场中原材料、特殊物品的搬运,为保证其质量,应制定合理的搬运方案后执行。搬运危险品或有毒有害物资须使用相应的防护用品用具,并严格遵守有关安全操作规程。

码3-1　原材料的验收与储备微课视频

(8) 原材料、成品、半成品均应设置必要且足够的仓储设施,符合所保管的技术要求,防止产品在储存期间受到损坏、变质。

[知识测试]

1.首先要核对运输单中标明的砂、石级配、粒径、含泥、颜色等是否与(　　　　　)相符。

2.搅拌站材料进厂时,每车都要(　　　　　)检测其级配、粒径、含泥、颜色等合格即可卸车。

3. 混凝土生产用到的粉状物料主要有:(　　　　)、(　　　　)、(　　　　)及(　　　　)等材料。

4. 混凝土搅拌站的粉料主要储存设施有(　　　　　)。

5. 外加剂进厂后,由试验员(　　　　　),合格后方可打入罐内,打料时试验员监督检查,禁止打错罐,防止撒漏。

6. 质检人员要对存放期超过(　　　　　)的水泥,在使用前重新检验,并按检验结果使用。

7. 原材料进场后的标识分为待检验标识、合格标识、(　　　　)标识。

8. 目前企业使用的外加剂有(　　　　)和(　　　　)两种。

9. 筒仓必须有醒目的指示铭牌,能标明每一罐体生产企业、(　　　　)、(　　　　)等。

(　　　)

码3-2　原材料的验收与储备知识测试答案

10. 简述外加剂储存的要求。

3.2　混凝土生产调度

[**任务描述**]　本任务介绍预拌混凝土搅拌站生产调度的职责范围、工作内容及要求等。

[**能力目标**]　基本能完成预拌混凝土生产的生产任务及运输车辆等的调度工作。

[**知识目标**]　掌握预拌混凝土搅拌站生产调度员的要求及工作内容。

[**任务工单**]

《普通混凝土制备及施工技术》学习任务工单

项目	普通混凝土制备	任务		3.2　混凝土生产调度		
队名		班级			学时	2
队长		队员				
工作任务	掌握预拌混凝土搅拌站生产调度的职责范围,工作内容及要求等。					
任务目标	[能力目标]基本能完成预拌混凝土生产的生产任务及运输车辆等的调度工作。 [知识目标]掌握预拌混凝土搅拌站生产调度员的要求及工作内容。					
工作方式	每个班级分为6个学习小分队,每队5~6人,按学习任务进行分工,每人在完成自学后,一起讨论,共同完成任务,并进行任务总结。					
工作记录						
任务总结						

工作评价		参与讨论 /(20)	工作数量 /(20)	工作质量 /(20)	团结协作 /(20)	工作结果 /(20)	合计	权重	分值
	自我评价							30%	
	同学评价							30%	
	老师评价							40%	

教师评语	
	教师签名: 　　　　年　　月　　日

在预拌混凝土的生产过程中,生产调度是极其重要的岗位,该岗位要协调物质部、生产部、试验室等部门的关系,调动车辆等,生产调度员的具体工作职责如下:

1. 职责范围

(1) 在副总经理的领导下,行使罐车、泵送生产调度权。

(2) 负责日常生产工作的管理和协调。

2. 工作内容与要求

(1) 及时、准确、一体化地掌握生产动态,迅速准确地向领导反映各工地混凝土供应情况。

(2) 及时、准确地传达上级和搅拌站领导对有关施工生产的指示和要求。

(3) 及时、准确地收受和下达有关领导或上级命令、通知,并写明收受日期、时间、上级单位名称及签发领导姓名、正文及附加说明,核对无误后报有关领导和部门。

(4) 下达调度命令、通知时,要在要求时间内准确地将下达内容传达给受令单位或个人,并记录姓名和时间。

(5) 根据供应情况合理安排车队、泵送工作。要及时掌握设备运转动态、道路保障情况和现场施工情况,及时安排和调配混凝土搅拌车车辆数目,满足现场的需要。

(6) 根据材料的储备情况和当班的生产计划协调材料供应,及时组织进料。

(7) 根据设备的运行情况,安排维修班进行必要的维修工作。

(8) 根据混凝土供应情况认真填写"调度工作日记",如天气情况、工程名称、供应起止时间、供应数量、某车混凝土需要报废的数量和原因、处理方法等。填写混凝土工地登记表,对混凝土供应数量、混凝土运输车的趟数加以汇总统计。

(9) 执行交接班例会制度,即当班调度员对接班调度员及调度对象(司机、主控员、化验员等)面授当班工作情况、后续工作及注意事项,并做好调度交接班记录,以利于下班生产和供应持续、高效进行。

(10) 完成领导临时交办的工作。

3. 责任与权限

(1) 对因调度不当影响生产负责。

(2) 有权制止司机违章作业。

(3) 有权对不听调度的搅拌机组操作员和罐车司机进行批评教育。

[知识测试]

1. 预拌混凝土搅拌站调度岗位要协调(　　　　)、(　　　　)、(　　　　)等部门的关系,并调动车辆。

2. 调度员要及时掌握设备(　　　　)、(　　　　)保障情况和(　　　　)情况,及时安排和调配混凝土搅拌车车辆数目,满足现场的需要。

3. 调度员要根据混凝土供应情况认真填写"调度工作日记",如天气情况、(　　　　)、供应起止时间、(　　　　)、某车混凝土需要报废的数量和原因、处理方法等。

4. 填写混凝土工地登记表,对混凝土供应数量、混凝土运输车的(　　　　)加以汇总统计。

5. 企业的调度员负责日常生产工作的(　　　　)和(　　　　)。

码 3-3　混凝土生产调度
知识测试答案

3.3 普通混凝土生产

[**任务描述**] 本任务介绍普通混凝土生产的开盘鉴定,原料的输送、计量,混凝土的搅拌、出厂检验、交货检验及混凝土生产废水、废渣的处理等。

[**能力目标**] 能够完成混凝土生产的开盘鉴定、上料、搅拌、出厂检验等工作。

[**知识目标**] 掌握混凝土生产工艺,生产设备的构造、原理,原料的计量,混凝土出厂检验等相关知识。

[**任务工单**]

《普通混凝土制备及施工技术》学习任务工单

项目	普通混凝土制备		任务		3.3 普通混凝土生产		
队名		班级				学时	8
队长		队员					
工作任务	掌握普通混凝土生产的开盘鉴定、原料的输送、计量、混凝土的搅拌、出厂检验、交货检验及混凝土生产废水、废渣的处理等。						
任务目标	[能力目标]能够完成混凝土生产的开盘鉴定、上料、搅拌、出厂检验等工作。 [知识目标]掌握混凝土生产工艺,生产设备的构造、原理,原料的计量,混凝土出厂检验等相关知识。						
工作方式	每个班级分为6个学习小分队,每队5~6人,按学习任务进行分工,每人在完成自学后,一起讨论,共同完成任务,并进行任务总结。						
工作记录							
任务总结							

工作评价		参与讨论 /(20)	工作数量 /(20)	工作质量 /(20)	团结协作 /(20)	工作结果 /(20)	合计	权重	分值
	自我评价							30%	
	同学评价							30%	
	老师评价							40%	

教师评语	
	教师签名: 年 月 日

3.3.1 开盘鉴定

1. 开盘鉴定概念

在混凝土生产过程中,每拌制一次为一盘,所以第一盘叫开盘。

所谓开盘鉴定就是对混凝土生产前期、搅拌、出机一系列过程的质量控制。即前期配合比的确定、输入、砂石含水的调整;生产过程中计量误差的调整,根据实际要求对基准配合比进行的微调;出机混凝土的坍落度的检测,目测和易性等施工性能,以便进一步调整,更好地满足生产需求。

这一系列的质量控制过程的控制及记录就叫作开盘鉴定。

2. 开盘鉴定的条件

凡符合下列情况的现场搅拌混凝土或预拌混凝土,应实行混凝土开盘鉴定,并填写记录。

① 承重结构采用第一次使用的配合比;

② 防水混凝土第一次浇筑前;

③ 特种或特殊要求混凝土每次浇筑前;

④ 大体积混凝土每次浇筑前。

3. 开盘鉴定的要求及内容

在施工现场搅拌的混凝土,其开盘鉴定应在现场浇筑点进行;预拌混凝土的开盘鉴定除混凝土拌合物性能检验在施工现场进行外,其他鉴定内容在预拌混凝土站进行。

混凝土的组成材料水泥、砂、石、水、外加剂及掺合料等均应符合现行国家有关标准的要求。

混凝土应根据其强度等级,耐久性和工作性等要求进行配合比设计,符合国家现行标准《普通混凝土配合比设计规程》(JGJ 55—2011)的要求。特种或特殊要求的混凝土,尚应符合国家现行有关标准的要求。开盘鉴定时应至少留置一组标准养护试件,作为验证配合比的依据。

混凝土拌制前,应测定砂、石含水率并根据测试结果调整材料用量,计算施工配合比。

预拌混凝土宜根据不同泵送高度选用入泵时混凝土的坍落度值。

混凝土拌合物的工作性应能满足施工工艺要求,拌合物应具有良好的黏聚性和保水性,在浇筑地点不得出现离析和大量泌水。

搅拌设备、运输车、泵机及输送管道应保持正常工作状态,并保持整洁。现场搅拌宜使用强制式搅拌机。

各种计量仪器应定期检验,保持准确。

4. 开盘鉴定参加人员

混凝土开盘鉴定应由施工单位组织监理单位、混凝土搅拌单位进行,采用现场搅拌的,应由施工单位组织监理单位进行。参加人员:建设单位的项目技术负责人、监理单位的监理工程师、施工单位的项目技术负责人、混凝土搅拌单位的质检部门代表。开盘鉴定最后结果应由参加鉴定人员代表单位签字。

5. 开盘鉴定时提供资料

开盘鉴定时应提供下列资料:

① 混凝土配合比申请单或供货申请单;

② 混凝土配合比设计;

③ 水泥出厂质量证明书;

④ 水泥 3 d 复试报告。

⑤ 砂子试验报告；

⑥ 石子试验报告；

⑦ 混凝土掺合料合格证；

⑧ 混凝土掺合料出厂检验报告；

⑨ 混凝土掺合料试验报告；

⑩ 外加剂使用及性能说明书；

⑪ 外加剂出厂合格证或检验报告；

⑫ 外加剂复检报告；

⑬ 试配混凝土抗压试验报告；

⑭ 后补报的混凝土试块 28 d 抗压强度试验报告。

6. 开盘鉴定报告

混凝土开盘鉴定结束后要填写混凝土开盘鉴定报告（见表 3-1），内容包括：工程名称，施工单位，试配单位，施工部位，设计配合比编号，设计强度等级，坍落度，材料规格，用量，外加剂的使用情况等，并要写出鉴定结论。

表 3-1　混凝土开盘鉴定报告

工程名称			设计配合比编号	
施工单位			设计强度等级	
试配单位			水灰比	
施工部位			砂率	
搅拌机型号	HZS180		石含水率（实测）	
坍落度	设计＿＿＿＿mm	实测＿＿＿＿mm	砂含水率（实测）	
材料名称	水泥	砂	石	水
种类规格				
试配用料（kg/m³）				
试配用料（kg/盘）				
施工用料（kg/盘）				
外加剂使用情况	试配＿＿＿＿kg/m³	试配＿＿＿＿kg/盘	试配＿＿＿＿kg/盘	
早强防冻剂使用情况	试配＿＿＿＿kg/m³	试配＿＿＿＿kg/盘	试配＿＿＿＿kg/盘	
掺合料使用情况	试配＿＿＿＿kg/m³	试配＿＿＿＿kg/盘	试配＿＿＿＿kg/盘	

鉴定结论及其他需要说明的事项:

（供应部门）

质检员（签字）

（盖章）

技术员（签字）

年 月 日

3.3.2 原料输送

用于骨料、水泥、水及外加剂的输送设备，应根据混凝土搅拌站所采用的贮料设备形式、工厂场地大小及生产率进行选择。砂石骨料的输送设备有皮带输送机、拉铲、装载机等，常用的为皮带输送机；水泥、粉煤灰、矿粉及其他粉状物料的输送设备有斗式提升机、螺旋输送机、气力输送设备等，常用螺旋输送机或空气斜槽；而水及外加剂常采用泵送。

码 3-4 混凝土开盘鉴定报告实例

1. 皮带输送机

皮带输送机适合散粒物料的水平输送和倾斜输送，在预拌混凝土搅拌站中使用非常广泛，如图 3-10 所示。皮带输送机的构造如图 3-11 所示，输送带（平皮带或波纹带等）绕在传动滚筒和导向滚筒上，由张紧装置张紧，并用上托辊和下托辊支承。当驱动装置驱动传动滚筒回转时，由传动滚筒与输送带间的摩擦力带动输送带运行。物料一般是通过贮料斗加至输送带上，由传动滚筒处卸出。

（1）主要部件

① 输送带

输送带既是承载构件又是牵引构件。对输送带的要求：具有足够的强度，能承受最大的牵引力；有较好的纵向挠性，容易通过滚筒；横向挠性要适当，通过槽形托

图 3-10 皮带输送机实物

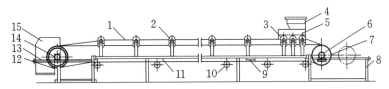

图 3-11 皮带输送机构造示意图

1—输送带；2—上托辊；3—缓冲托辊；4—料斗；5—导料挡板；6—改向滚筒；7—螺旋拉紧装置；8—尾架；
9—空段清扫器；10—下托辊；11—中间架；12—弹簧清扫器；13—头架；14—传动滚筒；15—头罩

辊时既易成槽,离开托辊后又不致塌边撒料;相对伸长要小而弹性高,对于多次重复弯折产生的变化负载的抵抗力良好,吸水性小;带面应具有一定的厚度和耐冲击、耐磨损、防腐蚀等性能。

② 托辊

托辊是输送带和物料的支撑与约束装置,对输送带的运行情况和使用寿命有很大影响。对托辊的基本要求:工作可靠,回转阻力小;表面光滑,径向跳动小;制造成本低,便于安装与维修。

根据托辊装设部位和作用的不同,托辊可分为:平型托辊(支承输送带的承载段和空载段)(见图3-12)、槽型托辊(用于支承承载边的输送带和物料,角度30°～45°)(见图3-13)、调心托辊(除支承输送带和物料外,还能调整跑偏的输送带,使之复位)(见图3-14)和缓冲托辊(在装载处减小物料对输送带的冲击作用)(见图3-15)等。

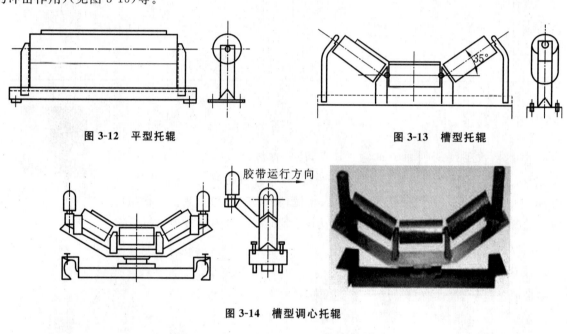

图 3-12　平型托辊　　　　　　　　　　　　图 3-13　槽型托辊

图 3-14　槽型调心托辊

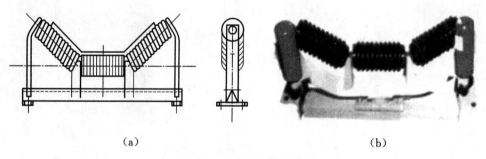

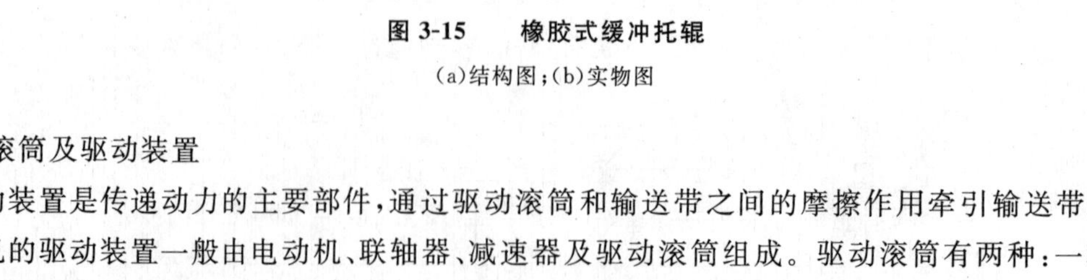

(a)　　　　　　　　　　　　　　　(b)

图 3-15　橡胶式缓冲托辊

(a)结构图;(b)实物图

③ 滚筒及驱动装置

驱动装置是传递动力的主要部件,通过驱动滚筒和输送带之间的摩擦作用牵引输送带运动。带式输送机的驱动装置一般由电动机、联轴器、减速器及驱动滚筒组成。驱动滚筒有两种:一种是用途较广泛的普通滚筒,采用钢板焊接结构。另一种是电动滚筒,它是将电机、减速齿轮装入滚筒内的驱动滚筒,驱动滚筒也有改向的作用。只改变输送带运动方向而不传递动力的滚筒称为改向滚筒(如尾部滚筒、垂直拉紧滚筒等)。

④ 拉紧装置

为了保证有一定的摩擦力,输送带的拉紧装置有螺旋式、车式和垂直式三种,常用的为螺旋式或垂直式。

螺旋拉紧装置如图 3-16 所示,它由调节螺杆和导架等组成。旋转螺杆即可移动轴承座沿导架滑动,以调节输送带的张力。螺杆应能自锁,以防松动。

垂直拉紧装置如图 3-17 所示,它利用重锤的重力使输送带经常处于张紧状态。该装置适用于长度较大(大于 100m)的输送机或输送机末端位置受到限制的情况。

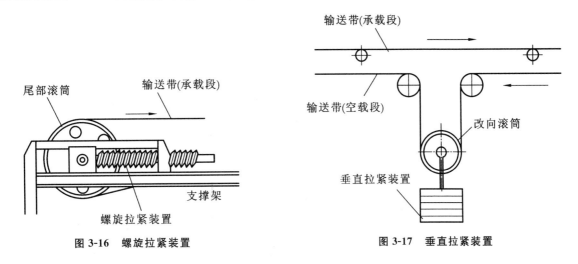

图 3-16 螺旋拉紧装置

图 3-17 垂直拉紧装置

⑤ 清扫装置

带式输送机在输送物料时,带面会被洒落或黏附上一些物料,需要用清扫装置把它们清除掉,以免带和滚筒及托辊磨损过快,避免因粘料造成输送带跑偏。

常用的清扫装置如图 3-18 所示。

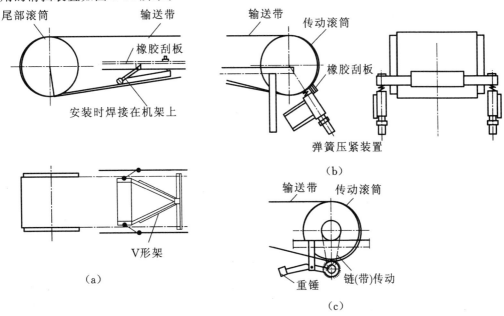

图 3-18 清扫装置

(a)V 型清扫器;(b)清扫刮板;(c)清扫刷

⑥ 制动装置

对于倾斜放置、正在向上输送物料的带式输送机，如果突然出现停电，可能会出现输送带反向运动（承载段上物料的自重作用），这是绝不允许的。为了避免发生反向运动，在驱动装置处设置了驱动装置，常用的有带式逆止器、辊柱逆止器和电磁闸瓦逆止器，防止输送带下滑。为了防止输送带由于某种原因而被纵向撕裂，一般输送距离超过30m时，沿着输送机全长间隔一定距离（如25~30m）安装一个停机按钮。

（2）性能与应用

皮带运输机的优点是生产效率高，不受气候的影响，可以连续作业而不易产生故障，维修费用低，只需定期对某些运动件加注润滑油。但是，皮带运输机不能自行上料，必须采用其他设备为其上料，或者将皮带机受料部分放在砂、石贮仓的下方，使骨料从上方靠自重落在皮带机上进行输送。

实际使用中常采用各种形式的输送带，光滑平皮带机的工作倾斜角为2°~20°，而采用表面带有沟槽或肋条的波纹带运输机工作倾斜角可达35°。在有些场合，可根据要求制造出许多特殊结构的皮带运输机，如带裙边的皮带机、带隔板的皮带机等。这些特殊结构皮带运输机的优点是占用场地面积小，输送能力大，因而很受用户欢迎。

2. 螺旋输送机

螺旋输送机是通过控制螺旋叶片的旋转、停止，达到对水泥或粉煤灰上料的控制。预拌混凝土搅拌站用的螺旋输送机一般为管式螺旋输送机，如图3-19所示。

（1）构造

如图3-20所示是国产LSY系列螺旋输送机的结构简图。电动机通过驱动装置带动装有螺旋叶片的轴旋转，物料通过装料漏斗装入壳内，也可以在中间装载口装料，物料在叶片的推动下在壳体内轴向移动，从卸料口卸出。螺旋输送机的特点是既可实现水平输送，又可实现倾斜输送，倾斜角度可达60°，且输送能力强，防尘、防潮性能好。因此特别适宜从水泥筒仓到搅拌机或从水泥筒仓到配料机之间的散装水泥或粉煤灰的输送。

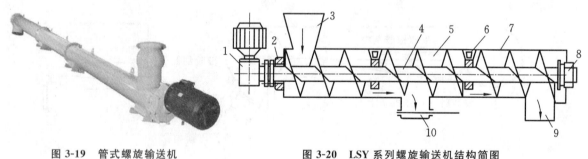

图3-19　管式螺旋输送机　　　图3-20　LSY系列螺旋输送机结构简图

1—驱动装置；2—首端轴承；3—装料漏斗；4—轴；5—壳体；6—中间轴承；

7—中间装料口；8—末端轴承；9—末端卸料口；10—中间卸料口

用于水泥和混凝土添加剂的螺旋输送机，其螺旋管直径为$\phi 160 \sim \phi 315$，螺旋轴转速范围为90~300 r/min，输送能力一般为20~100 t/h。

（2）性能与应用

螺旋输送机输送长度在6 m以内可不加中间支承座，而长度在6~18 m时必加中间支承。为提高输送能力，常采用变螺距输送叶片的形式。下端加料区段较输送区段螺距小，在加料区段填充量大，随着螺距变大、填充量变小，可防止高流动粉状物料在输送时倒流，为获得更长的输送距离，可采用螺旋接力的方式。采用这一方式的前提条件是两螺旋输送机输送生产率相同,同时,为确保两个螺旋输送机工作得更好,前面工作的螺旋输送机倾角最好比后面工作的螺旋输送机倾角大 1°～2°。

在使用过程中,必须注意螺旋轴轴承的密封与润滑,注重螺旋叶片磨损情况,螺旋叶片磨损后,首先是螺旋体顶面与螺旋管内壁之间的间隙增大,输送效率下降,并且被堵塞和卡死的危险增加,若实测螺旋体外径与管体内壁间隙单边超过 1.5m,螺旋体应进行修补或更换。在空气湿度非常大的地区,当使用的螺旋输送机要闲置一段时间时,要将螺旋输送机中的存料全部卸尽。

3. 空气输送斜槽

空气输送斜槽是利用空气使固体颗粒在流态化状态下沿着斜槽向下流动的输送设备。如果改变孔板气流喷出方向,它还可作水平或向上输送。

(1) 构造及原理

如图 3-21 所示,由上槽体和下槽体组成,中间用透气层隔开,下槽体与风机相连。鼓风机产生的压缩空气经软接管进入槽体下层,空气经过透气层微孔,使上部物料充气呈流态化。由于斜槽设计成具有 4%～10% 的斜度,流化状态的物料又受自身重力作用,像流体一样从槽的高处向低处流动,由卸料口卸出。进入上槽内的空气经过滤器排出,或接排气管送入收尘管路中。

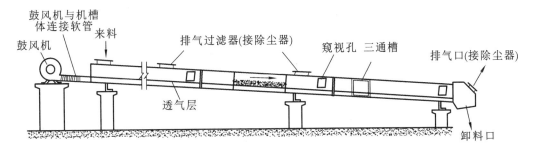

图 3-21　空气输送斜槽结构简图

(2) 空气输送斜槽性能特点

空气输送斜槽可输送粒径 3～6 mm 以下的粉状物料,水泥厂主要用来输送非黏结性的粉粒状物料,如生料粉、水泥。输送量可达 2000 m³/h,输送距离一般不超过 100 m。

斜槽的优点:由于设备本身无运动部件,故磨损少,设备简单,易维护检查,动力消耗低,操作安全可靠,改变输送方向容易,适用于多点喂料及卸料。缺点是对输送物料性能有一定的要求,布置上必须保证既有准确的向下倾斜度,距离长了落差大,造成土建困难。

3.3.3　原料的计量

计量设备是混凝土生产过程中的一项关键工艺设备,控制着各种混合料的配比。直接影响混凝土质量。因此,精确、高效的计量设备不仅能提高生产率,而且是生产优质高强混凝土的可靠保证。

1. 计量方式的分类

物料的计量方式一般采用重力计量,也有采用体积计量的。由于混凝土的配合比为重量配比,按体积计量的称量器难以正确地控制配比,因此,除特殊情况,骨料和粉料一般采用重力计量,而水和外加剂的容积受外界条件影响很小,两种计量方式均可采用。

根据一个计量斗(也称秤斗或称量斗)中所称量物料种类,计量方式可分为单独计量和累积计量。单独计量是每个计量斗只称一种物料,物料在各自的料斗内称量完毕,集中到一个总料斗后再加入搅拌机。累积计量是每个计量斗可称多种物料,即称完一种物料后,在同一斗中再累加称另一种物料。通常双阶式搅拌装置多采用累积计量,单阶式搅拌装置采用单独计量。单独计量方式计量精度高,但是计量斗太多难以布置,从而使机构复杂。目前的搅拌设备倾向于将骨料分成粗骨料和细骨料两组,进行累积计量,而水和外加剂等则采用单独计量。

按计量方式可以分为杠杆秤、电子秤和杠杆电子秤三种。杠杆秤的特点是使用可靠、维修方便,可采用手动操作,也可采用自动操作,但这种秤体积大,耗钢量大,表头弹簧、摆锤等制造工艺复杂,因此成本相对较高。电子秤的优点是取消了复杂的杠杆系统,以电子拉力传感器来测量重量,因此结构简单,占空间小,测量和控制容易,自动化程度也极易提高,但须用多个传感器,对传感器要求较高,一个传感器损坏时检查较困难。杠杆电子秤保留了杠杆秤的杠杆部分,而将难造的表头部分改换为转换器,结构简单,可靠性较高,而且可以通过杠杆传动比使传感器受冲击力大大减小。随着传感器技术和微机技术的发展,大部分搅拌站将采用电子秤或杠杆电子秤计量方式。

按作业方式可分为周期分批计量与连续计量,周期分批计量适用于周期式搅拌装置,而连续计量适用于连续式搅拌装置。

无论采用何种计量方式对计量设备的要求首先是准确。一般计量器自身的精度都能达到 0.1%~0.5%,但由于物料下落时的冲击,给料装置与秤斗间有一定距离等原因,计量不到这样的精确度,按照相关要求规定,各种材料的计量精确度见表 3-2。

表 3-2　计量精度

配料	在大于称量 1/2 量程范围内单独配料计量或累积配料计量精度	备　　注
水泥	±1%	
水	±1%	一等品、合格品为 ±2%
骨料	±2%	骨料粒径≥80mm 时为 ±3%
掺合剂(粉煤灰)	±2%	当水泥和粉煤灰累积计量时,先称水泥后称粉煤灰,累计误差≤±1%
外加剂	±3%	

对计量设备的第二个要求是快速。采用高性能的称量器,可以使一套计量设备为 2~4 台搅拌机供料,这样大大节省了计量设备的数量。快速与准确两者是矛盾的,为了解决这一矛盾,许多自动计量设备都把称量过程分为粗称和精称两个阶段。在粗称阶段大量给料,缩短给料时间,当给料量达到要求量的 90% 时,开始精称,在精称阶段小量给料以提高称量精度。

2. 杠杆秤

混凝土搅拌站中,重力计量式计量装置的称重秤一般采用 4 点支撑式杠杆秤、电子秤、杠杆电子秤。电子秤如图 3-22 所示。

杠杆秤的主要组成部分是秤斗和杠杆系统,这两部分均悬挂在贮料斗下面,结构紧凑,占空间小。用来称量骨料的秤斗常常是长方形,敞口的,而用来称量水等液体的秤斗多为圆形,并在斗门设有橡胶垫,以保证密闭。斗门可以人为启闭,也可以采用汽缸控制启闭,汽缸有利于实现远距离和自动控制。为了称量各种不同的材料和配合各种容量的搅拌

图 3-22　电子秤

机,有各种不同构造和容量的秤斗。表 3-3 给出了秤斗容量参考值。

表 3-3　秤斗容量参考值

搅拌机容量（m³）		3	1.5	1	0.75
秤斗容量 m³(kg)	石子	3.25(4500)	1.6(2400)	1.1(1600)	0.85(1150)
	砂子	2.25(3000)	1.1(1700)	0.75(1200)	0.56(850)
	水泥	1.50(2000)	0.75(1200)	0.50(800)	0.38(600)
	水	0.75(1000)	0.4(700)	0.25(500)	0.20(350)

为了显示被称物料重量,很多杠杆秤都采用一个带有指针的圆盘表头。表头最大指示范围与搅拌机的出料容量有关,一般容量 1m³ 搅拌机杠杆秤的称量范围大约定为 2500 kg。由于大多数圆盘表头指针对碰撞和冲击不太敏感,因此采用弹性测量头（弹簧）进行力的测量,带指针的圆盘表头如图 3-23 所示。

在拉杆上向下施加一个力,通过横梁将力分加到 2 个弹簧上。上部弹簧悬挂梁通过螺栓进行预调整,使称量前圆盘指针指向零位。下面横梁带有齿条,齿条与指针轴上的小齿轮啮合并使指针转动。这样,由载荷使弹簧拉伸,齿条与横梁同步下移,通过啮合小齿轮带动指针偏转,在刻度圆盘上可读出重量值。

在有些杠杆秤上,也有使用摆锤式表头的。图 3-24 所示是一种双摆锤称量表头,这种表头造价较高,但测量精度高,灵敏性好。

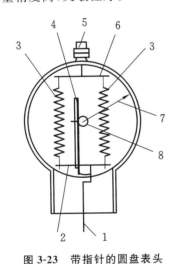

图 3-23　带指针的圆盘表头

1—拉杆；2—横梁；3—弹簧；4—齿条；5—螺栓；

6—弹簧悬挂梁；7—指针；8—小齿轮

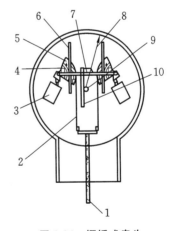

图 3-24　摆锤式表头

1—拉杆；2—钢带；3—摆锤；4—扇形齿板；5—凸轮；

6—齿条导轨；7—横梁；8—指针；9—小齿轮；10—齿条

在拉杆 1 上向下施加一个力,通过一个小横梁传递到 2 条钢带上。钢带分别与 2 个凸轮贴合,带动摆锤摆动而达到力的平衡。表盘内固定着 2 根齿条导轨,在凸轮上固定着 2 个扇形齿板,扇形齿板与导轨齿条相啮合。当载荷向下拉动钢带时,凸轮、扇形齿板和摆锤一起沿导轨向上爬升。横梁连接左右两套摆锤和扇形齿板,在横梁上还固定有一根小齿条,与小齿条啮合的还有一个小齿轮,指针与小齿轮同轴转动。当齿板沿导轨爬升时,同时带着横梁和小齿条上升,并使指针摆动,在表头刻度盘上读出相应称重值。

3. 电子秤和杠杆电子秤

电子秤是一种没有杠杆的计量装置，如图 3-25 所示。电子秤由秤斗和传感器组成，秤斗上安装有汽缸控制的弧形斗门，并被直接吊在 3～4 个拉力传感器上。计量完成后，由汽缸拉动弧形斗门将料卸入搅拌机或输送装置中。

杠杆电子秤结合了杠杆秤和电子秤的优点，实际物重通过杠杆比进行缩小，缩小后的重量作为拉力作用在拉力传感器上进行称量。图 3-26 所示杠杆电子秤由传感器、杠杆和秤斗组成，该秤斗既作计量斗又作提升斗。物料计量完毕后，秤斗开始提升，至卸料位置时斗门由叉轨打开，将物料卸在搅拌机中。

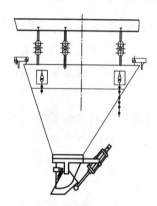

图 3-25　骨料电子秤

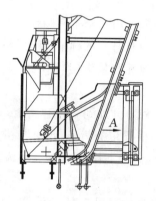

图 3-26　杠杆电子秤

1—杠杆；2—刀刃；3—刀承；4—调整杆；5—传感器

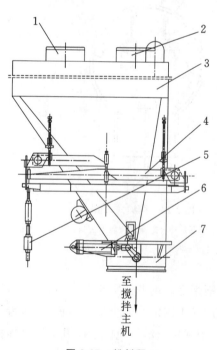

图 3-27　粉料秤

1—进料口；2—排气口；3—料斗；
4—杠杆；5—传感器；6—汽缸；7—斗门

4. 粉料计量设备

粉料计量设备用于称量水泥、粉煤灰和粉末状外加剂。目前，混凝土搅拌站中的粉料大多数采用重力法计量。与骨料计量类似，同样可以用杠杆秤、电子秤和杠杆电子秤等计量设备，只是称量斗结构略有不同。

如图 3-27 所示为用于粉料计量的电子秤。由于粉料多数采用螺旋输送机进行输送，因此在称量斗上方设置了进料口。进料口与螺旋输送机卸料口之间一般采用连接套连接，该连接套常用具有弹性的软材料制作，以免对计量系统产生影响。物料加入计量斗时，应当让斗中空气能顺利排出，为此在计量斗上方留有排气口。为了不污染环境，在计量斗的排气口上常须安装一个过滤器。过滤器要注意经常清理，否则排气不畅会造成计量斗处于超压状态。在超压状态下计量往往会造成水泥重量不足，并导致混凝土强度下降。

计量斗的下部设置了卸料门，卸料门的圆周安装了一圈弹性密封，以防止粉状物料泄漏。卸料门的启闭一般采用汽缸控制。为了加快粉状物料的卸料速度，常在计量斗上安装有电动或气动式振动器。

水泥、粉煤灰和添加剂都可以进行累积计量，这样可以减少计量设备的数量。在累积计量时,由于水泥的流动性好,应该首先称水泥。粉状物料的计量时间与称量物料的品种数量、添加量和螺旋机的生产率等因素有关,但计量时间一般不超过 40 s。

5. 水计量设备

混凝土搅拌站中水的计量方式大体分为四种类型:定时计量,定量计量,重量计量及容积计量。

容积计量是指通过计量水的容积大小,间接得到水重量。水计量设备的结构是利用钢板焊成一截面积相同的水箱容器,内装有微型接近开关、排供水电磁阀。其控制过程是,当系统发出排水信号时,排水电磁阀动作,开始排水;当水位降到下限定位处,微型接近开关动作,关闭排水电磁阀,停止排水;延迟一段时间后,供水电磁阀动作,开始供水。

6. 外加剂计量设备

混凝土制备过程中,往往要加入一些化学外加剂,如减水剂、泵送剂、缓凝剂、防冻剂等。这些外加剂的使用,可以改善混凝土的性质,并给混凝土施工带来极大方便,因此外加剂成为混凝土中不可缺少的成分。外加剂的用量一般与水泥用量有关,通常为水泥用量的 0.1%～2%。

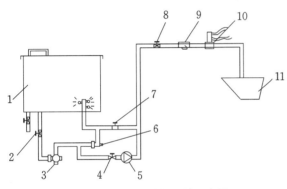

图 3-28　外加剂供给系统示意图

1—外加剂溶解箱;2—一次截止阀;3—外加剂泵;
4—二次截止阀;5—单向阀;6—溢流阀;7—回流阀;
8—计量阀;9—滤网;10—电磁阀;11—计量筒

如图 3-28 所示为外加剂供给系统示意图。外加剂从溶解箱由外加剂泵泵向单向阀,再经电磁阀(全开)进入计量筒。当计量达到约 90% 设定值时,电磁阀半开;当达到 100% 设定值时,电磁阀关闭,停止供应。计量筒采用圆筒形透明有机玻璃制作。

外加剂计量方式有容积计量和重力计量两种。其中容积计量包括活塞浮筒型和电容式料位计型,重力计量则采用物料计量控制仪。

活塞浮筒型原理较简单,玻璃计量筒内设有活塞,活塞上安装一齿条。当外加剂进入计量筒时,活塞上升,齿条通过安装在固定轴上的小齿轮带动电位器转过一个角度,使电阻值发生变化。将因电阻改变引起的电压变化作为模拟量输出,并与设计值比较,从而实现外加剂的计量。

电容式料位计的工作原理是用一根钢管深入外加剂计量筒内作为一个电极,而筒体作为另一个电极,待测液位的液体外加剂是一种介质,液面的升降引起电容的变化,经测量电路转换成直流电流输出,在电容式料位计上显示其容积值。

物料计量控制仪的工作原理是用电阻应变式压力传感器作为测重元件,传感器将感受到的重力信号变成电压传送至物料计量仪,显示液体重量值。

比较上述三种形式,活塞浮筒型原理简单,计量精度较低;电容式料位计结构紧凑、合理,但影响计量精度的因素较多,如介质种类、介质浓度等,可操作性较差;物料计量控制仪的计量筒直接悬吊在传感器上,称量采用机械电子秤,计量精度高且不受介质种类、浓度等因素的影响。

3.3.4　混凝土的搅拌

1. 混凝土搅拌的要求

(1) 混凝土搅拌机应符合现行国家标准《混凝土搅拌机》(GB/T 9142—2000)的有关规定。混凝土搅拌宜采用强制式搅拌机。

（2）搅拌应保证预拌混凝土质量均匀，同一盘混凝土的匀质性应符合下列要求：

① 混凝土中砂浆密度两次测值的相对误差不应大于 0.8%。

② 混凝土稠度两次测值的误差不应大于表 3-4 要求的混凝土拌合物稠度允许偏差的绝对值。

码 3-5 混凝土搅拌
微课视频

表 3-4 混凝土拌合物稠度允许偏差

项目	控制目标值	允许偏差
坍落度（mm）	≤40	±10
	50～90	±20
	≥100	±30
扩展度（mm）	≥350	±30

（3）原材料投料方式应满足混凝土搅拌技术要求和混凝土拌合物质量要求。采用分次投料搅拌方法时，应通过试验确定投料顺序、数量及分段搅拌的试件等工艺参数。矿物掺合料宜与水泥同步投料，液体外加剂宜滞后于水泥投料；粉状外加剂宜溶解后再投料。

（4）预拌混凝土搅拌的时间应符合下列要求：

① 当采用搅拌运输车运送混凝土时，混凝土在搅拌机中的搅拌时间应满足设备说明书的要求，并且不应少于 30s（全部材料投完算起）。

② 当采用翻斗车运送混凝土时，应适当延长搅拌时间。

③ 当制备特制品（高强、自密实、纤维等混凝土）或搅拌掺用膨胀剂、引气剂和粉状外加剂的混凝土时，应适当延长搅拌时间。

（5）冬期施工搅拌混凝土时，宜优先采用加热水的方法提高拌合物温度，也可同时采用加热骨料的方法提高拌合物温度。当拌合用水和骨料加热时，拌合用水和骨料的加热温度不应超过表 3-5 的规定；当骨料不加热时，拌合用水可加热到 60℃ 以上。应先投入骨料和热水进行搅拌，然后再投入胶凝材料等共同搅拌。

表 3-5 拌合用水和骨料的最高加热温度（℃）

采用的水泥品种	拌合用水	骨料
硅酸盐水泥和普通硅酸盐水泥	60	40

（6）搅拌机一般每隔 6～8 h 清洗一次，并经常清除搅拌叶片和衬板上附着的混凝土残留物，以保证混凝土拌制的匀质性。

（7）主机操作人员、出厂检验技术人员应对混凝土搅拌进行详细记录。内容包括生产时间、混凝土配合比通知单编号、工程名称、结构部位、强度等级、坍落度要求、搅拌时间、生产方量等，并在换班时移交接班人。

2. 搅拌机的分类

由于混凝土搅拌机因施工的规模、工程质量及生产效率的需求不同，搅拌机的种类不同，性能各异，现根据其主要特征分类如下：

（1）按搅拌机的工作性能分

① 连续搅拌机。又称连续作用式搅拌机。其作业过程无论是装料、拌和、卸料等工序都是连续

不断进行的。即一端加入各种原材料,经过机械内部拌和,从另一端送出混凝土,无须中途停顿。这种搅拌机的特点是:

a. 搅拌机开动以后,装料、拌和、卸料可以不间断地进行,能够连续不断地生产出混凝土,因而生产效率高;

b. 拌和时间短,混凝土的配比和拌和质量难以控制,材料拌和的均匀性较差;

c. 构造较复杂,制造困难,成本较高。

②　分批搅拌机。又称为周期作用式搅拌机。其装料、拌和、卸料等工序都为周期性循环作业。这种搅拌机之所以称为分批,是由于已拌好的混凝土卸空后,方可将新料倒入筒内,进行下次的拌制作业。与连续搅拌机相比其特点是:

a. 构造简单,而且体积小,制造容易,成本低;

b. 在拌和过程中,容易精确地量配材料、改变材料的成分和调整工作循环的时间,易于控制配比和保证拌和质量,是建筑工程中应用最普遍的类型。

(2) 按搅拌机的搅拌方式分

搅拌机按搅拌方式可分为自落式搅拌机和强制式搅拌机。其主要区别:搅拌叶片和搅拌筒之间没有相对运动的为自落式搅拌机,有相对运动的为强制式搅拌机。

①　自落式搅拌机。又称为自由下落式搅拌机,搅拌机工作原理如图 3-29(a)、(b)所示。作业时,搅拌筒以适当的速度旋转,物料由固定在搅拌筒内的叶片带至高处,靠自重下落进行搅拌。自落式搅拌机的特点:

a. 一般适用于搅拌塑性混凝土;

b. 使用比较方便,动力有内燃机和电动机两种;

c. 结构简单,易损件少,所需功率小;

d. 对骨料粒径大小有一定适应性,叶片的磨损程度小;

e. 操作方便,使用维护比较容易;

f. 由于靠重力自落搅拌,搅拌强度小,而且转速和容量受到限制,生产效率低;

g. 扬尘较大。

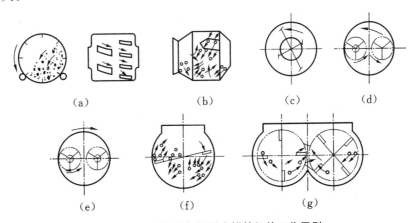

(a)　　　　　　(b)　　　　　　(c)　　　　　　(d)

(e)　　　　　　(f)　　　　　　(g)

图 3-29　自落式与强制式搅拌机的工作区别

②　强制式搅拌机。强制式搅拌机的搅拌筒是固定不动的,由筒内转轴上的叶片旋转来搅拌物料。其搅拌原理如图 3-29(c)至(g)所示。强制式搅拌机的特点是:

a. 操纵系统灵活,卸料干净;

b. 水平轴(卧轴)式同时具有自落式的搅拌效果;

c. 搅拌时间较短,生产率较高;

d. 适于搅拌干硬混凝土及轻骨料混凝土；

e. 回转的叶片能够击碎成块状的材料，所以，最适合于拌和灰浆；

f. 结构较复杂，搅拌工作部件磨损快。

（3）按搅拌机拌合鼓筒的装料容积分

① 小型搅拌机，是指工作容积小于 400 L 的搅拌机。工作容积是混凝土搅拌机的规格，一般是以其能装的各种松散材料的总体积来表示。目前，国产小型搅拌机有 100、250、375（L）等规格。

② 中型搅拌机，是指工作容积在 400～1000 L 之间的搅拌机。目前，国产的中型搅拌机有 400、500、800（L）等规格。

③ 大型搅拌机，是指工作容积超过 1000 L 的搅拌机。目前，国产的大型搅拌机有 1000～2000 L、2200～2400 L、4500～6000 L 等规格。

目前，预拌混凝土搅拌站常用的搅拌机主要为强制式搅拌机，本书只介绍强制式卧轴搅拌机的构造及工作原理、常见故障的处理。

3. 强制式卧轴搅拌机构造及工作原理

强制式卧轴混凝土搅拌机兼有自落式和强制式两种机型的优点，即搅拌质量好、生产效率高，能耗低，不仅能搅拌干硬性、塑性或低流动性混凝土，还可以搅拌轻骨料混凝土、砂浆或硅酸盐等物料。强制式卧轴混凝土搅拌机在结构上有单卧轴和双卧轴之分。单卧轴型代号用 JD 表示；双卧轴型代号用 JS 表示；主要参数为出料容量。

（1）双卧轴混凝土搅拌机

强制式双卧轴混凝土搅拌机如图 3-30 所示。

图 3-30 强制式双卧轴混凝土搅拌机

强制式双卧轴混凝土搅拌机构造示意如图 3-31 所示。

① 搅拌传动系统

搅拌传动系统由电动机、V 带轮、减速箱、开式齿轮等组成。电动机通过 V 带轮带动二级齿轮减速箱，减速箱两输出轴通过由两个开式小齿轮和两个开式大齿轮组成的两对开式齿轮副分别带动两根水平布置的搅拌轴反向等速回转。

② 搅拌装置

搅拌装置如图 3-32、图 3-33 所示。搅拌筒的圆弧部分是焊接而成的，搅拌筒内镶有衬板，均用沉头螺钉与筒体联结紧固；搅拌筒内装有 2 根水平布置的搅拌轴，轴上连接等角度排列的搅拌臂上分别装有侧叶片，可刮掉端面上的混凝土。叶片与衬板之间的间隙根据搅拌机容量而定，一般在 3～5 mm 之间。工作时两轴反向旋转，叶片的反向螺旋运动可使拌合料产生强烈的挤压、对流，并使拌合料产生许多切割面。

所以双卧轴混凝土搅拌机在搅拌过程中可使拌合料产生较大的相对运动速度，有较好的力传递

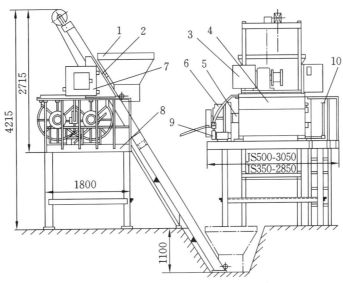

图 3-31　强制式双卧轴混凝土搅拌机构造示意图

1—进料斗；2—上料架；3—卷扬机构；4—搅拌器；5—搅拌装置；

6—传动系统；7—电气系统；8—机架；9—供水系统；10—卸料机构

效果，拌合料间的位置和距离在任一瞬时都在进行变换。因此，不论塑性和干硬性混凝土都有良好的搅拌效果。

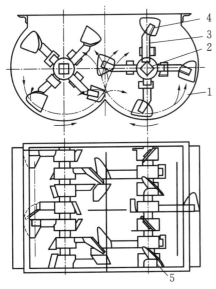

图 3-32　双卧轴搅拌机搅拌装置

1—搅拌筒；2—搅拌轴；3—搅拌臂；

4—搅拌叶片；5—侧叶片

图 3-33　双卧轴搅拌机搅拌装置实物图片

③ 上料机构

上料机构如图 3-34 所示。提升卷扬机由制动电机、减速器和钢丝绳卷筒组成，制动电机带动钢丝绳卷筒运转，钢丝绳经过滑轮牵引料斗沿上料架向上爬行，当爬行到一定高度时，料斗底部上的一对滚轮进入上料架水平岔道，斗门自动打开，拌合料经过进料漏斗投入搅拌筒内。

④ 供水系统

供水系统大多采用时间继电器控制离心水泵电机运转时间的方式工作。供水系统由电动机、水泵、节流阀及管路等组成。搅拌用水由电动机带动水泵抽水,经调节阀和管道注入拌筒,搅拌每罐混凝土所需的水量,由电控系统中的时间继电器控制水泵运转时间来掌握。当按钮旋转到"时控"位置时,水泵会按设定的时间运转和自动停止;当按钮旋转到"手控"位置时,可以连续供水,冲洗支管供筒外用水和清洗整机使用。

⑤ 卸料机构

卸料机构分为手动和气动两种,手动主要用于单机使用的小容量搅拌机($L \leqslant 500$ L);气动主要用于搅拌楼(站)中使用的大容量搅拌机($L \geqslant 500$ L)。气动卸料装置利用压缩空气和两个汽缸,通过杠杆机构和电磁换向阀实现卸料门的开闭。为保证卸料门的开闭位置,设有行程开关。另外通过调整密封板的位置,可保证卸料门的密封,如图 3-35 所示。

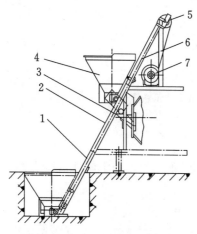

图 3-34 双卧轴搅拌机上料机构

1—下轨架;2—中轨架;3—中间料;4—料斗
5—滑轮;6—上轨架;7—提升卷扬机

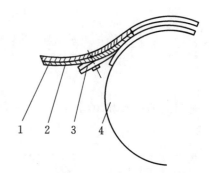

图 3-35 双卧轴搅拌机卸料机构

1—衬板;2—搅拌筒弧板;3—密封板;4—卸料门

⑥ 电气控制系统

电气控制系统用来控制搅拌传动系统中的电机 M1、上料装置中的电机 M2、水泵电机 M3 的运转。电气控制线路设有自动开关、交流接触器,具有短路保护、过载保护、断相保护的功能。

(2) 单卧轴混凝土搅拌机

单卧轴混凝土搅拌机目前使用较多的有出料容量为 350L 和 500L 两种机型,主要用于单机作业的场合。单卧轴混凝土搅拌机已从原有的机械型发展到现今广泛使用的液压-机械型(即 JDY)型。单卧轴混凝土搅拌机主要由上料系统、搅拌传动系统、搅拌装置、卸料机构、电控箱及供水、行走、支撑装置等组成。JDY350 单卧轴混凝土搅拌机结构如图 3-36 所示。

① 搅拌装置

搅拌装置由搅拌筒和搅拌轴等组成。搅拌筒由钢板卷制焊接而成,筒内的弧形衬板及侧衬板均用耐磨材料制成,并与筒内壁、侧壁用沉头螺栓连接,使用中可视磨损情况更换。搅拌轴与搅拌筒由运转副支承在支座和减速箱上,搅拌筒相对搅拌轴可以运转。搅拌轴上装有搅拌臂、搅拌叶片及侧叶片(刮板),如图 3-37 所示。

工作时呈螺旋带状布置的搅拌叶片把靠近搅拌筒壁的混凝土拌合料推向搅拌筒的中间及另一端,迫使混凝土拌合料做强烈的对流运动,另外叶片的圆周运动又使拌合料受到挤压、剪切后产生一个分散抛料过程,使拌合料在较短的时间内被搅拌均匀。

② 搅拌传动系统

搅拌传动系统为机械传动系统。电机经 V 带、减速器两级减速后驱动搅拌轴旋转。

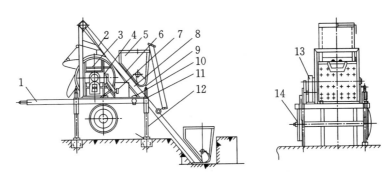

图 3-36　JDY 350 搅拌机构造示意图

1—拖把；2—钢丝绳；3—搅拌筒；4—支座；5—上料口；6—止斗销；7—操纵阀；8—电控箱；
9—支腿微调；10—底盘；11—钢丝长皮调整索具；12—支腿；13—减速箱；14—轮胎

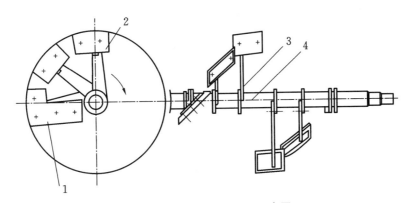

图 3-37　单卧轴搅拌装置示意图

1—侧叶片；2—搅拌叶片；3—搅拌臂；4—搅拌轴

③ 上料系统

上料系统采用液压缸及增速滑轮组机构，是以液压缸活塞的伸缩，通过滑轮组牵引连接在料斗上的钢丝绳来实现的，料斗沿上料架上升的高度由液压缸活塞的行程所决定。该系统结构简单、操作自如方便，减少了机械上料系统带来的冲击，使料斗运行平稳，并解决了料斗上下限位问题。

④ 卸料机构

JDY 型搅拌机采用液压倾翻卸料机构，利用卸料液压缸活塞的伸缩倾翻搅拌筒卸料，搅拌筒的倾翻角度由液压缸活塞的行程决定。由于采用了 O 型中位机能手动换向阀，所以搅拌筒可倾翻任意角度及多次换向。该机构具有机械式倾翻所无法比拟的良好使用性能，可针对不同混凝土的运输工具，完成一次卸料或分批卸料，操作自如方便，并解决了搅拌筒卸料时的限位问题。

⑤ 供水系统

JDY 型搅拌机供水系统采用时间继电器控制离心水泵电机供水量的结构，可参照双卧轴供水系统。

4. 强制式搅拌机的使用与维护

混凝土搅拌机的正确使用与维护，不仅可以保证发挥机械的最大生产效率，还能大大延长机械的使用寿命。因此，必须严格遵守强制式混凝土搅拌机所规定的安全操作规程及维护保养制度。

(1) 试运行

强制式混凝土搅拌机是靠涡轮旋桨的旋转而搅拌物料的。其检查、准备工作如下：

① 试运行前的检查和准备工作

a. 检查电源电压，额定电压为 380 V，压降不得大于 5%；

b. 检查电气箱与电源接线是否正确,接地是否良好,然后接通电源;

c. 检查变速箱润滑油位和油质,应及时补充或更换;

d. 在各润滑点加注润滑油;

e. 检查各个紧固件的紧固情况,拧紧松动件;

f. 检查上料机构钢丝绳是否紧排在卷筒上,如有松散紊乱应重新绕好;

g. 接通水路前,应先将储满清水的容器置于水泵附近,将吸水阀放入容器内。

② 空载试运行

a. 点动搅拌电机,检查搅拌筒旋转方向;

b. 使搅拌筒作正、反方向旋转,每 2 min 一个循环,反复运转 15 min,查看电机、变速箱及搅拌筒各部件是否正常,应无异常噪声及冲击现象;

c. 操作进料斗升、降,检查升降过程及上下限位是否可靠。

③ 供水系统调试

a. 点动水泵电机,检查旋转方向;

b. 拧开水泵加水螺塞灌入引水,使水充满泵腔及进水管,直至能正常吸水为止,再把加水螺塞拧紧;

c. 复查供水精度,可按下列方法进行:预备一个水桶,将水泵出水管引入水桶,预调时间继电器,启动水泵,到设定时间水泵停止后,称量水量,计算出水泵实际排量;如水泵排量误差超过 2%,可调整水泵的调节阀,重复试验,直至合格。

(2) 强制式混凝土搅拌机的使用

① 每次使用前的检查内容

使用前检查机器运行是否平稳,电气接地是否良好,水泵供水量是否符合配比要求,搅拌、提升机构运转是否正常。

② 操作注意事项

a. 使用中要注意物料的加入量,不得超过设备工作的允许容量。

b. 在搅拌过程中因故停机,应马上采用人工及时卸出 50% 的物料,查明原因后再启动。

c. 在运转中,不得检修。

d. 严禁水泵在无水状态下运行,否则将损坏机械密封。

e. 搅拌的混凝土骨料应严格筛选,最大粒径不得超过允许值,以防卡料。每次搅拌时加入搅拌筒的物料,不应超过规定的进料容量,以免动力过载。

f. 搅拌叶片和搅拌筒底及侧壁的间隙,应经常检查是否符合规定要求。当间隙超过标准时,会使筒壁和筒底黏结的残料层过厚,增加清洗时的困难并降低搅拌效率,如搅拌叶片磨损,应及时调整、修补或更换。

g. 必须保证良好的润滑。上料滑轮、铰链轴销、卸料门转轴以及操纵杆等部分,每隔 4~8 h 应润滑一次;电动机轴承每隔 700~1200 工作小时应清洗换油;其他转运部分的轴承可每隔 400~600 工作小时润滑一次;减速箱中润滑油须保持一定的油面高度,如发现箱内油料含有杂质,应更换润滑油。

h. 使用完毕,停止工作时,上料斗应升到高处并用链条锁住。

(3) 使用后维护保养

强制式混凝土搅拌机维护保养的主要内容包括日常保养、一级保养和二级保养。

① 日常保养

混凝土搅拌机的日常保养工作在每班工作前、工作中和工作后进行。

首先,须清除机体上的污垢及障碍物,保持机体的清洁。然后检视各润滑处的油料及电路和控制设备,并按润滑要求加注润滑油(脂)。坚固各连接部的螺栓,坚固时用力要均匀、适当。检视钢丝绳的状况,要求钢丝绳不变形、不紊乱,绳头卡结必须牢固。如钢丝绳已经折断一股或节距内的断丝根数达 10% 及绳的表面层钢丝磨损达 40% 以上时,则需更换。钢丝绳表面必须保持一层适量的油膜。

每班工作前,在搅拌筒内加水空转运行 1～2 min 湿润内筒壁,以利于搅拌开始阶段的润滑和避免水泥黏结,同时须检查离合器和制动装置工作的可靠性。

混凝土搅拌机运转过程中,应随时检听电动机、减速器、传动齿轮等的音响是否正常,触摸或测试轴承和电动机的温升是否过高。应随时注意搅拌装置运转是否正常,搅拌叶片和刮板不应松落。

每班工作结束后,须认真清洗搅拌机。清洗搅拌筒内部时,可在筒内放入石子和清水,运转 10～15 min,然后放出并扫净。随后冲洗喷水管、上料斗、机体外壳等处。冲洗时应注意勿使电动机受潮。此外,应仔细清洗搅拌筒外的各部零件上的水泥黏块,否则将影响零件的拆卸或更换。

② 一级保养

混凝土搅拌机一般在经过 100 工作小时后进行一级保养。强制式混凝土搅拌机在一级保养工作中,须检查和调整搅拌叶片和刮板与衬板之间的间隙、上料斗和卸料门的密闭及灵活情况、离合器的磨损程度以及配水系统是否正常。

V 带如发生破裂和脱层不能使用时,应予更换。在一级保养中并须检查和调整两 V 带的平面重合度,即两 V 带轮应保持在同一平面上。

采用链条传动的混凝土搅拌机,须检查链条节距的伸长情况,如有掉链或滑链现象,可调整两个链轮的中心距,如无法消除则需换链。

滑动轴承的间隙一般不能超过 0.4～0.5 mm,油孔要保持畅通。

③ 二级保养

混凝土搅拌机的二级保养周期,因机型不同而有较大差异,一般为 700～1500 工作小时。

二级保养中,除进行一级保养的全部工作外,并须拆检减速器、电动机和开式齿轮以及测试电动机的绝缘电阻等。此外,还须检查机架及进出料的操纵机构,清洗行走轮和转向机构等。

拆检减速器时,要清洗齿轮、轴、轴承及油道,检查齿廓表面的磨损程度,一般齿轮的侧向间隙不大于 1.8 mm,滚动轴承的径向间隙不超过 0.25 mm。当间隙超过上述标准时应予更换。减速器拆检安装完毕后,加注新的齿轮油,并要保证轴承及减速器箱体上、下接口处不能渗油。

拆检电动机时,应清除定子绕组上的灰尘,清洗轴承并加注新的润滑脂,检查和调整定子和转子的间隙。为保证电动机的绝缘可靠,必须按期测试其绝缘强度。否则需将电动机进行干燥处理。

拆检开式齿轮时,须清洗齿轮齿廓、轴及轴承。当小齿轮的齿厚磨损达 20%～25%、大齿轮达 30% 时应进行修补或换新。开式齿轮的滑动轴承间隙应调整到 0.08～0.12 mm,磨损过度不能调小时应予更换。

上料离合器的内、外制动带,如磨损过度即需换铆。换铆时,摩擦带与弹簧钢皮要紧密接触,不能有分离或翘曲现象,否则会使离合器在制动时抱合不紧。

混凝土搅拌机的机架发生歪斜变形时,应予修复或校正。上料手柄的摆动角度超过 10° 时应调整。

拆检量水器,摆正套管位置,清除吸水管和套管周围以及内杠杆和拉杆上的腐锈,然后刷上防锈漆。各销轴要保证运转灵活,空气阀能灵活启闭。内外杠杆轴承润滑后要很好地密封,以防漏水。

拆检三通阀时,应清除阀腔和管道接口附近的腐锈和水垢,使水路保持畅通。腔中亦可补刷防锈漆。皮碗磨损严重应予更换,安装时要很好地密封以防漏水。

5. 强制式搅拌机的常见故障及处理方法

强制式混凝土搅拌机在使用中发生的主要故障、原因及其排除方法,可参照表 3-6 进行。

表 3-6　强制式混凝土搅拌机故障及故障排除

故障	原因	排除方法
搅拌时有碰撞声	拌铲或刮板松脱或翘曲致使和搅拌筒碰撞	坚固拌铲或刮板的连接螺栓,检修、调整拌铲、刮板和筒壁之间的间隙
拌铲运转不灵,运转声异常	1.搅拌装置缓冲弹簧失效; 2.拌合料中有大颗粒物料卡住拌铲; 3.加料过多、动力超载	1.更换弹簧; 2.清除卡塞的物料并重新调整间隙; 3.按进料容量规定投料
运转中卸料门漏浆	1.卸料门封闭不严密; 2.卸料门周围残存的黏结物料过厚	1.调卸料底板下方的螺栓,使卸料门封闭严密; 2.清除残存的黏结物料
上料斗运行不平稳	上料轨道翘曲不平,料斗滚轮接触不良	检查并调整两条轨道,使轨道平直,轨面平行
上料斗上升时越过上止点而拉坏索引机构	1.自动限位装置失灵; 2.自动限位挡板变形而不起作用	1.检修或更换限位装置; 2.调整限位挡板
搅拌轴闷车	1.严重超载; 2.电机 V 带过松	1.重新调整进料质量,卸出多余物料; 2.调整张紧装置,拉紧 V 带
减速箱噪声严重	1.箱内有异物; 2.轴承损坏	1.消除异物,修理或将损坏零件换新; 2.换新轴承
减速箱温度高	1.油的黏度过高或过低; 2.轴承损坏	1.放出油,修理或将损坏零件换新; 2.换新轴承
搅拌罐两轴端温度过高	1.轴承损坏; 2.供油量不足	1.换新轴承; 2.按规定要求加注润滑油
轴端漏浆	浮动密封件损坏	更换新浮动密封件

6. 中控操作员的岗位职责

在预拌混凝土的生产过程中,从原材料的输送、计量、搅拌到装车等工序都是由中控操作员利用计算机控制,自动完成。所以中控操作员不仅要优质高效地完成混凝土搅拌任务,还要对搅拌机组各个系统的安全负责。

下面来具体了解一下中控操作员的工作内容及要求。

(1) 开机前的准备工作

① 当班中控操作员接到生产任务单后,联系当班调度、机修人员询问设备情况,在确认设备状况良好的情况下,必须在生产前 30 min 进入中控室,做好开机前的准备工作。

② 准备好当班要使用的票据及相关通知单。

③ 检查主机、配料机、输送带、空压机等附近有无作业人员、有无安全隐患、机械设备有无明显故障。

④ 先打开机器总电源,再打开控制桌面电源,最后打开电脑。

⑤ 电脑开启后,输入当班要使用的预拌混凝土配合比,必须对所输入电脑的数据进行二次核对。

⑥ 检查控制面板所有的仪表是否工作正常,桌面指示灯是否完好。如有异常及时通知调度并进行检修。

⑦ 以上所有事宜做完,通知调度室,由调度室做出开机指令,填写好票据并准备开机。

（2）开机

① 打开电铃两次,每次 20～30 s。

② 对主机、输送带、配料机、空压机进行试运行,如有异常情况及时通知调度室和机修人员,排除故障后再运行。

③ 开启主机电源并用清水将机器润湿,然后打开料门放去清水。

④ 通知调度安排混凝土罐车到位并核实到位情况。

⑤ 开启输送带电机进行配料。

（3）搅拌

① 填写票据并检查。

② 将票据传给司机签名。

③ 按照不同技术要求的时间,拌制混凝土。

④ 根据摄像头监测情况、主机电流指数及拌合机检查口情况调节实际用水量,保证混凝土坍落度达到设计要求。

⑤ 搅拌完毕打铃 20～30 s 通知混凝土运输车出站,并等待下车调度指令。

⑥ 循环进行下车的混凝土搅拌,并填写票据。

⑦ 在生产过程中发现设备故障,必须立即报告当班生产调度,由调度组织排除故障后再继续生产。

（4）停机

① 调度室下令暂停搅拌时,操作员必须关闭主机控制面板电源。

② 调度室下令停止搅拌时,先关闭输送带电源后进入主机冲洗程序。

③ 每次停机超过 15 min 就必须将拌合机用清水冲洗干净。

④ 主机冲洗时要洗机器 3～5 次;每次抽水严禁超过水的量秤 500 kg,将清水放入机器内停留搅动 5 min,再将水放出。

⑤ 以上所有工作完毕后,中控人员先关闭主机电源,再关闭控制面板电源开关。

⑥ 在下班时关闭主机配电电源、输送带配电电源,再关闭控制桌面电源、电脑电源。

⑦ 检查机械设备情况,进行保洁工作。

⑧ 做好当班的安全生产情况和设备情况工作记录。

（5）注意事项

① 当班中控操作员有急事须离岗时必须报告生产调度,和安排的顶替操作员进行面对面交接后方可离岗。

② 操作盘上的主令开关、旋钮、按钮、指示灯应经常检查其准确性、可靠性。

③ 机械启动后应先观察各部运转情况,并检查油、气、水的压力是否符合要求。

④ 切勿使机械超负荷工作,并应经常检查电动机的温度情况。如发生运转声音异常、转速达不到规定时,应立即停止运行,并检查其原因。如因电压过低,不得强制运行。

3.3.5 出厂检验

为做好混凝土的出厂检验工作,预拌混凝土生产企业应安排专人负责,对混凝土出厂时的状态进行检验,以保证拌合物质量满足要求,并按照有关要求做好留样工作。

1. 出产检验要求

① 出厂检验人员必须经过专业技术培训,并具有一定的工作经验。

② 预拌混凝土出厂坍落度和扩展度的确定,应考虑混凝土运输途中的损失、运输车施工现场的停置及混凝土卸料时间长短引起的损失。

③ 每一单位工程不同结构部位、不同强度等级的混凝土生产时,出厂检验人员应认真做好"开盘检验"工作。"开盘检验"应在每次开拌初始的二、三盘进行混凝土拌合物性能检验,当不满足要求时,应立即分析原因,并严格按有关规定调整生产配合比,直至拌合物满足要求方可继续生产,并做好记录。

"开盘检验"与"开盘鉴定"的区别在于:开盘检验是对频繁使用的配合比,在每次重新启用开盘时,对开始搅拌的第二、三盘混凝土拌合物进行性能检验,检验是为了掌握拌合物能否满足施工要求,这项工作由出厂检验人员负责即可(个别地区将这项工作视为开盘鉴定,出现了相同配合比,每次不同楼层浇筑都要求搅拌站出示"开盘鉴定"报告的错误做法,造成资源浪费)。而开盘鉴定,《混凝土结构工程施工规范》(GB 50666—2011)第 7.4.5 条明确规定:对首次使用的配合比应进行"开盘鉴定"。而且该条的条文说明:施工现场拌制的混凝土,其开盘鉴定由监理工程师组织,施工单位项目部技术负责人、混凝土专业工长和试验室代表等共同参加。预拌混凝土搅拌站的"开盘鉴定",由预拌混凝土搅拌站总工程师组织,搅拌站技术、质量负责人和试验室代表等参加,当有合同约定时应按照合同约定进行。开盘鉴定的内容包括:原材料、生产配合比,混凝土拌合物性能、力学性能及耐久性能等。

④ 当同一配合比拌合物质量较稳定时,每车也应进行目测检验,以保证出厂混凝土拌合物状态符合要求。

⑤ 出厂质检员应每车核对"预拌混凝土发货单"是否正确,特别注意工程名称、强度等级、浇筑部位等不能发生错误,并应在"发货单"上签字。

2. 检验项目

出厂检验不仅要对混凝土拌合物性能进行检验,同时还要按规定要求成型试件,供混凝土硬化性能的检验。试件成型的数量、尺寸或形状,应根据工程设计、生产量和检验要求确定。

常规品检验混凝土强度、坍落度和设计要求的耐久性能;掺有引气型外加剂的混凝土还应检验其含气量。

特制品除检验以上所列项目外,还应按相关标准和检验合同规定检验其他项目。

3. 取样与检验频率

(1) 出厂检验的混凝土试样应在搅拌地点采取。

(2) 每个试样量应满足混凝土质量检验项目所需用量的 1.5 倍。

(3) 混凝土强度检验的取样频率:

① 《预拌混凝土》(GB/T 14902—2012)标准规定为:每 100 盘相同配合比的混凝土取样不得少于 1 次;每一工作班相同配合比的混凝土不足 100 盘时应按 100 盘计。每次取样应至少进行一组试验。

② 由于混凝土企业的生产设备搅拌量越来越大,如果按盘取样试件数量明显少许多,因此,从有利于强度检验评定角度出发,取样频率可按"交货检验"要求执行。

(4) 混凝土坍落度检验的取样频率应与强度检验相同。

(5) 同一工程、同一配合比的混凝土的氯离子含量应至少检验 1 次;同一工程、同一配合比和采用同一批海砂的混凝土的氯离子含量应至少检验 1 次。

(6) 混凝土耐久性能检验的取样频率应符合现行 JGJ/T 193 的规定。

(7) 预拌混凝土的含气量、扩展度及其他项目的取样检验频率应符合国家现行标准和合同的规定。

4. 硬化混凝土性能检验

硬化混凝土性能检验应符合下列规定：

① 强度检验评定应符合现行国家标准《混凝土强度检验评定标准》(GB/T 50107—2010)的有关规定，其他力学性能检验应符合设计要求和有关标准的规定。

② 耐久性能检验评定应符合现行行业标准《混凝土耐久性检验评定标准》(JGJ/T 193—2009)的有关规定。

③ 长期性能检验规则可按现行行业标准《混凝土耐久性检验评定标准》中耐久性检验的有关规定执行。

混凝土力学性能应符合现行国家标准《混凝土质量控制标准》(GB 50164—2011)第 3.2 节的规定；长期耐久性能应符合现行国家标准《混凝土质量控制标准》(GB 50164—2011)第 3.3 节的规定。

3.3.6　运输及交货检验

1. 运输

在运输过程中，发车速度对混凝土质量有明显影响。合理的发车速度可避免混凝土因运输时间过长而发生明显变化，减少因压车或断车造成的不必要的质量问题或事故，节约设备及能源，增加效益，同时体现良好的服务为企业赢得信誉。预拌混凝土的运输一般由生产企业负责，因此，企业应做好预拌混凝土从装料、运送至交付的有关工作。

① 预拌混凝土采用搅拌运输车运送至交货地点，混凝土搅拌运输车应符合相关标准的规定。

② 搅拌运输车在装料前应排尽罐内积水和杂物，装料后严禁向搅拌罐内的混凝土拌合物中加水。

③ 每车混凝土拌合物必须经出厂质检员检验(稳定时可以目测方式)，符合要求后方可出厂。

④ 在运输及现场等候卸料期间，为使拌合物不产生分层、离析现象，运输车搅拌罐体应始终保持每分钟 3～5 转的慢速转动，卸完料前不得停转。

⑤ 在运输过程中，当发生故障、堵车、交通事故等影响混凝土正常运输时，运输司机应及时将情况告知现场服务人员和车队长。

⑥ 卸料前，应采用快挡旋转搅拌罐不少于 20 s。当混凝土坍落度不能满足施工要求时，可在运输车罐内加入适量的与原配合比相同成分的减水剂。减水剂加入量应事先由试验确定，并应做好记录。加入减水剂后，搅拌运输车罐体应快速旋转搅拌均匀，并应达到要求的工作性能后再泵送或浇筑。

⑦ 预拌混凝土从搅拌机卸入搅拌运输车至卸料时的运输时间不宜大于 90 min，如需延长运送时间，则应采取相应的技术措施，并应通过试验验证。

⑧ 冬夏寒冷高温季节，混凝土运输车罐体应用毡被包裹保温隔热。

⑨ 合理调配混凝土运输车辆，确保混凝土的运送频率能够满足施工的连续性，并应通过 GPS 系统或通信联络，及时解决车辆积压或断料问题。对于施工速度较慢的部位，运载量不宜过多，以防卸料时间过长影响施工及混凝土质量。

⑩ 在运输过程中应采取措施保持车身清洁，不得洒落混凝土污染道路；在离开工地前，必须将料斗壁上的混凝土残浆冲洗干净后，方可驶出工地。

⑪ 做好运输司机的安全、文明驾驶教育，确保混凝土的运送正常进行。

⑫ 运输司机做好预拌混凝土"发货单"的签收和归档工作。预拌混凝土"发货单"是供需双方交

货检验和结算的重要凭证,因此,每车混凝土出厂时,生产企业必须逐车打印"发货单"。"发货单"内容至少应包括合同编号、供货单编号、需方及工程名称、浇筑部位、混凝土设计等级、供货日期、供货数量、运输车号、发车时间及供方名称等。交货完毕,由需方指定的验收负责人在"发货单"上签字,经签字的"发货单"才能作为供货量结算和运费结算的依据,因此,运输司机必须及时做好"发货单"的签收工作,并妥善保管,及时上交结算管理部门归档。

2. 交货

对于预拌混凝土企业来说,混凝土运送到施工现场即使交货顺利,而且交货检验强度满足设计要求,但这并不意味着质量义务的终结。若最终成品出现质量问题,经确认为供方责任的,供方要为此付出经济和名誉代价。因此,加强混凝土交货过程的质量控制和施工过程监视很有必要,可预防一些质量问题的发生或掌握一些质量问题发生的原因。

(1) 交货检验

《预拌混凝土》(GB/T 14902—2012)标准规定:预拌混凝土的质量验收应以交货检验结果为依据。因此,交货检验对于预拌混凝土生产企业来说是一项十分重要的工作,企业应安排熟悉交货检验规则及相关检验方法的人员到施工现场做好交货检验工作,努力做到服务让需方满意,塑造良好的企业形象。

混凝土运输车进入施工现场交付时,现场服务人员应主动配合需方做好交货检验工作。目前,有许多工程实行三方见证取样。方法:由需方负责在建设或监理单位的监督下,会同供方对进场的每一车预拌混凝土进行联合交货验收。验收内容包括:出厂时间、进场时间、数量、拌合物性能(如坍落度、含气量检验等),同时由需方负责按照标准规范要求制作试件。验收通过后,三方代表共同在预拌混凝土交货验收记录表上签字,并由需方存档。

① 检验项目

A. 对常规品检验混凝土强度、坍落度和设计要求的耐久性能;对掺有引气型外加剂的混凝土还应检验其含气量。

B. 对特制品除检验以上所列项目外,还应按相关标准和检验合同规定检验其他项目。

② 取样与检验频率

A. 混凝土交货检验应在交货地点取样,交货检验试样应随机从同一运输车卸料量的 1/4~3/4 之间采取。

B. 混凝土交货检验取样及坍落度试验应在混凝土运到交货地点时开始算起 20 min 内完成,试件制作应在混凝土运到交货地点时开始算起 40 min 内完成。

C. 混凝土强度检验的取样频率:

a. 每 100 盘,但不超过 100 m³ 的同配合比混凝土,取样次数不应少于 1 次;

b. 每一工作班(8 h)拌制的同配合比混凝土,不足 100 盘和 100 m³ 时,其取样次数不应少于 1 次;

c. 当一次连续浇筑的同配合比混凝土超过 1000 m³ 时,每 200 m³ 取样不应少于 1 次;

d. 对房屋建筑,每一楼层、同配合比的混凝土,取样不应少于 1 次。

D. 每批混凝土试样应制作的试件总组数,除满足混凝土强度评定所必需的组数外,还应留置为检验结构或构件施工阶段混凝土强度所必需的试件。

E. 混凝土坍落度检验的取样频率应与强度检验相同。

F. 同一工程、同一配合比的混凝土的氯离子含量应至少检验 1 次;同一工程、同一配合比和采用同一批海砂的混凝土的氯离子含量应至少检验 1 次。

G. 混凝土耐久性能检验的取样频率应符合现行 JGJ/T 193 的规定。

H. 预拌混凝土的含气量、扩展度及其他项目的取样检验频率应符合国家现行标准和合同的规定。

（2）现场信息反馈

预拌混凝土生产企业应安排经培训具有一定基本专业知识的人员负责交付工作，并将现场信息及时反馈技术质量部门或生产部门。

① 质量情况的反馈

A. 在夏季气温较高、运输路程较长时，如果混凝土坍落度经时损失不能满足施工要求时，或混凝土拌合物存在其他问题时，现场服务人员应及时将信息反馈厂内值班出厂质检人员，以便及时调整混凝土出厂状态。

B. 在浇筑过程中，当混凝土的浇捣部位不同或浇筑工艺不同对混凝土坍落度要求不一样时，现场服务人员应及时将信息反馈厂内值班出厂质检人员。

C. 当发生停电、设备故障等导致停止浇筑，且无法确定恢复施工时间时，为防止已到现场等待交付的车辆混凝土等候时间过长而发生报废或闷罐，现场服务人员应及时与需方沟通，征求需方同意后退货。无论需方是否同意退货，都要及时将信息反馈到厂内相关人员。

D. 施工人员往混凝土拌合物中任意加水，如阻止无效，应及时将信息反馈业务经理、技术负责人或实验室主任，以便通过供需双方管理层的沟通来解决问题。

E. 现场服务人员应经常到达混凝土浇筑地点，监视混凝土浇筑过程，防止不同强度等级的混凝土浇错结构部位，若发生强度等级浇错结构部位情况，应及时阻止，并要求需方写书面情况，无论需方是否写书面材料，现场服务人员都应将经过和浇筑位置记录清楚，并应及时将信息反馈业务经理、技术负责人或试验室主任。

② 供应速度和供货时的反馈

A. 准确掌握现场施工情况，浇筑部位不同往往速度有较大差别，或堵管及移动泵管时间长，或运输出现交通不畅问题等，现场服务人员必须及时将这些信息反馈生产部门或厂内车辆调度，以便更合理掌握发车速度。

B. 为密切配合施工需要，现场服务人员经常与供货司机及车辆调度保持联系，准确掌控供应速度，确保既不断车也不多压车，达到供需的基本平衡。

C. 混凝土浇筑即将结束时，现场服务人员应配合施工人员对混凝土的需要量作出较准确的估方，尽量减少浪费。

（3）现场服务人员工作注意事项

① 到达施工现场必须戴好安全帽，随时注意安全。

② 及时了解工程施工情况，如工程名称、结构部位、强度等级、施工对混凝土拌合物性能的要求，以及供应车辆数量等，做到心中有数。

③ 尽快与需方交货检验人员取得联系，进一步了解施工浇筑情况及不同部位对混凝土拌合物性能的要求，并积极配合做好交货检验工作。

④ 当发生需方不满意的问题时，应根据具体情况做好解释工作，力求获得理解和谅解，并及时将情况向厂内相关领导汇报，以便问题能够得到及时解决，不得和需方人员发生争执，应有换位思考意识。

⑤ 每车混凝土到达现场时，应认真核对磅单上的施工单位、工程名称、结构部位、强度等级是否与本工程需要一致，确认无误且拌合物性能满足施工要求，交货完毕后应在磅单上签字。

⑥ 做好交货见证取样自留试件的成型、标识和养护工作(盖塑料薄膜),负责将试件运回实验室;认真填写"交货检验试件留置记录",并详细记录浇筑过程中出现的各种异常情况,回厂后及时移交资料室保管。

⑦ 当坍落度偏小时,可用减水剂进行调整。调整时减水剂掺量不得超过 2 kg/m³,若仍不能满足施工要求,或坍落度过大已离析时,要求罐车司机立即回厂处理,不得将存在问题的拌合物交付使用。

⑧ 混凝土从出厂时间算起,超过 3 h 或混凝土拌合物状态已发生较大的变化,调整后仍不能满足泵送要求,若需方原因造成,应要求需方尽快处理,若需方无法处理,应要求需方在"供货单"上签字,然后要求司机立即回厂处理,以免混凝土凝结在罐体内。

⑨ 加强按施工图纸结算工程的施工监督,当浇捣部位与供货通知单不一致及供应量有较大差异时,应及时向有关领导汇报,并做好详细记录。

⑩ 坚决杜绝混凝土供应期间现场没人,在换班人员未到达现场时值班人员不得离开岗位;不得上运输车内休息或现场睡觉,严禁擅自脱岗、离岗。

⑪ 发现需方对浇筑后的混凝土结构及试件养护不到位时,应及时与相关人员进行沟通,尽力避免问题的发生。

3.3.7　废水、废渣处理

1. 废水、废渣处理的意义

在混凝土生产过程中会产生大量的废水、废渣,据有关资料统计,生产 1 m³ 混凝土将需要消耗洁净水 0.17 t,平均生产废水废浆 0.03 t。我国每年的混凝土产量超过 15 亿 m³,按此推算,我国每年产生的废水废浆高达 0.5 亿吨。混凝土企业必须处理搅拌站产生的废水、废渣,实现绿色生产,真正实现预拌混凝土搅拌站废水、废渣零排放的目标,走健康可持续发展的道路,达到"节地、节能、节材、节水、保护环境"。

2. 废水、废渣的主要来源

混凝土搅拌站废水不包括生活污水,主要来源有废弃混凝土分离产生的废水;生产、运输设备洗刷水;生产场地冲洗水;部分雨水。

在生产过程中,为了避免残留混凝土带来不利影响,大部分搅拌站通常做法如下:

① 搅拌机在完成当日生产任务后或进行下一批不同型号混凝土的生产任务前,必须立即用清水冲洗干净,避免残留混凝土对搅拌机造成污染和对下一批不同型号混凝土的性能造成不良影响。

② 混凝土运输车在完成两车次输送任务或者同型号混凝土的输送任务后,也必须用清水冲洗运输车罐体,避免残留混凝土硬化结块,造成清洁困难,避免残留的混凝土对下一车次不同型号混凝土性能造成不良影响。

③ 对于砂石输送皮带没有采取全封闭措施,导致在砂石输送过程中,有部分砂石里的灰尘(主要成分是泥)掉落在输送皮带廊下方,造成空间污染,冲洗此部分灰尘会产生一定量的废水。

④ 混凝土运输车在厂区装载完混凝土后,应当经过洗车池清洗轮胎,保证运输道路干净整洁无污染。

混凝土搅拌站废渣主要是冲洗废水后的沉淀物以及分离出来的砂石骨料。对于废渣中的骨料部分可以重复利用。

3. 废水、废渣处理系统

混凝土废水废渣回收、分类设备通常由供水系统、分离设备、砂石输送与筛分系统及浆水搅拌沉淀系统等组成,如图 3-38 所示。

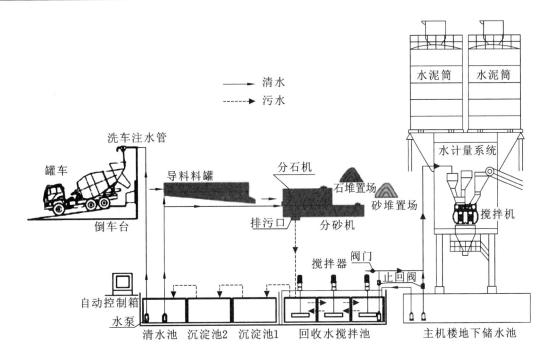

图 3-38　混凝土废水、废渣处理系统示意图

洗车泵抽取经过澄清的回收水，通过洗车注水管注入搅拌车做洗车用水。洗完后的污水及残渣排入泄料槽，借助料槽冲洗水泵抽取搅拌池的污水形成的高速流动水流进入砂石污水回收分级机。砂与石被分级机从污水中分离出来，可重新成为搅拌混凝土的原材料，而污水通过排水槽回到搅拌池。

搅拌池的搅拌器周期性转动，使污水保持均匀不沉淀，通过泥浆泵抽到搅拌楼上的暂存槽里。暂存槽出水口的电磁阀根据主机发出的信号闭合或开启向水计量秤注水，作为搅拌混凝土的材料回到混凝土里。

分离机将根据搅拌车的离开时间自动确定运转时间，运转完成后从清水池抽取清水自动冲洗。冲洗完成后，打开电磁阀门，把分离机内的残余泥浆水全部排空。

搅拌站搅拌池上均安装有搅拌器及池面安全镀锌格板，PLC 软件自动控制搅拌器的运转时间，防止污水沉淀。各个搅拌池和清水池按一定的顺序排列，表面下有水流通道相通，表面上有水泵相连。

4. 废水、废渣处理的主要设施

（1）沉淀池

沉淀池常按水流方向分为平流式、竖流式及辐流式等三种。预拌混凝土生产企业大部分采用平流式沉淀池，平流式沉淀池的池型一般呈长方形或圆形，废水从池的一端流入，水平方向流过池子，从池的另一端流出。沉淀池的出口设在池长的另一端，多采用溢流堰，以保证沉淀后的澄清水可沿池宽均匀地流入出水渠，流入水塘。

（2）滚筒式分离机

将搅拌车倒车至设有洗车车位处，进行加水滚洗后，将废料浆水直接倒入进料斗，由进料斗流入分离机进行清洗、分离。将分离出来的砂石分别送到出砂口与出石口。溢流出来的浆水经排水沟流向沉淀池，通过三级沉淀后再由水泵抽回，循环使用。

当搅拌车需要清洗时，搅拌筒内预先接入一定量的水，然后倒入接料料斗。由于料斗有一定的角度，砂、石被水冲刷流入滚筛，滚筛由电机带动旋转，并在旋转的同时被水冲刷。由于石子和砂子的粒径大小不同,砂子从滚筛筛孔掉入螺旋输送机内,由输送机送到砂出料口排出,进入砂子料仓。石子则由滚筛运送到石子出料口排出,进入石子料仓。清洗后的污水有溢水口排出,流入沉淀池。流程图见图 3-39。

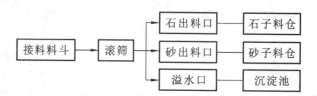

图 3-39 滚筒式分离机工作流程图

（3）螺旋式分离机

采用冲洗加旋分的方式对骨料和污水进行分离,分离出的骨料经振动筛筛分,可将砂子和石子分离重新利用,冲洗分离过程中产生的污水经专用管道排泄至装有自动搅拌器的搅拌池中,也可被重复用于搅拌站的生产。

当搅拌车向回收系统倒料时,搅拌车的进料斗会碰触到清洗架上的行程开关,报警器进行 10 s 报警后,螺旋分离机和搅拌车冲洗泵同时开始工作;再延时 3 s 后,回收站进料斗冲洗水泵开始工作,将高压水通过冲洗管路冲入回收站进料斗中;10 s 报警结束后延时 5 s,回收水池中搅拌器开始工作。搅拌车冲洗水泵自动冲水时间为 1 min,加水结束后可根据需要继续转动搅拌车桶体。待桶体洗刷干净后,反转桶体,将残料卸至螺旋分离机的进料斗中,残余混凝土在螺旋分离机的持续旋转作用和进料槽高压水流的冲击下充分分离。清洗后的污水经回流管回流至搅拌池中,砂石等固体物质则随着螺旋分离机的转动逐步被提升至顶端,然后从螺旋分离机的出料口排出至混合砾石箱中,在混合砾石箱处可安装振动分离筛,将砂子和石子彻底分离,重新利用。

（4）滚筒筛＋螺旋砂石分离机

滚筒筛＋螺旋砂石分离机,首先钢筋笼筛将石子分离出来,再由螺旋叶将砂分离出来,浆水流入搅拌池不沉淀直接代替部分水掺入搅拌机,实现了搅拌车洗车系统、砂石分离系统、泥浆回收系统的全自动运作。该套系统实现了砂石、浆水高性能一次处理,骨材分级,用水量少,污水、废料全面回收利用,实现了零排放,大大节省了资源,降低了环境污染。砂石分离机如图 3-40 所示。

图 3-40 砂石分离机

[知识测试]

（一）填空题

1. 所谓开盘鉴定就是对混凝土生产前期、搅拌、出机一系列过程的（　　　　　）控制。

2. 根据计量斗（也称秤斗或称量斗）中所称量物料种类,计量方式可分为（　　　　　）计量和（　　　　　）计量。

3. 混凝土生产时，每次停机超过（　　　　　）min 就必须将拌合机用清水冲洗干净。

4. 搅拌站试验室的主要职责范围是负责检测项目的抽样、（　　　　）、（　　　　），填写检测报告及对检测报告的复合。

（二）判断题

1. 混凝土搅拌站骨料和粉料一般采用体积计量。（　　　　）

2. 混凝土在搅拌机中的搅拌时间，是从全部材料投完算起。（　　　　）

3. 冬期施工搅拌混凝土时，当骨料不加热时，拌合用水可加热到 60 ℃以上。（
　　）

4. 目前，预拌混凝土搅拌站常用的搅拌机主要为强制式搅拌机。（　　　　）

（三）简答题

1. 简述强制式搅拌机的特点。

2. 混凝土出厂检验项目有哪些？

3. 混凝土搅拌站废水（不包括生活污水）主要来源有哪些？

码 3-6　普通混凝土生产
知识测试答案

3.4　混凝土生产质量控制

［任务描述］　本任务介绍预拌混凝土搅拌站质量控制机构，试验室职责及环境条件，组织机构及人员配备，所用仪器设备等。

［能力目标］　能够完成混凝土的原料、混凝土拌合物的性能等的质量控制。

［知识目标］　掌握混凝土质量控制的方法及流程，掌握试验仪器要求及使用。

［任务工单］

《普通混凝土制备及施工技术》学习任务工单

项目	普通混凝土制备	任务	3.4　混凝土生产质量控制		
队名		班级		学时	2
队长		队员			
工作任务	掌握预拌混凝土搅拌站质量控制机构，试验室职责及环境条件，组织机构及人员配备，所用仪器设备等。				
任务目标	［能力目标］能够完成混凝土的原料、混凝土拌合物的性能等的质量控制。 ［知识目标］掌握混凝土质量控制的方法及流程，掌握试验仪器要求及使用。				
工作方式	每个班级分为 6 个学习小分队，每队 5～6 人，按学习任务进行分工，每人在完成自学后，一起讨论，共同完成任务，并进行任务总结。				
工作记录					

	参与讨论 /(20)	工作数量 /(20)	工作质量 /(20)	团结协作 /(20)	工作结果 /(20)	合计	权重	分值
任务总结								
工作评价 自我评价							30%	
工作评价 同学评价							30%	
工作评价 老师评价							40%	
教师评语					教师签名：			
					年　月　日			

3.4.1　试验室职责及环境条件

1. 试验室职责

预拌混凝土生产企业试验室是企业质量管理、技术开发、成本控制和处理外部技术事务的关键部门，对企业的经济效益和成败影响极大，因此，企业必须牢固确立试验室在企业质量管理体系中的核心地位和作用。

检测试验工作是质量管理中的重要组成部分，也是产品质量科学控制的重要技术手段。客观、准确、及时地检测试验数据，是指导、控制和评价产品质量的科学依据。通过检测试验，可以合理地选择原材料，优化原材料的组合，提高混凝土工程质量，降低生产成本；通过检测试验，可以提高混凝土工程内在和外观质量；通过检测试验，可以正确掌握新材料在混凝土中的应用，为寻求企业获得更好的经济效益起到极为重要的作用。

试验室的人员素质、试验设备、检测能力、技术管理水平的高低，决定和代表了预拌混凝土生产企业的管理水平和企业形象。地方主管部门、质量体系认证机构、建设单位、工程监理及需方等，无不把试验室作为重点检查和考评对象。因此，加强试验室的投入与管理，配备完善且技术先进的试验仪器设备，组建一支技术优异的检测试验团队，不断提高检测试验水平，为顾客提供更好的产品和服务，对企业的生存与发展具有十分重要的意义。

试验室的具体职责范围如下：

① 承担本企业的砂、石、水泥及混凝土等检测试验项目及混凝土生产配合比试配及调整。

② 负责检测项目的抽样、测试、数据整理，填写检测报告及对检测报告的复合。

③ 为所承担检测项目、检测报告出具证书，维护检测纪律，有权拒绝任何人或部门对检测工作或检测结论的干预和不合理要求。

④ 负责本室设备保管、使用、检定、调试、维护与保养。

⑤ 负责收集保管有关检测标准、规范、规程等资料及质检报告、仪器档案的归档。

⑥ 对本企业各生产环节进行质量检查、监督。

⑦ 负责本企业生产产品的出厂检验与统计评定。

⑧ 为本企业用户提供技术服务。

预拌混凝土搅拌站试验室如图 3-41 所示。

图 3-41　预拌混凝土搅拌站试验室

2. 试验室环境条件

① 试验室环境条件是检测试验活动中非常重要的一个子系统,对试验结果及试验人员的健康、安全都有重要影响。因此,试验室应具备所开展试验项目相适应的场所,房屋建筑面积和工作场地均应满足试验工作需要。

② 各试验项目应根据不同的试验需求、仪器设备的数量和大小、需要的操作空间、试验流程合理布置,充分考虑使用功能和各室之间的关系,应能确保试验结果的有效性和准确性,确保相邻区域内的工作互不干扰,不得对检验质量产生不良影响。

③ 试验环境应有利于试验工作的顺利进行,电器管线布置要整齐且具有安全、防火措施;废试件处理应满足环保部门的要求。

④ 各专项试验室必须严加管理,应有停水、停电的应急措施,与试验无关的物品不得存放在试验室内,保持试验室的整齐清洁。

⑤ 试验室的建筑与设施,应能保证环境条件符合国家标准中规定的温度和湿度要求,并做好记录,条件许可时,应配备自动记录仪。检测试验环境条件的技术要求见表 3-7。

表 3-7　检测试验环境条件技术要求

项　　目		温度、湿度控制要求	
		温度(℃)	相对湿度(%)
骨料室		15～30	—
水泥室		20±2	≥50
精密天平室		20±2	≥50
混凝土室	试配、成型	20±5	—
	外加剂检验	20±3	—
外加剂室	密度	20±1	60±5
	pH 值及其他	20±3	60±5
水泥养护池		20±1	—
水泥标养箱		20±1	≥90
标准养护室		20±2	≥95
力学室		20±5	—
混凝土收缩检验及恒温、恒湿箱		20±2	60±5

⑥ 试验工作场所应配备必要的消防器材,存放于明显和便于取用的位置,并应有专人负责管理。

⑦ 试验产生的废弃物、废水、震动和噪声的处置,应符合环境保护和职业健康方面的有关规定。

⑧ 为保证试验操作有足够的空间,试验室的总建筑面积不应少于 200 m²。应设立独立的试验操作间,包括水泥室、养护室、力学室、天平室、留样室、试配室等,并有专用的办公室和资料室,试验操作间和办公室不得混用。

3.4.2 组织机构及人员配置

1. 组织机构

一个工作卓有成效的试验室,在确保质量的前提下所降低的综合成本将远远大于在加强试验室资源投入和管理的费用,从而取得明显的经济效益。所以,在企业的行政组织机构中,必须牢固确立试验室在企业质量管理体系中的核心地位和作用,为使试验室各项工作顺利开展,发挥应有的作用,企业应提供适宜的资源。

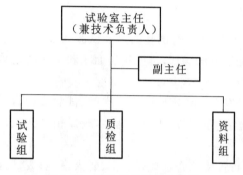

图 3-42 试验室组织机构设置

预拌混凝土生产企业试验室工作范围大,为便于管理,应设置一个合理的组织机构。试验室组织机构设置可参考图 3-42 所示。

2. 人员配置

(1) 人员配备

由于预拌混凝土生产企业是全天候服务的行业,因此试验室作为质量控制和主管的主要部门,应该根据生产规模、工作范围和工作量的需求,科学合理配备相关技术人员,确保检测试验、混凝土生产质量控制、出厂检验和交货检验等工作的正常有序开展。对于混凝土年产量 30 万～40 万立方米的搅拌站,实验室人员配备参考如下:

① 管理人员:试验室主任(兼技术负责人)、副主任各 1 人;

② 试验组:检测试验人员应不少于 6 人;

③ 质检组:出厂检验 2～4 人,现场服务人员(调度、交货)8～10 人;

④ 资料组:资料员 2 人。

(2) 人员素质要求

质量是企业的生命,预拌混凝土生产质量主要依靠试验室来管理和控制。一个试验室的水平高低,很大程度上取决于人员素质与水平,人员素质与水平是保证质量的重要因素,试验室在选任人员时,要注重学历和考察实际的专业能力。

① 试验室主任(兼技术负责人)

应具有相关专业中级以上技术职称,多年的试验工作经验;熟悉预拌混凝土生产工艺,能够根据原材料设计符合有关标准和合同规定的混凝土;具备较丰富的质量管理经验和良好的职业道德;有一定的组织能力,能坚持原则,熟知有关标准和质量法规,业务上有较高的水平。

② 试验室副主任

具备初级以上技术职称,具有良好职业道德,经过专业训练,熟悉混凝土配合比设计和检测技术,熟知有关的标准和规章制度,坚持原则,责任心强。

③ 试验员

a. 具有一定的文化水平,工作认真,实事求是,熟悉控制项目、指标范围及检测方法;

b. 能够熟练操作试验设备,客观、准确地填写各种原始记录;

c. 应及时更新知识,并取得建设行政主管部门核发的岗位证书。

④ 出厂检验员

具有一定的文化水平,责任心强,熟悉混凝土配合比设计、检验规则及混凝土拌合物性能测试,具有较高的混凝土生产配合比调整能力。经专门培训、考核,取得岗位合格证书。

⑤ 交货检验员

具有一定的文化水平,责任心强,熟知预拌混凝土检验规则及混凝土拌合物性能测试。经专门培训、考核合格后上岗。

⑥ 资料员

具有一定的文化水平,应熟悉现行国家、行业有关档案资料管理基础知识和要求,能够严格执行档案资料管理制度,及时、规范地完成各种资料填写、汇总、试验报告的打印和整理归档等工作。

(3)人员管理

① 应建立检测试验人员管理制度,加强人员考勤管理,确保人员实际在岗和相对稳定,关键骨干人员的调动应征求试验室主任意见。

② 建立健全人员档案(一人一档)。内容包括:劳动合同、职务任命文件、岗位资格证书、技术职称、培训与考核记录、简历、学历证、身份证、科研成果、学术论文等。

③ 加强检测试验人员职业道德培训和教育,严格遵守国家法律法规和行业管理规定,规范开展检测试验工作。

3.4.3 试验仪器设备

预拌混凝土生产企业专项试验室,应按照相关产品、检测方法标准、行业和地方规定,确定应具备的原材料、混凝土性能检测试验项目参数。

1. 试验项目

试验室至少应具备表 3-8 所列的检测试验能力。

表 3-8 预拌混凝土企业专项试验室检测能力一览表

材料名称	检测试验项目
水泥	安定性、凝结时间、强度、胶砂流动度、细度等
砂	颗粒级配、含泥量、泥块含量、含水率、堆积密度、表观密度、密度、石粉含量(亚甲蓝法)等,人工砂应增加压碎值指标
石	颗粒级配、含泥量、泥块含量、含水率、堆积密度、表观密度、密度、压碎值指标、针片状颗粒总含量等
粉煤灰	细度、烧失量、需水量比、含水量等
矿渣粉	流动度比、比表面积、烧失量、活性指数、含水量等
外加剂	减水率、含固量、抗压强度比、含气量、凝结时间、细度、限制膨胀率与干缩率、pH 值、泌水率、水泥净浆流动度等
混凝土	配合比设计、表观密度、坍落度、含气量、泌水性、凝结时间、抗压、抗折、抗渗、抗冻、氯离子含量、回弹法测强度等

2. 试验仪器设备

试验仪器设备是试验室开展各项检测活动必不可少的工具和手段,对仪器设备从选型、购置、验收、安装、调试、使用、维护乃至整个寿命周期进行全过程的系统管理,是保证检测数据准确、可靠的必需条件。为此,预拌混凝土生产企业应按照有关现行国家标准规定,配置精度符合要求的试验仪器设备,并保持其正常运转。

1) 一般要求

(1) 各种计量试验仪器设备应经省或市级计量检定机构检定或校准,并保留检定或校准证书。

(2) 在用试验仪器设备的完好率应达到100%,布置摆放合理。

(3) 对大型、精密、复杂的试验仪器设备应编制使用操作规程,并悬挂在操作环境易见的位置。

(4) 对主要试验仪器设备做好使用、维护保养记录。

(5) 应建立试验仪器设备周期校准或检定台账和档案。

(6) 严格执行国家标准,不符合要求的试验仪器设备必须依据新标准更换。

(7) 试验仪器设备宜分为 A、B、C 三类,并分类管理,见表3-9。

A、B类在启用前应进行首次校准或检定,并应制订周期校准或检定计划,按计划执行。

A 类

校准或检定周期应根据相关技术标准和规范的要求及仪器设备出厂技术说明书等,并结合试验实际情况确定。A 类仪器设备为:

① 精密度高或用途重要的试验仪器设备;

② 使用频繁,稳定性差,使用环境恶劣的试验仪器设备。

B 类

校准或检定周期应根据试验仪器设备使用频次、环境条件、所需的测量准确度,以及由于试验仪器设备发生故障所造成的危害程度等因素确定。B 类仪器设备为:

① 对测量准确度有一定要求,但寿命较长、可靠性较好的仪器设备;

② 使用不频繁,稳定性较好,使用环境较好的仪器设备。

C 类

首次使用前应校准或检定,经技术负责人确认可用至报废。C 类仪器设备为:

① 只作一般指标,不影响检测试验结果的仪器设备;

② 准确度等级较低的工作测量器具。

(8) 当试验仪器设备出现下列情况之一时,应进行校准或检定:

① 可能对检测结果有影响的改装、移动、修复和维修后;

② 停用超过校准或检定有效期后再次投入使用;

③ 试验仪器设备出现不正常工作情况;

④ 使用频繁或经常携带运输到现场的,以及恶劣环境下使用的仪器设备。

(9) 当试验仪器设备出现下列情况之一时,不得继续使用:

① 当仪器设备指示损坏、刻度不清或其他影响检测精度时;

② 仪器设备的性能不稳定,漂移率偏大时;

③ 当仪器设备出现显示缺损或按键不灵敏等故障时;

④ 其他影响检测结果的情况。

2）仪器设备的配备

预拌混凝土生产企业试验室仪器设备的配备，应根据有关标准规范、行业规定、检测试验参数，配备必要的检测仪器设备和辅助工具，确保试验仪器设备性能良好，精度符合要求。主要试验仪器设备的配备可参考表 3-9。

表 3-9　预拌混凝土企业主要试验仪器设备的配备

分　类	主要试验仪器设备名称
A 类	* 2000 kN 压力试验机、* 300 kN 压力试验机、* 5000 N 抗折试验机、台秤、案秤、混凝土含气量测定仪、混凝土贯入阻力仪、砝码、游标卡尺、* 恒温恒湿箱（室）、干湿温度计、* 冷冻箱、试验筛（金属丝）、天平、千分表、百分表、* 回弹仪
B 类	* 抗渗仪、雷氏夹、透气法比表面积仪、砝码、游标卡尺、高精密玻璃水银温度计、钢直尺、测量显微镜、* 低温试验箱、水泥维卡仪、* 水泥净浆搅拌机、* 水泥胶砂搅拌机、* 水泥胶砂振实台、水泥流动度仪、混凝土标准振动台、水泥抗压夹具、水泥胶砂试模、干燥箱、混凝土试模、水泥负压筛析仪、pH 值酸度仪、压力泌水仪、贯入阻力仪、试验筛、* 高温炉
C 类	钢卷尺、寒暑表、低准确度玻璃量器、普通水银温度计、雷氏夹测定仪、金属容量筒、沸煮箱、针片状规准仪、振筛机、混凝土搅拌机、压碎指标测定仪、坍落度筒

注：带"＊"设备为应编制使用操作规程和做好使用记录的设备。

3. 试验仪器设备的使用操作规程

主要仪器设备的操作规程见码 3-7。

4. 试验仪器设备标识管理

实验仪器设备的标识管理是检查仪器设备处于受控管理的措施之一。试验室所有试验仪器设备均应有明显的标识来表明其状态。

码 3-7　主要仪器设备
的操作规程

（1）管理卡标识

仪器设备的管理卡标识内容包括：设备名称、设备编号、规格型号、出厂编号、生产厂家、购置日期、管理人员等。

管理卡可用硬质材料和普通纸张塑封制作，不易变形即可，固定在仪器设备上；对于小型仪器，可做成小吊牌系在仪器设备上。

（2）使用状态标识

仪器设备的使用状态标识分为合格、准用和停用三种。具体应用范围如下：

① 合格标志（绿色）

·计量检定合格者；

·设备不必检定，经检查其功能正常者（如计算机、打印机）；

·设备无法检定，经对比或鉴定适用者。

② 准用标志（黄色）

·多功能设备某些功能已丧失，但所用功能正常，且经校准合格者；

·设备某一量程精度不合格，但所用量程合格者；

- 降级使用者。

③ 停用标志(红色)

- 仪器、设备损坏者;

- 仪器、设备经计量检定不合格者;

- 仪器、设备性能无法确定者;

- 仪器、设备超过检定周期者。

5. 试验仪器设备档案管理

为掌握仪器设备的技术状态,便于调查和分析检测试验事故的原因,仪器设备应从购买环节开始建立档案,并实施动态管理,及时补充相关的信息和资料内容。

(1)每年年初,仪器设备管理人员应清查仪器设备,根据清查结果更新试验仪器设备台账;仪器设备完成周期检定或校准后,应及时更新试验仪器设备周期检定或校准登记表;试验仪器设备使用记录应按年度更换,并将上一年的移交资料室保存。

(2)试验仪器设备宜按一机一档的方式建立档案。

(3)同类型的多台(件)小型仪器设备可集中建立一套档案,如千分表、温度计等,但每台(件)应建立唯一管理标识。

(4)仪器设备档案的内容一般包括:

① 仪器设备履历表:设备名称、编号、规格型号、生产厂家、购置日期、购置价格、测量范围、准确度、调配情况、管理人员等;

② 仪器设备的装箱单、说明书、合格证等技术文件;

③ 仪器设备的验收记录、历次检定或校准证书、报告记录;

④ 仪器设备的操作规程、历史使用记录及维护保养、维修记录等。

[知识测试]

(一)单项选择

1. 当一次连续浇筑的同配合比混凝土超过 1000m³ 时,每(   )m³ 取样不应少于一次。

A. 200   B. 300   C. 400   D. 500

2. 混凝土搅拌站试验室的试配及成型室的标准温度是(   )度。

A. 20±2   B. 20±3   C. 20±5   D. 20±1

3. 当多功能设备某些功能已丧失,但所用功能正常,且经校准合格,要标以(   )色的准用标志。

A. 红色   B. 黄色   C. 绿色   D. 橙色

(二)填空题

码 3-8　混凝土质量控制
知识测试答案

1. 水泥标准养护箱的温度为(   )℃,相对湿度为大于或等于(   )。

2. 混凝土搅拌站试验仪器设备宜分为(   )三类,并分类管理。

3. (   )类在启用前应进行首次校准或检定,并应制订周期校准或检定计划,按计划执行。

4. 混凝土搅拌站仪器设备的使用状态标识分为(   )、(   )和(   )三种。

【项目实训】

普通混凝土搅拌仿真操作

1. 任务工单

《普通混凝土制备及施工技术》实训任务工单

项目	普通混凝土制备	实训任务	普通混凝土搅拌仿真操作		
队名		班级		学时	2
队长		队员			
工作任务	利用商品混凝土生产仿真系统,学会混凝土搅拌的开机前的设备状况及生产任务、原料等方面的检查、准备;设备按顺序启动,直至混凝土卸出搅拌机的全过程。				
任务目标	〔能力目标〕　能够利用仿真系统完成混凝土的搅拌操作。 〔知识目标〕　掌握混凝土搅拌中控操作的顺序、步骤及操作要求。				
工作方式	每个班级分为 6 个学习小分队,每队 5～6 人,按学习任务进行分工,每人在完成自学后,一起讨论,共同完成任务,并进行任务总结。				
工作记录					
任务总结					

工作评价		参与讨论 /(20)	工作数量 /(20)	工作质量 /(20)	团结协作 /(20)	工作结果 /(20)	合计	权重	分值
	自我评价							30%	
	同学评价							30%	
	老师评价							40%	

教师评语	教师签名:　　　　　　　　　年　　月　　日

2. 操作步骤

(1) 在主界面中点击启动前检查按钮,对下列每一项进行检查确认:电气控制台所有开关处于正常位置;配料机、皮带机正常;搅拌机检修门、卸料门行程开关正常;搅拌机润滑油脂充足;搅拌站其他润滑油脂充足;粉料筒仓手动蝶阀已打开;水泥、骨料、水、添加剂量充足;强电柜内开关都已合闸;空压机气压 0.4 MPa 以上。

如果每一项后面的方框都为绿色,则表示允许生产,点击每一项后面的"确认"两字,使其由红色变为绿色。如果哪项指标的方框显示红色,则应去检查其对应的设备状态。

(2)打开电控柜界面:

将电控柜上侧的空气开关都向上推到"ON"位,接通设备供电。

在左侧,选择主空压机或备用空压机,点击启动按钮,空压机启动后,气压状态指示灯变绿,电压表应显示 380 V 电压,随着设备的运行,电流也会有相应变化。

(3)接通设备电源后,打开任务单界面,查看是否有生产任务分配下来:

如果有任务分配下来,界面会出现已下传任务和红色箭头。

(4)打开配料界面:

每条生产线被分配任务后,对应的各种配料的配方比例会自动下传到配料界面。操作者要根据下传下来的每种配料的比例设定每种配料的重量。

调整四种骨料的下料顺序和每种骨料的放料时间间隔。还可以根据需要设定四种骨料的超差暂停比例,当下料重量超过了设定的超差比例,骨料配料系统会自动暂停。

(5)进入生产的中控界面,按照要求进行生产操作。

① 首先检查设备状态,设备红色表示未运行,绿色表示已运行。其他颜色表示设备跳闸或故障停机。确定所有设备在生产前是送电备妥未运行状态。

② 根据工艺需求,设定骨料时间、待料斗时间、搅拌时间、半开时间和全开时间。

③ 确定右下角四个按钮,"手动模式"、"暂停配料"、"暂停投料"、"禁止出料"这四个功能都没有启用。

手动模式:是指所有设备进行手动启停操作,不按照自动配料、搅拌、卸料程序进行。

暂停配料:是指在生产进行中,暂停骨料、粉料、添加剂等配料这些下料设备的运行。

暂停投料:是指暂停骨料、粉料、待料斗中的物料向搅拌机内下料的动作。

禁止出料:是指暂停物料从搅拌机内卸出,禁止搅拌机卸料阀开启。

④ 检查每种配料的设定值都是符合配方比例要求的。

确定好以上信息后,点击"循环启动"或"单盘启动"来启动整条生产线。

单盘启动:是指整个生产线从四种骨料开始下料,水泥、粉料、液体添加剂和水这些配料开始下料并称量,进入待料斗,接着进入搅拌机搅拌,再到出料装入罐车,整个流程只运行一次,即搅拌机只出一盘料。

循环启动:是指整条生产线从下料、称量、混合、搅拌、出料这些步骤循环运行,除非点击取消生产或暂停配料、投料,又或禁止出料,否则整个生产循环进行,直到完成设置的生产任务。

⑤ 生产过程中要观察每个罐车内的方数,当罐车已满时,应暂停生产。时刻观察下料状态,判断混凝土质量,并通过扣水量来微调。

⑥ 当某些设备出现故障时,要依据情况暂停生产,进行维修。当产品质量出现问题时,应暂停生产,进行检查和调整。

(6)设备启动的工艺顺序

① 首先启动搅拌机电机,使搅拌机开始运行。

② 搅拌机运行后,依次启动输送骨料的斜皮带和水平皮带输送机,注意应严格按照搅拌机—斜皮带—平皮带的工艺顺序要求启动。

③ 启动骨料配料秤

系统中有四种骨料,分别为:S1,粗砂;S2,细砂;G1,粗骨料;G2,细骨料。

每种骨料配料秤上方有配料量的设定值和反馈值。每种骨料进行下料时,两个下料口全开,当下料量达到设定值的 70% 时,其中一个下料口自动关闭;当下料量反馈值达到设定值时,另一个下料口自动关闭。

④ 水泥、粉料及粉体外加剂的下料

水泥、粉料、粉体外加剂下料需要启动库底螺旋输送机,当下料量反馈值达到设定值,螺旋输送机自动停止。

⑤ 水及液体外加剂的下料

本系统有两种液体外加剂箱、一个水泵和一个废水泵。可以选择使用水和循环废水的比例,启动输送泵后,管道出口阀门连锁启动,当下料量反馈值达到设定值时,输送泵与阀门自动关闭。

⑥ 配料完成后,向搅拌机下料

当骨料、水泥、粉料、水和外加剂都进入待料斗,完成配料之后,开启四个待料斗下的气动阀门,配料进入搅拌机。骨料、水泥和粉料阀门先打开,而后水箱下的阀门打开,加压泵启动,向搅拌机内喷淋。

⑦ 搅拌与出料

码 3-9　商品混凝土搅拌仿真操作视频

配料全部进入搅拌机后,搅拌机按照事先设定的搅拌时间搅拌混合料。

搅拌完成后,搅拌机下料口全开;全开时间过后,搅拌机下料口半开;半开时间过后,搅拌机下料口关闭。

【项目评价】

普通混凝土制备项目评价表

评价模块	评价内容	完成情况	分值
3.1　原材料的验收与储备	1.掌握原料验收与储存的要求; 2.能够完成混凝土搅拌站的原材料进场的验收与储存工作		(满分20)
3.2　混凝土生产调度	1.掌握混凝土生产调度的要求及工作内容; 2.能够完成混凝土搅拌站调度工作日记的填写		(满分10)
3.3　普通混凝土生产	1.掌握混凝土生产的开盘鉴定、原料计量、输送、混凝土搅拌、出厂检验及交货验收等的内容及要求; 2.能够绘制混凝土生产的工艺流程		(满分30)
3.4　混凝土生产质量控制	1.掌握混凝土生产的质量控制项目及要求; 2.能够完成混凝土拌合物及硬化混凝土的性能检测		(满分20)
实训:普通混凝土搅拌仿真操作	1.掌握普通混凝土生产操作过程及要求; 2.能够完成预拌混凝土搅拌的仿真操作		(满分20)
合计			

项目 3 参考文献

1. 纪明香,初景.预拌混凝土生产及仿真操作[M].天津:天津大学出版社,2018.

2. 杨绍林,邵宇良,韩红明.预拌混凝土企业检测试验人员实用读本[M].3 版.北京:中国建筑工业出版社,2016.

3. 杨绍林,张彩霞.预拌混凝土生产企业管理实用手册[M].2 版.北京:中国建筑出版社,2012.

4. 杨红霞.商品混凝土质量与成本控制技术[M].北京:中国建材工业出版社,2014.

5. 隋良志,李玉甫.建筑与装饰材料[M].4 版.天津:天津大学出版社,2017.

6. 刘冬梅.水泥及混凝土检验员常用标准汇编[M].北京:中国建材工业出版社,2016.

项目 4 混凝土的运输及泵送

【项目描述】

通过本课程的学习,使学生了解混凝土搅拌运输车的维护与修理,基本熟知搅拌运输车及泵车的故障及排除方法;掌握混凝土搅拌运输车及泵车的构造及工作原理。

【项目目标】

知识目标:

1. 了解混凝土搅拌运输车的维护与修理;

2. 基本熟知搅拌运输车及泵车的故障及排除方法;

3. 掌握混凝土搅拌运输车及泵车的构造及工作原理。

能力目标:

1. 熟悉混凝土搅拌运输车及泵车的构造及工作原理;

2. 能根据搅拌运输车及泵车出现的非正常现象,正确判断故障出现的原因及排除方法;

3. 能基本认知搅拌运输车和泵车的主要构件及作用。

素质目标:

1. 具备团队合作意识,善于沟通交流,肯钻研;

2. 熟悉生产设备的运营基本原理、生产流程、行业企业的相关标准和规范;

3. 学会利用现代信息技术进行数据记录、文档处理、相关资料查阅和生产中的实际问题解决。

【项目实施】

预拌混凝土的运输及泵送是混凝土生产及使用过程中两个重要环节,掌握搅拌运输车构造及工作原理、搅拌运输车的日常维护、常见故障的判断及处理是保证混凝土质量的一个重要组成部分;运输到现场的混凝土经过混凝土泵(简称泵车或泵)送到施工相应的建筑部位并浇筑成型。

4.1 混凝土的运输

[任务描述] 本任务介绍搅拌运输车构造及工作原理、搅拌运输车的日常维护及常见故障的正确判断与处理。

[能力目标]

1. 熟悉搅拌运输车的构造及工作原理;

2. 会进行搅拌运输车的日常维护和管理;

3. 能正确判断搅拌运输车的常见故障并进行排除。

[知识目标]

1. 掌握搅拌运输车的构造及工作原理；

2. 了解搅拌运输车的日常维护与简单修理；

3. 正确判断搅拌运输车的常见故障。

[任务工单]

《普通混凝土制备及施工技术》学习任务工单

项目	混凝土的运输及泵送		任务		4.1　混凝土的运输	
队名		班级				学时
队长		队员				
工作任务	混凝土的运输是商品混凝土生产过程中一个重要环节，掌握搅拌运输车的构造及工作原理、搅拌运输车的日常维护及常见故障的正确判断是保证混凝土质量的一个重要组成部分。					
任务目标	1. 掌握搅拌运输车的构造及工作原理； 2. 了解搅拌运输车的日常维护与简单修理； 3. 对搅拌运输车常见故障的正确判断。					
工作方式	每个班级分为 6 个学习小分队，每队 5～6 人，按学习任务进行分工，每人在完成自学后，一起讨论，共同完成任务，并进行任务总结。					
工作记录						
任务总结						

工作评价		参与讨论 /(20)	工作数量 /(20)	工作质量 /(20)	团结协作 /(20)	工作结果 /(20)	合计	权重	分值
	自我评价							30％	
	同学评价							30％	
	老师评价							40％	

教师评语	
	教师签名： 　　　年　　　月　　　日

混凝土的输送包含两个环节：一是从混凝土搅拌站到建筑工地的输送，被称为外部输送，即利用混凝土搅拌车的运输；二是在施工现场，从混凝土运输车到工作面的输送，称之为内部输送，即混凝土的泵送。

混凝土从搅拌站到施工现场的外部交通环境对混凝土的运输及混凝土工程的施工质量有一定程度的影响。在一些重要工程施工时，特别是搅拌运输车须经过交通拥挤地段时，要考虑混凝土的外部运输，制订周密的运输计划，必要时还应准备应急方案。

商品混凝土的外部输送通常采用搅拌车，在输送过程中不停翻动，以保持新拌混凝土的均匀性，应做好以下工作：

① 应充分估计从混凝土搅拌站到施工工地的运输时间，并以此为根据，确定新拌混凝土的各种性能。新拌混凝土的性能会随时间而变化，新拌混凝土的流动性随着时间的延长，减少的趋势比较突出，即有坍落度损失。对于运输过程中坍落度的损失必须给予充分的重视，并以此为依据，确定出机时的混凝土坍落度损失、凝结时间等性能的控制指标，确保到达工地后能满足施工要求。

② 根据城市的交通状况，以及本单位的技术水平，确定有效的供应范围。混凝土从搅拌站运出时，还仅仅是一个半成品，其性能会随时间而变化，所以在考虑经济效益基础上，更应考虑混凝土性能的不稳定性，从而确定有效的供应范围。

③ 采取有效的技术措施，控制新拌混凝土到达施工现场时的质量。由于混凝土具有较强的时效性，应采取有效的措施控制这一变化。从技术层面上，可采取以下措施：

a. 采取有效的保温措施，控制新拌混凝土的性能变化速度；

b. 采取适当的缓凝措施，减少坍落度损失；

c. 采取加冰方法，控制水泥的水化过程。

④ 准备必要的预备方案，以防意外的交通堵塞。

a. 施工前，应制订周密的施工进度计划，使搅拌站能有计划地组织生产，安排外部运输。

b. 充分做好浇筑前的准备施工组织工作，保证混凝土运到时能及时卸车浇筑，控制长时间压车；出现压车现象时，应及时通知搅拌站，暂停生产。

c. 在繁华区域施工或外部运输须经过交通繁忙地段时，应尽量错开时间施工，以减少外部运输的不可控性。

4.1.1　搅拌运输车的构造及工作原理

混凝土的商品化及其供应方式，势必要把混凝土从站（楼）输送到各个需求工地，故会相应出现较长的运距。当混凝土的输送距离（或输送时间）超过某一限制时，仍然使用一般的运输机械进行输送，混凝土就可能在运输途中发生分层离析，甚至出现初凝现象，严重影响混凝土质量。因此，为了适应商品混凝土的输送，发展了一种混凝土专用运输机械——混凝土搅拌运输车。

混凝土搅拌运输车是一种长距离运送混凝土的专用车辆，在汽车底盘上安置一个可以自行转动的搅拌筒，搅拌车在行驶的过程中，混凝土仍能进行搅拌，所以，它是具有运输与搅拌双重功能的专用车辆。混凝土搅拌运输车如图 4-1 所示。

1. 混凝土搅拌运输车的分类

（1）按用途分类

① 搅拌运输车

运送拌和好、质量符合施工要求的混凝土拌合物，搅拌筒进行低速转动，防止混凝土离析及其与

图 4-1 混凝土搅拌运输车

筒壁黏结,即搅拌运输车。

② 干料搅拌车

装运在配料站里按设计配比配合好的干混合料(水泥、砂、石子混合物),在即将到达施工地点时,按要求在搅拌筒中注入定量拌合水,并使搅拌机以标准速度转动,在路途中完成搅拌全过程(加水后搅拌筒总转数不少于 50 r),待达到工地后卸料浇注入模或通过混凝土泵注入模内,这种搅拌车称干料搅拌车。

③ 半干料搅拌车

运送半干料(即在配料站里按设计配合比混合好的水泥、砂、石子及部分拌合水的拌合物),在运送途中,搅拌筒以低速转动,同时在筒中注入不足的拌合水,待搅拌筒总转数达到 7～100 r 时,便完成了搅拌全过程,这种搅拌车称半干料搅拌车。

后两种运输车主要适用于运距大、浇注作业面分散的工程,以避免由于运输时间过长所带来的不良影响。

(2)按搅拌筒的公称容量分类

分为 1 m、1.5 m、2 m、2.5 m、3 m、4 m、4.5 m、5 m、6 m、7 m、8 m、9 m、10 m、12 m 等 14 个档次。

(3)按运载底盘结构形式分类

分为普通载重汽车底盘搅拌运输车和专用半拖挂式底盘搅拌运输车。

(4)按混凝土搅拌装置的搅拌传动形式分类

分为机械传动的搅拌运输车、液压传动的搅拌运输车、液压-机械混合传动搅拌运输车。

(5)按动力配置类分

分为共用动力的搅拌运输车和独立驱动的搅拌运输车。

(6)按其行走方式类分

分为自行式混凝土搅拌运输车和拖式混凝土搅拌运输车。

2. 混凝土搅拌运输车构造及工作原理

(1)混凝土搅拌运输车的整车构造

混凝土搅拌运输车由汽车底盘和混凝土搅拌运输专用机构组成。专用机构主要包括搅拌筒、进出料装置、液压系统、前后支架、减速机、操纵机构、清洗系统等。混凝土搅拌运输车的整车构造如图 4-2 所示。

码 4-1 "混凝土搅拌运输车的组成"动画

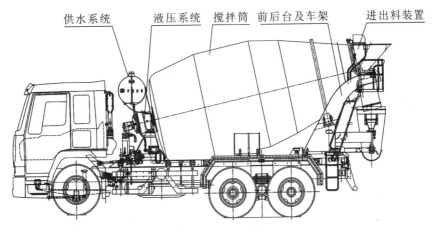

供水系统　　液压系统　搅拌筒　前后台及车架　　进出料装置

图 4-2　混凝土搅拌运输车的整车构造

（2）搅拌筒的工作原理

当搅拌筒正转时，混凝土将被叶片连续不断地推送到搅拌筒的底部。显然，到达筒底的混凝土又会被搅拌筒的端壁顶推翻转回来，这样在上述运动的基础上，又增加了混凝土上、下层的轴向翻滚运动，混凝土就在这种复杂的运动状态下得到搅拌。当搅拌筒反转时，叶片的螺旋方向也相反，这时混凝土即被叶片引导向搅拌口方向移动，直至筒口卸出。总之，搅拌筒的转动，带动连续的螺旋叶片所产生的螺旋运动，使混凝土获得"切向"和"轴向"的复合运动，从而使搅拌筒具有搅拌或卸料的功能。

码 4-2　"混凝土搅拌运输车的工作原理"视频

根据搅拌筒的构造及工作原理，可以对搅拌运输车的各工况描述如下：

a. 装料。搅拌筒在驱动装置带动下，做转速为 6～10 r/min 的"正向"转动，混凝土或拌合料经料斗从导管进入搅拌筒，并在螺旋叶片的引导下流向搅拌筒中下部。

b. 搅拌。对于加入搅拌筒的混凝土拌合料，在搅拌输送车行驶途中或现场，使搅拌筒以 8～12 r/min 的转速"正向"转动，拌合料在转动的筒壁和叶片带动下翻跌推移，进行搅拌。

c. 搅动。对于加入搅拌筒的预拌混凝土，只需搅拌筒在运输途中以 1～3 r/min 的转速"正向"转动。此时，混凝土只受轻微的扰动，以保持混凝土的均质。

d. 卸料。改变搅拌筒的转动方向，并使之获得 6～12 r/min 的"反向"转速，混凝土流向筒口，通过固定和活动卸料溜槽卸出。

（3）混凝土搅拌运输车的主要组成

① 驱动控制系统——底盘发动机取力方式

驱动控制系统作用：通过全功率驱动器将发动机动力取出，经液压系统驱动搅拌筒，搅拌筒在进料和运输过程中正向旋转，以利于进料和对混凝土进行搅拌，在出料时反向旋转，在工作终结后切断与发动机的动力连接。搅拌运输车驱动控制系统如图 4-3 所示。

码 4-3　"混凝土搅拌运输车的构造及主要组成"视频

② 液压系统

液压系统的主要功能是将驱动控制系统动力转化为液压能（排量和压力），再经马达输出为机械能（转速和扭矩），为搅拌筒转动提供动力。三合一式液压系统如图 4-4 所示。

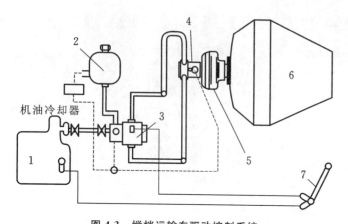

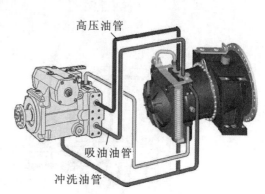

图 4-3 搅拌运输车驱动控制系统

1—发动机;2—油箱;3—油泵;4—液压马达;

5—减速器;6—搅拌筒;7—操纵杆

图 4-4 三合一式液压系统

③ 搅拌系统

搅拌系统主要由搅拌筒及其辅助支撑部件组成。搅拌筒是混凝土的装载容器,转动时混凝土沿叶片的螺旋方向运动,在不断地提升和翻动过程中受到混合和搅拌。在进料及运输过程中,搅拌筒正转,混凝土沿叶片向里运动。出料时,搅拌筒反转,混凝土沿着叶片向外卸出。叶片是搅拌装置中的核心部件,损坏或严重磨损会导致混凝土搅拌不均匀。

a. 搅拌筒的外部结构(自落式斜筒型运输车)。特点:为梨型结构;同一筒口进出料;为双锥体壳体;底部有法兰连接减速器;有环形滚道、护绕钢带等。搅拌筒构造图如图 4-5 所示。

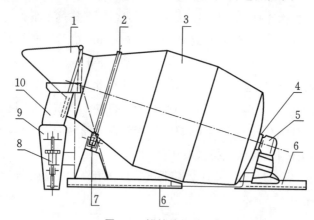

图 4-5 搅拌筒构造图

1—装料斗;2—环形滚道;3—滚筒壳体;4—连接法兰;5—减速器;

6—机架;7—支承滚轮;8—调节机构;9—活动卸料溜槽;10—固定卸料溜槽

b. 搅拌筒的内部结构。搅拌筒内部有两条带状螺旋叶片,辅助搅拌叶片,如图 4-6 所示。

螺旋叶片的螺距大小不同,出料速度也不同。螺距大,叶片圈数少,出料速度快,但叶片磨损大;螺距小,叶片圈数多,出料速度相对较慢,磨损小。搅拌筒的内部螺旋如图 4-7 所示。

c. 搅拌筒的筒口结构。筒口被进料导管分隔为两部分,中心为进料口,环形空间为出料口。进料导管的作用:防止混凝土外溢,保护筒壁和叶片,形成卸料通道。搅拌筒的筒口结构如图 4-8 所示。

d. 搅拌筒的加料和卸料装置。加料斗为广口漏斗,斗体为半锥体,固定卸料溜槽、活动卸料溜槽形成卸料通道。搅拌筒的加料和卸料装置如图 4-9 所示。

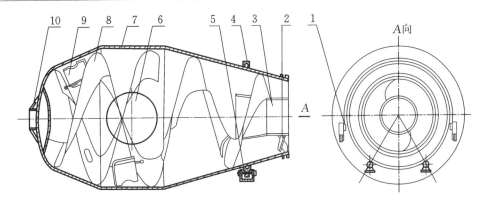

图 4-6　搅拌筒的内部结构

1—夹卡套;2—辅助叶片;3—进料管;4—滚道;5—托轮;

6—人孔;7—筒体;8—叶片;9—辅助搅拌叶片;10—连接法兰

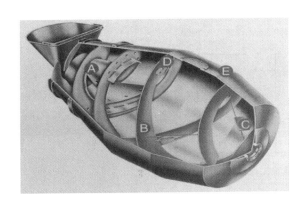

图 4-7　搅拌筒的内部螺旋

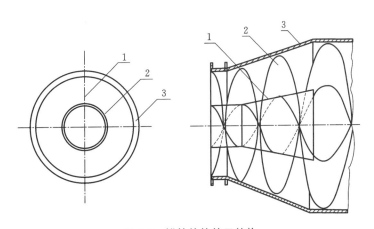

图 4-8　搅拌筒的筒口结构

1—螺旋叶片;2—进料导管;3—筒壁

　　搅拌车装料系统工作原理流程如图 4-10 所示,搅拌车卸料系统工作原理流程如图 4-11 所示。

　　④ 供水系统

　　供水系统的主要作用是清洗搅拌筒,有时也用于运输途中进行干料搅拌。清洗系统还对液压系统起冷却作用。供水系统分为液压供水方式和气压供水方式,液压供水方式组成包括:水泵、驱动装置、水箱、量水器等;气压供水方式组成包括:密闭压力水箱、闸阀、水表等。

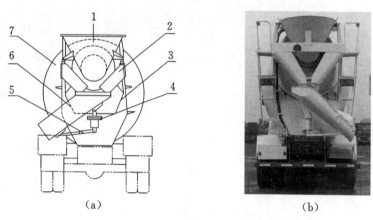

图 4-9　搅拌筒的加料和卸料装置

(a)构造图;(b)实物图

1—加料斗;2—固定卸料溜槽;3—门形支架;4—活动溜槽调节转盘;

5—活动溜槽调节臂;6—活动卸料溜槽;7—搅拌筒

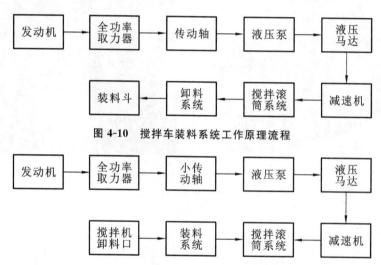

图 4-10　搅拌车装料系统工作原理流程

图 4-11　搅拌车卸料系统工作原理流程

⑤ 散热系统

散热系统采用高温循环油液压泵,液压马达在工作过程产生的热量通过散热片和风扇散发出去,避免高温造成液压系统损坏和工作失常。

3. 混凝土搅拌运输车的性能指标

混凝土搅拌车性能指标主要包括容积、搅拌筒转速、运输时间、装料时间、出料时间、进料口和出料口尺寸等。以 6 m³ 运输搅拌车为例,其装料时间为 40～60 s,卸料时间为 90～180 s,搅拌筒头端开口宽度应大于 1050 mm,卸料溜槽宽度应大于 450 mm;在运送途中,搅拌筒应保持 3～6 r/min 的慢速转动;运输时间应按国家现行标准《预拌混凝土》的有关规定执行,即混凝土出机温度在 25～35 ℃时运输延续时间为 50～60 min;出机温度在 5～25 ℃时,运输延续时间为 60～90 min;筒壁及叶片须用耐磨、耐腐蚀的优质材料制作,有适当的厚度;备用完善的安全防护装置;操作简单、清洗方便、性能可靠,维修保养容易。

相关参数如下:

搅动容量:输送车能够运输的普通混凝土经捣实后的最大体积,单位为 m³;预拌混凝土容积密度按 2400 kg/m³ 计算。

进料速度:平均每分钟从搅拌站(或配料站)进入输送车搅拌筒的预拌混凝土的体积,单位为 m^3/min。

出料速度:搅拌筒以规定的卸料速度旋转,平均每分钟从输送车卸出的混凝土经捣实后的体积,单位为 m^3/min。

出料残余率:出料后残留在输送车搅拌筒内的混凝土与装载搅动容量混凝土的质量之比,用百分比表示。

混凝土搅拌运输车的公称搅动容量:指混凝土搅拌运输车运送的预拌混凝土经捣实后的最大体积,单位为 m^3/min。

4.1.2　搅拌运输车的保养与维护

1. 混凝土搅拌运输车的操作要点

混凝土运输车的正确使用,是保证车辆整车运行或少出故障、提高车辆利用率的必要条件之一,也是混凝土输送过程中不容忽视的重要环节。对于运输车的一般性操作和使用要点,可以归纳为以下几个方面:

① 混凝土搅拌运输车操作者必须经过专业培训。

② 新车投入使用前必须进行试车,需要检查传动系统、操纵系统和供水系统是否工作正常;减速箱是否有异常响声;附件、随车工具是否齐全等。用于速拌或车拌混凝土时,须根据制造厂家提供的速拌或车拌混凝土性能试验合格报告,经全面验收后方可使用。

③ 混凝土搅拌运输车的搅拌筒旋转方向一般规定如下(面向车尾看):顺时针旋转时,进料、搅拌和搅动;逆时针旋转时,出料。

④ 混凝土搅拌运输车进料前,应先排净筒内的积水及污物。混凝土搅拌车的进料速度不应小于 $2.7\ m^3/min$。

⑤ 搅拌车能运输坍落度为 40~210 mm 的预拌混凝土,骨料的最大粒径:碎石为 40 mm;卵石为 60 mm。

⑥ 行驶前,要确定所有的锁紧、固定和夹紧装置都处于"行驶"位置,并应事先对混凝土行经路线的桥涵、洞口及架空管线等设施进行详细了解,以免妨碍通行。

⑦ 运输途中,不得出现混凝土外溢现象,搅拌筒不得停止转动,以免混凝土离析。运输车的梯子、平台等不得用于搭送人员。

⑧ 运输车到达工地出料前,应先使搅拌筒以最大转速(14~18 r/min)转动 1~2 min,并使搅拌筒完全停止转动后再进行反转出料。

⑨ 搅拌车在施工现场出料完毕,返回搅拌站前,应用随车配带的软管放水,并将进料口、出料斗及出料溜槽等部位冲洗干净,除去黏结在车身各处的泥污及混凝土;再向搅拌筒内注入 150~200 L 的清水,在返回途中要让搅拌筒慢速转动,以清洗搅拌筒内壁,避免残余的废料、废渣附着在筒壁和搅拌叶片上。

⑩ 每天工作结束后,应向搅拌筒内注入适量清水,并使搅拌筒以最大转速转动 5~10 min,然后排放干净,以确保筒内清洁。

⑪ 当用压力水喷洗搅拌车和冲刷筒内外各处油污及混凝土的黏结块时,应注意避开指示仪表,不得使用任何腐蚀性强的清洗剂或高压蒸汽冲洗,以免损坏油漆面层。

⑫ 液压系统的压力应符合规定要求,不得擅自调整。液压油的油量、油质和油温应符合使用说明书中的规定要求。

⑬ 运输车应能在 0~40℃ 的环境温度下正常工作。运输车满载下完成一个工作循环(即进料、搅

拌、搅动、运输和出料），在此工作循环内液压系统内液压油的温度不得超过 40℃。

⑭ 运输车从进料、输送到卸料完毕允许的最长时间为 90 min 或搅拌筒旋转 300 r（取其中时间短者），在夏季或输送快速干硬性混凝土时，输送时间应按制造厂的规定相应缩短。一般情况下，当环境温度高于 25 ℃的夏季，运输车的输送时间不应超过 1 h；当环境温度低于 25 ℃时，输送时间不应超过 1.5 h。

⑮ 应保证压力水箱内装满水，以备紧急需要。

⑯ 冬季施工时，应切实做到：开机前，检查水泵是否结冰；每日工作结束后，必须按照程序将积水排尽。

⑰ 在运转中发现故障或有异常噪声时，必须及时检查并加以排除。

⑱ 不得将手伸入转动着的搅拌筒内及出料溜槽与加长溜槽的连接部位，以免发生安全事故。

⑲ 当铲除黏结在进料口、出料斗和搅拌筒滚轮等处的混凝土结块时，必须使搅拌筒完全停转。

⑳ 运输车应建立机械档案，操作者工作结束后，应认真、如实填写工作日志，对故障次数及排除情况等均应进行记录。

2. 搅拌运输车进出料口的清洗

由于混凝土会在短时间内凝固成硬块，且对钢材和油漆有一定的腐蚀性，所以每次使用混凝土贮罐后，洗净黏附在混凝土贮罐及进出料口上的混凝土是每日维护必须认真进行的工作。其中包括：

① 每次装料前用水冲洗进料口，使进料口在装料时保持湿润。

② 在装料的同时向随车自带的清洗用水水箱中注满水。

③ 装料后冲洗进料口，洗净进料口附近残留的混凝土。

④ 到工地卸料后，冲洗出料溜槽，然后向搅拌筒内加清洗用水 150～200 L；在车辆回程时保持混凝土贮罐正向慢速转动。

⑤ 下次装料前切记放掉混凝土贮罐内的污水。

⑥ 每天收工时彻底清洗混凝土贮罐及进出料口周围，保证不粘有水泥及混凝土结块。以上这些工作只要一次不认真进行，就会给以后的工作带来很大的麻烦。

3. 驱动装置的维护

驱动装置的作用是驱动混凝土贮罐转动，它由取力器、万向轴、液压泵、液压马达、操纵阀、液压油箱及冷却装置组成。如果驱动装置因故障停止工作，混凝土贮罐将不能转动，这会导致车内混凝土报废，严重的甚至使整罐混凝土凝结在罐内，造成混凝土搅拌运输车报废。因此，驱动装置是否可靠是必须高度重视的问题。为保证驱动装置完好可靠，应做好以下维护工作：

① 万向转动部分是故障多发部位，应按时加注润滑脂，并经常检查磨损情况，及时修理更换。车队应有备用的万向轴，以保证一旦发生故障能在几十分钟内恢复工作。

② 保证液压油清洁。混凝土搅拌运输车工作环境恶劣，一定要防止污水泥沙进入液压系统。液压油要按使用手册要求定期更换。一旦检查时发现液压油中混入水或泥沙，就要立即停机清洗液压系统、更换液压油。

③ 保证液压油冷却装置有效。要定时清理液压油散热器，避免散热器被水泥堵塞，检查散热器电动风扇运转是否正常，防止液压油温度超标。液压部分只要保证液压油清洁，一般故障不多；但生产厂家不同，使用寿命则不一样。

4. 注意轮胎的维修

混凝土搅拌运输车同其他车辆一样，一定要注意轮胎的维修与保养。

4.1.3　混凝土搅拌运输车常见故障及排除方法

在混凝土搅拌运输车的日常使用过程中,或多或少会出现一些问题,有些属于真正的机械问题,但是有一些是可以简单处理的小问题,掌握了混凝土搅拌运输车的使用常识,合理地保养车辆,才能在车辆使用过程中得心应手,安全驾驶。混凝土搅拌运输车常见故障及排除方法见表4-1。

表 4-1　搅拌运输车常见故障及排除方法

可能再现的故障		原因分析	排除方法
搅拌筒不能转动		发动机供油不足造成输出功率不足	更换滤清器,检修油管,检查油箱中的油是否充足,检查油箱的吸油接头是否漏气
		液压油脏,手动伺服阀中有内泄或阻尼孔堵塞使液压泵压力不足,液压马达内泄	更换液压油,清洗液压油箱、液压泵、液压马达,更换密封圈
		手动伺服阀油泵操纵摆杆内销轴被剪断,液压管路损坏,操纵失灵	若混凝土已装入搅拌筒,而故障又不能立即排除,应采用应急油管连接将混凝土卸出,或立即打开搅拌筒的人孔,用锄头、铁锹等工具向筒外清除混凝土,同时用高压水冲洗,使混凝土不至于在筒内凝固。然后检修手动伺服阀、液压管路、操纵机构
噪声	油泵吸气	吸油滤清器堵塞	清洗或更换吸油滤清器
	油生泡沫	油量不足	补油
	油温过高	滤清器堵塞	清洗或更换滤清器
	液压马达有噪声	连续工作时间过长	停机冷却
	液压泵有噪声	液压马达中有铁屑等杂物	清洗或检修
	减速机有噪声	液压泵中有铁屑等杂物	清洗或检修
		减速机内有杂物	更换齿轮油或检修
		磨损严重	检修
进料斗堵塞		进料搅拌不均匀,出现"生料"放料过快	堵塞后用工具捣通,控制放料速度
进料斗漏料		进料斗的橡胶圈磨损	用相同厚度、大小尺寸适宜的橡胶板更换
搅拌筒转速慢		液压油脏,吸油不足	清洗或更换液压油箱吸油滤清器
		液压系统漏油	检修或更换密封垫或涂密封胶
		操纵机构卡死	检修
		输出功率不足	检修
搅拌筒转动不出料		混凝土坍落度太低	加适量水,搅拌,以 15 r/min 转动几分钟,然后反转出料
		叶片磨损严重	修复或更换
操纵机构不灵活		操纵手柄锈蚀或另一端卡死	校正,去除铁锈后加注黄油
搅拌筒上下跳动		滚道和托轮磨损不均匀	修复或更换

[知识测试]

一、填空

1. 混凝土搅拌运输车由专用汽车底盘和混凝土搅拌运输专用装置组成。混凝土搅拌运输专用机构主要包括（　　　　）、（　　　　）、液压系统、前后支架、减速机、操纵机构、（　　　　）等。

2. 根据搅拌筒的构造及工作原理,搅拌输送车的各工况主要包括（　　　　）、（　　　　）和（　　　　）。

3. 搅拌筒内部有两条带状螺旋叶片,螺旋叶片的螺距大小不同,出料速度也不同。螺距大,叶片圈数少,出料速度（　　　　）,但叶片磨损（　　　　）；螺距小,叶片圈数多,出料速度相对较（　　　　）,磨损（　　　　）。

4. 进料导管的作用是（　　　　）。

5. 搅拌筒的加料斗为（　　　　）,斗体为（　　　　）,固定卸料溜槽、活动卸料溜槽形成卸料通道。

6. 供水系统的主要作用是（　　　　）,有时也用于运输途中进行干料搅拌。

7. 混凝土搅拌运输车作为运输用汽车,在维护和修理方面必须遵照交通部相关运输车辆的规定,执行"（　　　　）、（　　　　）、（　　　　）"的维护和修理制度。

8. 混凝土搅拌运输车到工地卸料后,冲洗出料槽,然后向混凝土贮罐内加清洗用水 30～40 L；在车辆回程时保持混凝土贮罐（　　　　）、（　　　　）转动。

9. 当混凝土搅拌筒上下跳动时,主要原因为（　　　　）。

二、简答

1. 简述搅拌运输车的工作原理。

2. 简述搅拌运输车取力系统的作用。

3. 简述搅拌运输车液压系统的作用。

码 4-4　混凝土的运输
知识测试答案

4.2　混凝土泵送

[任务描述]　本任务主要掌握输送泵的工作原理、混凝土泵车的构造及工作原理；了解输送泵的种类、泵车安全操作的注意事项；正确判断泵车常见故障及排除方法。

[能力目标]

1. 熟悉混凝土泵车、输送泵的构造及工作原理；

2. 熟知泵车安全操作的基本常识及注意事项；

3. 正确判断泵车出现的故障及排除方法；

4. 具备生产过程中的安全意识。

[知识目标]

1. 掌握混凝土泵车、输送泵的构造及工作原理；

2. 熟知泵车安全操作的基本常识及注意事项；

3. 正确判断泵车出现的故障及排除方法。

[任务工单]

《普通混凝土制备及施工技术》学习任务工单

项目	混凝土的运输及泵送		任务		4.2　混凝土的泵送	
队名		班级				学时
队长		队员				
工作任务	商品混凝土通过搅拌运输车运送到施工现场,需要用混凝土输送泵进行浇筑,本任务主要掌握输送泵的工作原理、混凝土泵车的构造及工作原理;了解输送泵的种类、泵车安全操作的注意事项;正确判断泵车常见故障及排除方法。					
任务目标	1.掌握混凝土泵车、输送泵的构造及工作原理; 2.熟知泵车安全操作的基本常识及注意事项; 3.正确判断泵车出现的故障及排除方法。					
工作方式	每个班级分为 6 个学习小分队,每队 5~6 人,按学习任务进行分工,每人在完成自学后,一起讨论,共同完成任务,并进行任务总结。					
工作记录						
任务总结						

工作评价		参与讨论 /(20)	工作数量 /(20)	工作质量 /(20)	团结协作 /(20)	工作结果 /(20)	合计	权重	分值
	自我评价							30%	
	同学评价							30%	
	老师评价							40%	

教师评语	教师签名: 　　年　　月　　日

4.2.1　输送泵概述

混凝土输送泵(简称混凝土泵)是沿管道水平或垂直输送混凝土拌合物的一种专用机械,由泵体和输送管组成。混凝土泵车是利用压力将混凝土沿管道连续输送的机械。

1. 混凝土输送泵的分类

（1）按驱动方式分类

按驱动方法可分为挤压式混凝土泵和液压活塞式混凝土泵。

挤压式混凝土泵主要由料斗、鼓形泵、驱动装置、真空系统和输送管等组成。主要特点：结构简单、造价低，维修容易且工作平稳。由于输送量及泵送混凝土压力小，输送距离短，目前已很少采用。

液压活塞式混凝土泵主要由料斗、混凝土缸、分配阀、液压控制系统和输送管等组成。通过液压控制系统使分配阀交替启闭。液压缸与混凝土缸连接，通过液压缸活塞杆的往复运动以及分配阀的协同动作，使两个混凝土缸轮流交替完成吸入与排出混凝土的工作过程。目前国内外均普遍采用液压活塞式混凝土泵。近年来，我国在高层建筑施工、地下与基础工程施工、高架路施工、隧道等工程施工中，采用了泵送混凝土并显示出良好的技术经济效益。

（2）按泵能否移动分类

按泵能否移动可分为固定式混凝土泵、拖式混凝土泵和车载式混凝土泵。其中拖式混凝土泵与车载式混凝土泵应用较多，如图 4-12 、图 4-13 所示。

图 4-12　拖式混凝土泵

图 4-13　车载式混凝土泵

（3）按换向阀的形式分类

按换向阀的形式可分为蝶阀、闸板阀、S 阀、C 阀、T 阀等，目前使用较多的是双缸工作的闸板阀与 S 阀，如图 4-14 、图 4-15 所示。

图 4-14　闸板阀

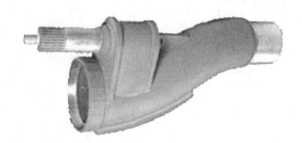

图 4-15　S 阀

2. 混凝土输送泵的特点

混凝土输送泵的特点如下：

① 混凝土的输送和浇筑作业是连续的，施工效率高，工程进度快。

② 机械化程度高,减少人工。

③ 泵送工艺对混凝土质量要求比较严格,再加上连续作业,混凝土不易离析,混凝土坍落度损失不大,因此容易保证工程质量。

④ 对施工作业面的适应性强,作业范围广,输送管道既可以铺设到其他方法难以到达的地方,又能使混凝土在一定压力下填充浇筑到位,满足各种施工要求。

⑤ 在正常泵送条件下,混凝土在管道中输送,不会污染环境,符合环保要求。

3. 混凝土输送泵的工作原理

混凝土输送泵采用电动机或柴油机驱动泵送系统,通过液压系统恒功率控制自动调节混凝土输送泵的输送量,也可用手动控制来选择混凝土输送量。

泵送系统构成如图 4-16 所示。

混凝土输送泵工作原理:当液压系统压力油进入一主油缸时,活塞杆伸出,同时通过密封回路连通管的压力油使另一活塞杆回缩。与主油缸活塞杆相连的混凝土输送活塞回缩时在输送缸内产生自吸作用,料斗中的混凝土在大气压力作用和搅拌叶片的助推作用下通过滑阀吸入口被吸入输送缸。同时,另一主油缸在油压的作用下,推动主油缸的活塞杆伸出,并同时推动混凝土活塞压出输送缸中的混凝土,通过滑阀输送口 Y 型管进入混凝土输送管。动作完成后,系统自动换向使压力油进入另一主油缸,完成另一次不同输送缸的吸、送行程。如此反复,料斗里的混凝土就源源不断地被吸入和压送出输送缸,通过 Y 型管和出口连接的管道到达作业点,完成泵送作业。

4.2.2　混凝土泵车概述

将泵直接安装在汽车的底盘上,且带布料装置(或称布料杆,由臂架及输送管道组成),这种形式的输送泵,称为泵车(见图 4-17)。

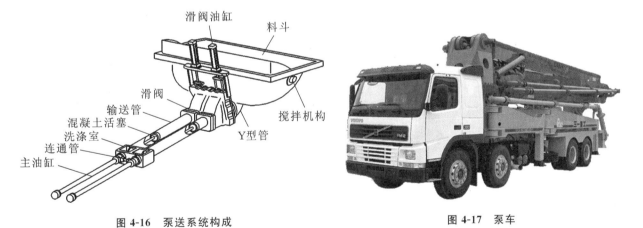

图 4-16　泵送系统构成　　　　　　　　　　图 4-17　泵车

1. 泵车的用途

泵车的机动性很好,在泵送距离不大时,施工前后不需要铺设和拆卸输送管道。在城市建设中,可缩短辅助时间,节省劳动力,提高生产效率和降低工程成本。但泵车本身构造复杂,体积较大,其使用受到施工现场条件和道路的限制。

泵车具有行驶功能、泵送功能、布料功能。

2. 泵车的分类

(1) 按使用范围分类

分为通用型、专用型、经济型、一机多能型、智能型。

（2）按臂架长度分类

分为短臂型、长臂型、超长臂型。常见规格有：16(18)、24、28、32、37(36/38)、42 、45(44)、48(47/46)、52、56(55/58)、63(62/61)。

（3）按分配阀的形式分类

分为闸板阀泵车、管式分配阀泵车(S阀)。

3. 泵车的特点

（1）泵车使用的优点

① 自带臂架进行布料，辅助时间短；

② 布料方便快捷，泵送速度快，工作效率高；

③ 自动化程度高，可由一人操作，配备遥控器，操作方便；

④ 机动性能好，设备利用率高。

（2）泵车使用的局限性

① 泵送高度受臂架长度限制；

② 施工所需场地较大；

③ 对混凝土的要求比拖泵高。

4.2.3 泵车构造及工作原理

1. 泵车构造

泵车是将泵送混凝土的泵送机构和用于布料的液压卷折式布料杆(也称臂架)和支撑机构集成在汽车底盘上，集行驶、泵送、布料功能于一体的高效混凝土输送设备。适应于城市建筑、住宅小区、体育场馆、立交桥、机场等建筑施工时混凝土的输送。

混凝土泵车主要由五部分组成：底盘部分、臂架系统、液压系统、泵送系统和电控系统，如图 4-18所示。

图 4-18 混凝土泵车整体结构

2. 泵车工作原理

汽车底盘行驶时实现泵车在各场地之间的运转，工作时为泵车提供动力，将汽车发动机的动力经分动箱传力带动液压泵产生压力油，从而驱动主油缸带动两个输送活塞，产生交替往复运动，并通过分配阀与主油缸之间的协调动作，将混凝土不断地从料斗吸入输送缸，再加压经过分配阀泵入附在布料杆上的输送管道内，最后从布料杆顶端软管源源不断地泵出。由于布料杆装在可旋转的转台上，且各节臂可灵活折叠和展开,故混凝土可随着布料杆的四处移动而直接送达布料杆工作范围内的任意点,无须另配管道即可完成混凝土的输送、布料工作,且在某地方作业完后可迅速转移到另一地方继续作业,设备利用率高。

图 4-19　泵车底盘构造

3. 泵车各组成部分

（1）汽车底盘部分

泵车底盘部分主要包括底盘和分动箱两部分。底盘主要起支承、驾驶及运行作用,如图 4-19 所示。分动箱是行驶和泵送的状态切换机构,分动箱构造如图 4-20 所示。

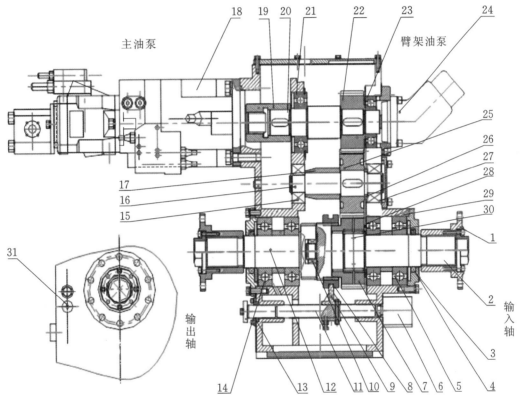

图 4-20　泵车底盘分动箱构造

1—联结盘；2—输入轴；3—轴承盖；4—密封圈；5—输入轴轴承；6—汽缸；7—空套齿轮；8—离合套；9—拨叉；
10—过桥轴承；11—拨叉杆；12—输出轴；13—静密封圈；14—输出轴轴承；15—二轴小轴承；16—二轴；17—过渡套；
18—油泵；19—联结套；20—三轴；21—三轴大轴承；22—三轴齿轮；23—三轴小轴承；24—臂架泵；25—二轴齿轮；
26—挡圈；27—二轴大轴承；28—挡圈；29—箱体；30—滚针轴承；31—油标

（2）臂架系统

臂架分为数节,每节由高强度钢板焊接而成,起到支撑混凝土输送管的作用。臂架的运动由节与节之间的液压缸推动。臂架的回转靠臂架基座上的回转支承和回转机构进行驱动。臂架的动作可由遥控器或比例阀操纵手柄进行控制。

臂架的作用:完成混凝土的输送、布料,并支撑整车,保证其稳定性。

臂架系统结构组成包括布料杆和转塔,如图 4-21 所示。

码 4-5　"混凝土泵车的固定及臂架"动画

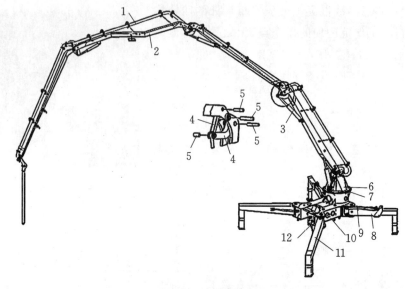

图 4-21　臂架系统结构

1—输送管；2—臂架；3—臂架油缸；4—连杆；5—铰接轴；6—转台；7—回转机构；

8—前支腿；9—前肢腿展开油缸；10—固定转塔；11—后支腿；12—后支腿展开油缸

① 布料杆

布料杆构造如图 4-22 所示。布料杆包括臂架、液压油缸、输送管、连接件，如图 4-23 所示。布料杆折叠形式有回转型、Z 型（或 M 型）、S 型（或 R 型）、综合型，如图 4-24 所示。转塔构造如图 4-25 所示。

图 4-22　布料杆构造　　**图 4-23　布料杆上的臂架、液压油缸、输送管、连接件**

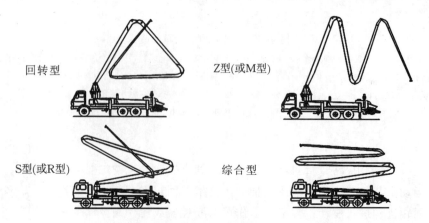

回转型　　　　　　　　　Z型(或M型)

S型(或R型)　　　　　　　综合型

图 4-24　布料杆折叠形式

② 转塔

转塔构造如图 4-25 所示。转塔包括转台、回转机构、固定转塔、支腿等，如图 4-26 所示。

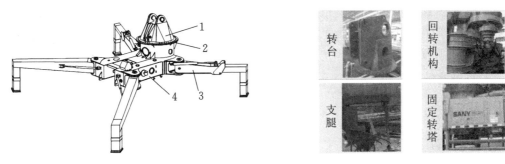

图 4-25　转塔构造
1—转台；2—回转机构；
3—右前支腿；4—支腿支撑

图 4-26　转塔的组成

　　转台上部用臂架连接套与臂架总成铰接，下部用高强度螺栓与回转支承外圈固连，主要承受臂架总成的扭矩和弯矩，同时可带动臂架总成一起在水平面内旋转，转台如图 4-27 所示。

　　回转机构集支承、旋转和连接于一体，具有高强度和刚性、很强的抗倾翻能力、低而恒定的转矩。它由高强度螺栓、回转支撑、液压马达减速机、传动齿轮和过渡齿轮(有时无此件)组成，如图 4-28 所示。

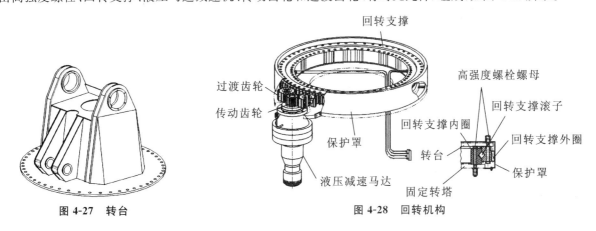

图 4-27　转台

图 4-28　回转机构

　　固定转塔如图 4-29 所示。

　　支腿的作用是将整车稳定地支撑在地面上，直接承受整车的负载力矩和重量，如图 4-30 所示。

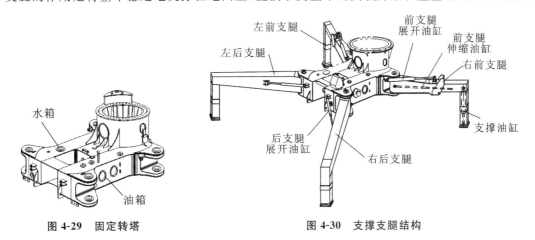

图 4-29　固定转塔

图 4-30　支撑支腿结构

（3）泵送系统

泵送系统是混凝土泵车的执行机构，用于将混凝土沿输送管道连续输送到浇筑现场。泵送系统由料斗、泵送机构、S阀、输送管道和润滑系统等组成。

料斗主要用于储存一定量的混凝土,保证泵送系统吸料时不会吸空和连续泵送。通过筛网可以防止大于规定尺寸的骨料进入料斗内。在停止泵送时,打开底部料门,可以清除余料和清洗料斗。料斗如图4-31所示。

码4-6 "施工现场混凝土泵送"动画

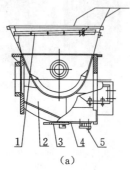 

（a） （b）

图4-31 料斗

(a)料斗结构；(b)料斗实物图

1—筛网；2—斗身；3—料门板；4—O形圈；5—小轴

泵送机构如图4-32所示。

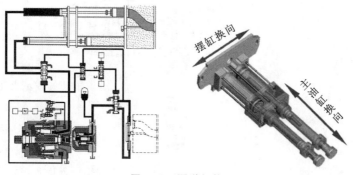

图4-32 泵送机构

S阀如图4-33所示。

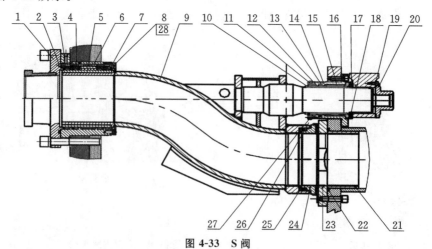

图4-33 S阀

1—出料口；2—O形圈；3—轴承座；4—Yx型密封圈；5—耐磨套；6—尼龙轴承；7—J型防尘圈；8—橡胶垫；9—S管总成；10—O形圈；
11—防尘圈；12—端面轴承套；13—密封圈；14—轴承座；15—轴承；16—O形圈；17—内花键齿；18—销；19—O形圈；20—异形螺母；
21—过渡套；22—O形圈；23—装眼镜板；24—切割环；25—橡胶弹簧；26—橡胶垫；27、28—压板搅拌机构如图 4-34 所示。

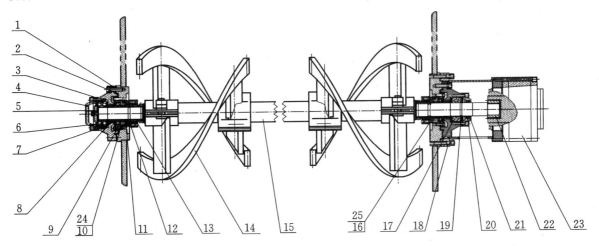

图 4-34　搅拌机构

1—轴承座；2—O 形圈；3—密封垫；4—端盖；5—轴端压板；6—轴承；7—垫环；8—密封圈；9—骨架唇型密封；10—密封盖；
11—防尘圈；12—O 形圈；13—轴套；14—搅拌叶片；15—搅拌轴；16—密封挡圈；17—轴承；18—马达座；19—挡圈；20—毡圈；
21—密封端盖；22—花键套；23—液压马达；24—密封垫；25—压环

摇摆机构如图 4-35 所示。

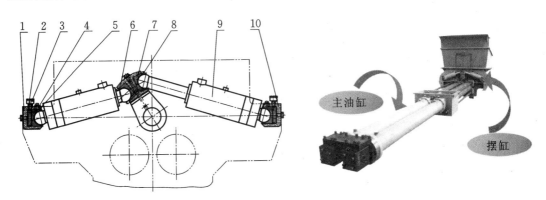

图 4-35　摇摆机构

1—左油缸座；2—承力板；3—油杯；4—下球面轴承；5—限位挡板；6—摇臂；7—上球面轴承；
8—球头挡板；9—摆阀油缸；10—右油缸座

润滑系统如图 4-36 所示。

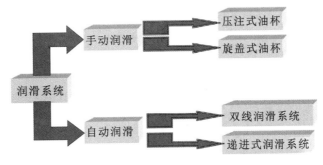

图 4-36　润滑系统

（4）液压系统

目前国内外混凝土泵车全部采用液压传动。它主要由液压泵、液压马达、液压缸、蓄能器、过滤器、冷却器、阀门、压力表、油管及油箱等组成。液压系统分为四个子系统,每个子系统各有一个液压泵驱动。

① 主液压系统。其功能是使主液压缸和混凝土分配阀换向液压缸工作,并通过控制元件使各液压缸的动作顺序进行,保证正常泵送混凝土。

② 臂架液压系统。臂架液压泵采用斜轴式柱塞泵。两个手动三位四通换向阀操纵支腿水平液压缸和支腿垂直液压缸、截止阀和双向液压锁,锁定支腿工作状态。

③ 搅拌液压系统。主要由齿轮泵、液压马达和集流块等组成。当搅拌叶片被骨料卡住时,液压马达进口油路的油压升高,达到 11 MPa 时反转溢流阀打开,压力油经单向阀使液控弹簧复位二位四通阀换向,这时液控二位四通阀随着换向,使液压马达的出油口变为进油口,液压马达反转;当搅拌叶片的卡阻骨料排除后,各阀恢复到原来状态,液压马达正转。

④ 冷却及水洗液压系统。用齿轮泵输送冷却液压油或驱动水泵工作,由手动三位四通阀控制。冷却时,油箱内的液压油被齿轮泵输送到油冷却器进行冷却和净化。水洗时,压力油经管路进入水泵换向阀驱动往复式液压缸,与液压缸活塞共活塞杆的往复式水泵活塞随之运动,于是水泵工作。往复式液压缸由先导换向阀和两个液控水泵换向阀来控制其往复运动。

（5）电控系统

混凝土泵车的电控系统分为 4 个部件:电控柜、操作盒、泵车配件遥控器、传感器。

① 电控柜:SYMC、SYLD、SYMCEB、中央分线盒。

② 操作盒:小操作盒、检修操作盒。

③ 遥控器:泵车配件接收器、泵车配件发射器。

④ 传感器:臂架下放到位开关、支腿到位检测开关、泵送行驶位置感应开关、油温传感器、泵车配件机械式旋转编码器、倾角传感器。

4.2.4 泵车安全操作注意事项

1. 应用安全注意事项

① 不得在末端软管后再连接管道;

② 臂架不得用于起吊重物;

③ 禁止对泵车进行可能影响到安全的修改(如更改安全压力,运行速度设定,改用大直径输送管,更改控制程序等);

④ 操作人员必须佩戴好安全帽,并遵守安全法规;

⑤ 只有臂架及支腿都处于完全收拢状态才能移动泵车。

2. 支承安全注意事项

① 车身应水平,任意方向的倾斜不得超过 3°;

② 应打开支腿到规定的位置,并确定支撑牢靠;

③ 张开支腿时,不要站在支腿伸展范围内,以免夹伤;

④ 必须按要求支撑好支腿后才能操作臂架;

⑤ 必须将臂架收拢放于臂架主支撑上后才能收支腿;

⑥ 出现稳定性降低的因素必须立即收拢臂架。

3. 伸展臂架安全注意事项

① 臂架下方是危险区域,防止混凝土等掉落伤人;

② 臂架不能在大于 8 级风力的天气中使用;

③ 末端软管规定的范围内不得站人(末端软管长度的两倍);

④ 切勿折弯末端软管,末端软管不能没入混凝土中;

⑤ 在高压线附近作业时要小心触电的危险。臂架工作时,与高压线的安全间距为 5 m。臂架与高压线之间的安全距离如表 4-2 所示。

表 4-2　臂架与高压线之间的安全距离

额定电压(kV)	安全距离(m)	额定电压(kV)	安全距离(m)
至 1	1.0	220～380	5.0
1～110	3.0	380	5.0
110～220	4.0		

4. 泵送及维护安全注意事项

① 泵车运转时,不可打开料斗筛网、水箱盖板等设施。

② 泵送时,必须保证料斗内的混凝土在搅拌轴的位置之上,防止因吸入气体而引起的混凝土喷射。

③ 堵管时,一定要先反泵释放管道内的压力,才能拆卸输送管道。

④ 进行维护前必须先停机,并释放蓄能器压力。

⑤ 采用控制面板操作,控制面板示意图如图 4-37 所示。

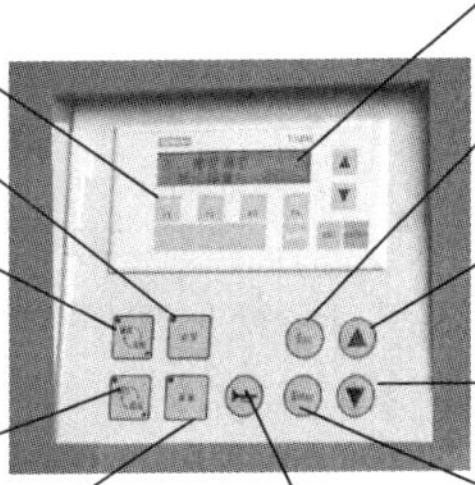

图 4-37　控制面板示意图

4.2.5　泵车常见故障及排除方法

1. 泵送系统液压油温过高

预拌混凝土臂架式泵车在连续作业的过程中,往往伴有换向压力冲击,同时泵送系统换向较为频繁。泵送液压系统主油路是闭式回路,一般都处于大流量状态或者高压状态,由 2 个串联的主液压缸和一个双向变量轴向柱塞泵组成,一旦泵送系统出现故障,必然会引起预拌混凝土泵车的油温过高。油温过高主要原因是由于元件的调整、保养、操作不当,或者制造和设计存在问题。具体来说,可能有以下一些原因:第一,液压系统内部泄漏情况过于严重;第二,溢流阀不卸荷或者调定压力过高;第三,冷却器散热片散热不良,积尘过多;第四,冷却器风扇停转;第五,冷却器出现阻塞现象;第六,低压溢流阀调定压力过高或者出现损坏;第七,臂架液压系统没有卸荷;第八,液压油自身的油量不够,当油温升高过快,或者液压油温度高于 30～80 ℃这个正常工作温度时,应该按照经验及时查找对比故障原因,以便采取相应的修理措施。

码 4-7　"大体积混凝土现场浇筑"视频

2. 搅拌系统常见故障及排除

（1）搅拌系统漏浆

混凝土泵车一般都装有润滑设备，以预防搅拌轴处有水泥浆漏出，泵送系统分配阀每往返运动一次就能够完成一次输送润滑油脂，然后再将润滑油通过润滑脂分配阀送到搅拌轴轴承内，这样一来，就能够有效地起到密封和润滑的作用。

一旦发现搅拌轴处出现漏浆现象，应立即检查滤油网是否堵塞，润滑脂油管接头是否有油，润滑脂供给系统是否正常，润滑脂分配阀是否失去分配功能。如果磨损是由于搅拌系统使用时间较长导致，那么应该及时更换元件及进行有效的保养。

（2）搅拌轴转动故障

由液压马达来驱动搅拌轴，通过对混凝土进行二次搅拌，来进行混凝土缸喂料。一旦发现搅拌轴不转或者转速明显下降，应该立刻检查搅拌液压马达是否正常工作，搅拌液压系统压力是否处于合理的范围，或者适当地加快搅拌轴的转速。

3. 输送管堵塞与排除

预拌混凝土泵车输送管发生堵塞的部位大多是在容易振动的锥管和弯管处，沿着输送管路用小铁棒进行敲打，如果声音清脆，且输送声音为沙沙声，则说明无堵塞现象；如果声音沉闷，且输送声音为刺耳声，说明该处是堵塞处。此时出现输送压力逐渐提高，泵送动作停止，料斗料位不下降，管道出口端不出料，泵机发生振动，管路伴有强烈振动及位移等现象。反泵可操作，但转入正泵后又出现堵塞。

如果预拌混凝土泵车输送管发生轻度堵塞，那么首先应该查明堵塞部位，然后用抖动、木槌敲击的方法击松混凝土，重复正泵、反泵操作，将混凝土逐步吸出至料斗中，然后再将其进行重新搅拌后泵送。如果通过这些措施还不能排除堵塞问题，那么就要采取拆管的方法，将混凝土堵塞物排尽，堵塞部位的输送管拆除之后，方可接管，以避免再次堵塞。

4. 完善好混凝土泵车的维护保养

混凝土泵车的维护保养主要包括精度检查、定期检查、定期维护、日常维护以及设备冷却系统维护和设备润滑系统维护。日常维护保养混凝土泵车，必须做到规范化和制度化，这也是预拌混凝土泵车维护的基础工作。预拌混凝土泵车定期检查也被称为定期点检，它通过人的感官、仪器和工具的检查，是一种有计划的预防性检查；定期维护保养应该按照预先制定好的物资消耗定额和工作定额进行考核。要坚持执行预拌混凝土泵车维护规程，以延长预拌混凝土泵车的使用寿命，保证预拌混凝土泵车处于一个安全、舒适的工作环境。同时，要注意提高预拌混凝土泵车操作人员的素质，这是搞好预拌混凝土泵车管理工作的关键。培养员工的安全意识，采取灵活多样的培训方式定期进行员工培训，提供进修学习的机会，鼓励相关工作部门的相互交流，以此降低事故发生的频率。

5. 加强预拌混凝土泵车使用和维护管理工作

在预拌混凝土泵车维护管理中，一是严格周检制度和润滑制度。采用看、听、摸、嗅等方法对预拌混凝土泵车进行细致的日常检查，定点、定质、定量、定时、定期对预拌混凝土泵车进行润滑保养和卫生清扫，努力做到沟见底、轴见光、设备见本色。二是加大培训力度，提高预拌混凝土泵车维护保养意识。通过对职工应知、应会培训，熟练掌握预拌混凝土泵车的性能、结构、用途、原理及使用方法，提高生产技能和安全技能，降低设备故障率。三是从日常点滴做起，形成以班保天、以日保旬、以旬保月、以月保年的管理模式。责任落实到人，管理保养共担，有力地促进预拌混凝土泵车的长周期运行，为完成各项生产任务奠定坚实基础。

[知识测试]

一、填空

1. 混凝土输送泵是沿管道作（　　　　　）与（　　　　　）输送混凝土拌合物的一种专用机械。

2. 混凝土泵车是利用（　　　　　）将混凝土沿管道连续输送的机械。由（　　　　　）和输送管组成。

3. 混凝土输送泵按其驱动方法可分为（　　　　　）和（　　　　　）两种。

4. 挤压式混凝土泵主要由料斗、（　　　　　）、驱动装置、真空系统和（　　　　　）等组成。

5. 液压活塞式混凝土泵主要由料斗、混凝土缸、（　　　　　）、（　　　　　）和输送管等组成。

6. 泵送系统主要由料斗、搅拌机构、（　　　　　）、（　　　　　）、洗涤室以及主油缸等构成。

7. 泵车具有行驶功能、（　　　　　）和（　　　　　）。

8. 混凝土泵车主要由底盘部分、（　　　　　）、（　　　　　）、（　　　　　）和电控系统五部分组成。

9. 混凝土泵车主要包括底盘和分动箱两部分。底盘主要起支承、驾驶及运行作用，分动箱是行驶和（　　　　　）的状态（　　　　　）机构。

10. 臂架的作用是完成混凝土的（　　　　　）、（　　　　　），并支撑整车，保证其稳定性。

11. 布料杆包括臂架、液压油缸、输送管、连接件，其折叠形式有（　　　　　）、Z型、S型、综合型。

12. 泵送系统是混凝土泵车的（　　　　　）机构，用于将混凝土沿输送管道连续输送到浇筑现场。

二、简答

1. 简述混凝土输送泵的特点。

2. 简述混凝土输送泵的工作原理。

3. 简述泵车的特点。

4. 简述泵车工作原理。

码4-8　混凝土泵送
知识测试答案

【项目评价】

混凝土的运输及泵送项目评价表

评价模块	评价内容	完成情况	分值
4.1.1　搅拌运输车的构造及工作原理	1.了解搅拌运输车的分类及搅拌运输车的整车构造； 2.掌握搅拌筒的工作原理； 3.掌握搅拌运输车取力系统、液压系统、搅拌系统的工作原理； 4.能够绘制搅拌运输车装料及卸料的工艺流程图		（满分30）
4.1.2　搅拌运输车的保养与维护 4.1.3　混凝土搅拌运输车常见故障及排除方法	1.会进行搅拌运输车的日常维护和管理； 2.能正确判断搅拌运输车的常见故障并进行排除		（满分10）

4.2.1 输送泵概述	1.了解输送泵的分类; 2.掌握输送泵的构造及工作原理; 3.能够绘制输送泵工作原理流程图		(满分10)
4.2.2 混凝土泵车概述 4.2.3 泵车构造与工作原理	1.了解混凝土泵车的应用、分类及特点; 2.熟悉泵车各组成部分的作用; 3.掌握泵车的工作原理		(满分40)
4.2.4 泵车安全操作注意事项 4.2.5 泵车常见故障及排除方法	1.学会泵车的安全操作; 2.能够正确判断泵车常见故障并做出及时有效处理		(满分10)
合 计			

项目4 参考文献

1. 纪明香,初景峰.预拌混凝土生产及仿真操作[M].天津:天津大学出版社,2018.

2. 杨绍林,邵宇良,韩红明.预拌混凝土企业检测试验人员实用读本[M].3版.北京:中国建筑工业出版社,2016.

3. 杨红霞.商品混凝土质量与成本控制技术[M].北京:中国建材工业出版社,2014.

4. 中华人民共和国住房和城乡建设部.混凝土泵送施工技术规程:JGJ/T 10—2011[S].北京:中国建筑工业出版社,2011.

项目5　普通混凝土施工

【项目描述】

本项目介绍了普通混凝土结构的施工工艺及混凝土施工各分项工程的验收方法。

【项目目标】

知识目标：熟练掌握普通混凝土结构的施工工艺流程，熟悉普通混凝土施工验收标准和方法。

能力目标：基本可以完成普通混凝土结构的施工组织，能够完成普通混凝土施工验收标准。

素质目标：具有成为合格施工员、质检员的基本专业素质。

【项目实施】

混凝土现浇施工技术是一种按工程部位就地灌筑的混凝土施工工艺。由于现场灌筑混凝土常受风雨、温度及湿度等气候因素、场地条件、运输距离、结构形状和结构位置的影响，因此，在原材料的配制（见混凝土）、搅拌工艺、运输方法、灌筑方式、养护方法等方面，都要根据实际情况和可能条件，分别采取相应的措施，使混凝土从制备、成型到硬化的过程中避免或减少各种不利条件的干扰和破坏。

5.1　混凝土施工准备

[任务描述]　介绍普通混凝土结构施工前需要完成的各种准备工作。

[能力目标]　可与团队协作完成普通混凝土的施工准备工作。

[知识目标]　熟练掌握普通混凝土的施工准备内容。

[任务工单]

《普通混凝土制备及施工技术》学习任务工单

项目	普通混凝土施工		任务	5.1　普通混凝土施工准备		
队名		班级			学时	2
队长		队员				
工作任务	普通混凝土结构施工的准备工作。					
任务目标	了解普通混凝土结构施工的准备工作。					
工作方式	每个班级分为6个学习小分队，每队5～6人，按学习任务进行分工，每人在完成自学后，一起讨论，共同完成任务，并进行任务总结。					

工作记录								
任务总结								
工作评价		参与讨论 /(20)	工作数量 /(20)	工作质量 /(20)	团结协作 /(20)	工作结果 /(20)	合计	权重	分值
	自我评价							30%	
	同学评价							30%	
	老师评价							40%	
教师评语							教师签名： 年 月 日	

5.1.1 作业条件

在混凝土浇筑前,应检查模板的标高、位置、尺寸、强度和刚度是否符合要求;检查钢筋和预埋件的位置、数量和保护层厚度,并将检查结果填入隐蔽工程记录表;清除模板内的杂物和钢筋的油污;对模板的缝隙和孔洞应堵严;对木模板应用清水湿润,但不得有积水。

在地基或基土上浇筑混凝土时,应清除淤泥和杂物,并应有排水和防水措施。对干燥的非黏性土,应用水湿润;对未风化的岩土,应用水清洗,但表面不得留有积水。在降雨雪时,不宜露天浇筑混凝土。

5.1.2 技术准备

混凝土的浇筑,应由低处往高处分层浇筑。每层的厚度应根据捣实方法、结构的配筋情况等因素确定。

在浇筑竖向结构混凝土前,应先在底部填入与混凝土内砂浆成分相同的水泥砂浆;浇筑中不得发生离析现象;当浇筑高度超过 3 m 时,应采用串筒、溜管或振动溜管使混凝土下落。

在混凝土浇筑过程中应经常观察模板、支架、钢筋、预埋件、预留孔洞的情况,当发现有变形、移位时,应及时采取措施进行处理。混凝土浇筑后,必须保证混凝土均匀密实,充满整个模板空间,新旧混凝土结合良好,拆模后,混凝土表面平整光洁。

为保证混凝土的整体性,浇筑混凝土应连续进行。当必须间歇时,其间歇时间宜缩短,并应在前层混凝土凝结前将次层混凝土浇筑完毕。混凝土运输、浇筑及间歇的全部时间不应超过混凝土的初凝时间。

[知识测试]

1. 混凝土浇筑前应做好哪些检查?

2. 当浇筑高度超过(　　　　)m 时,应采用串筒、溜管或振动溜管使混凝土下落。

码 5-1　混凝土施工准备
知识测试答案

5.2　模　板　工　程

[任务描述]　介绍常用普通混凝土施工中的各种模板及适用范围。

[能力目标]　可以合理选择适当的模板进行施工。

[知识目标]　了解模板的作用组成及基本要求,大模板和滑升模板构造、施工工艺。熟悉现行规范对模板分项工程的有关规定。掌握模板的构造与安装。

[任务工单]

《普通混凝土制备及施工技术》学习任务工单

项目	普通混凝土施工		任务		5.2　模板工程	
队名		班级			学时	2
队长		队员				
工作任务	了解常用普通混凝土施工中的各种模板及适用范围。					
任务目标	了解常用普通混凝土施工中的各种模板及适用范围。					
工作方式	每个班级分为 6 个学习小分队,每队 5~6 人,按学习任务进行分工,每人在完成自学后,一起讨论,共同完成任务,并进行任务总结。					
工作记录						
任务总结						

工作评价		参与讨论 /(20)	工作数量 /(20)	工作质量 /(20)	团结协作 /(20)	工作结果 /(20)	合计	权重	分值
	自我评价							30%	
	同学评价							30%	
	老师评价							40%	
教师评语						教师签名： 年　月　日			

5.2.1 模板的作用、组成及基本要求

1. 作用

① 保证混凝土浇筑后，混凝土的位置、形状、尺寸符合要求。

② 避免混凝土损坏。

2. 组成

模板主要由模板系统和支承系统组成。

模板系统：与混凝土直接接触，它主要使混凝土具有构件所要求的体积。

支承系统：支承模板，保证模板位置正确和承受模板、混凝土等重量的结构。

3. 基本要求

① 形状尺寸准确；

② 有足够的强度、刚度及稳定性；

③ 构造简单、装拆方便，能多次周转使用；

④ 接缝严密，不得漏浆；

⑤ 用料经济。

5.2.2 模板分类

模板按所用的材料不同，分为木模板、钢木模板、胶合板模板、钢竹模板、钢模板、塑料模板、玻璃模板、铝合金模板等。

1. 木模板

木模板的主要优点是制作拼装随意，尤其适用于浇筑外形复杂、数量不多的混凝土结构或构件。此外，因木材导热系数低，混凝土冬期施工时，木模板有一定的保温养护作用。

2. 钢模板

定型组合钢模板重复使用率高，周转使用次数可达 100 次以上，但一次投资费用大。组合钢模板由平面模板、阴角模板、阳角模板、连接角模及连接配件组成。

3. 铝合金模板

铝模板是铝合金制作的建筑模板，又名铝合金模板，是按模数设计，经专用设备挤压后制作而成，由铝面板、支架和连接件三部分系统所组成，具有完整的配套使用的通用配件，能组合拼装成不同尺

寸的外形尺寸复杂的整体模架,是装配化、工业化施工的系统模板,解决了以往传统模板存在的缺陷,大大提高了施工效率。

5.2.3　其他模板简介

1. 大模板

（1）大模板工程分类

我国目前的大模板工程大体分为三类:外墙预制内墙现浇(简称"内浇外板");内外墙全现浇(简称全现浇);外墙砌砖内墙现浇(简称"内浇外砌")。

① 内浇外板工程

内浇外板工程的做法:内纵墙和内横墙为大模板现浇混凝土,外纵墙和山墙为预制墙板。

预制外墙板,采用单一材料或复合材料制成,其厚度主要根据各个地区保温、隔热和结构抗震的要求决定。

楼板,一般采用整间预应力大楼板、预制实心板或小块空心板。

在 8 度抗震设防区,当大模板工程高度超过 50 m 时,为了加强建筑物的整体刚度,则采用现浇楼板或在预制楼板上增设现浇层和采用预制与现浇相结合的叠合楼板。

② 全现浇工程

全现浇工程是指内外墙均采用大模板现浇墙体混凝土。

采用这种类型,建筑物施工缝少,整体性好;造价比外墙预制类型低,对起重运输设备及预制构件生产能力的要求也比较低。但模板型号较多,支模工序复杂,湿作业多,影响施工速度;同时外墙外模板要在高空作业条件下安装,存在安全问题。

③ 内浇外砌工程

内浇外砌工程体系是大模板剪力墙与砖混结构的结合,发挥了钢筋混凝土承重墙坚固耐久和砖砌体造价低的特点,主要用于多层建筑。

（2）大模板的构造

大模板由面板、加劲肋、竖楞、支撑桁架、稳定机构、操作平台、穿墙螺栓等组成,是一种现浇钢筋混凝土墙体的大型工具式模板,大模板构造示意图如图 5-1 所示。

（3）大模板的施工

为了提高模板的利用率,避免施工中大模板在地面和施工楼层间上、下升降,大模板施工应划分流水段,组织流水施工,使拆卸后的大模扳清理后即可安装到下一段的施工墙体上。

以内、外墙全现浇体系为例,大模板混凝土施工按以下工序进行:

抄平放线→敷设钢筋→固定门窗框→安装模板→浇筑混凝土→拆除模板→修整混凝土墙面→养护混凝土。

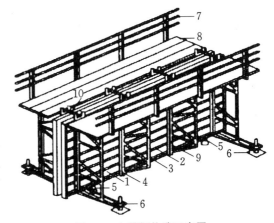

图 5-1　大模板构造示意图

1—面板;2—水平加劲肋;3—支撑桁架;4—竖楞;
5—调整水平螺旋千斤顶;6—调整垂直螺旋千斤顶;
7—栏杆;8—脚手板;9—穿墙螺栓;10—固定卡具

2. 滑升模板

液压滑升模板工程是现浇钢筋混凝土结构机械化施工的一种施工方法。

液压滑升模板施工是在建筑物或构筑物的底部,按照建筑物平面或构筑物平面,沿其墙、柱、梁等构件周边安装高 1.2 m 左右的模板和操作平台,随着向模板内不断分层浇筑混凝土,利用液压提升设备不断向上滑升模板连续成型,逐步完成建筑物或构筑物的混凝土浇筑工作。液压滑升模板工程适用于各种构筑物,如烟囱、筒仓、冷却塔等现浇钢筋混凝土工程的施工。

(1)液压滑升模板工程的特点

① 大量节约模板和脚手架,节省劳动力,减轻劳动强度,降低施工费用。在筒仓和烟囱等工程中,采用液压滑模施工方法与普通现浇支模施工方法相比较,可以节省木材 70% 以上,节省劳动力 30%~50%,降低施工费用达 20% 左右。

② 加快了施工速度,缩短了工期。

③ 提高了机械化程度,能保证结构的整体性,提高工程质量。

④ 施工安全可靠。

⑤ 液压滑模工程耗钢量大,液压滑模装置一次性投资费用较多。

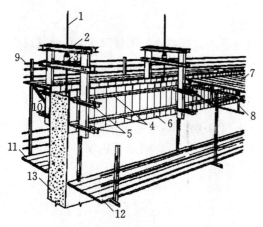

图 5-2 液压滑升模板的组成示意图

1—支承杆;2—提升架;3—液压千斤顶;4—围圈;
5—围圈支托;6—模板;7—操作平台;8—平台桁架;
9—栏杆;10—外挑三脚架;11—外吊脚手架;
12—内吊脚手架;13—混凝土墙体

(2)液压滑升模板的组成

液压滑升模板是由模板系统、操作平台系统、提升机具系统及施工精度控制系统等部分组成。模板系统包括模板、腰梁围檩(又叫围圈)和提升架等,模板又称围板,依赖腰梁带动其沿混凝土的表面滑动,主要作用是成型混凝土,承受混凝土的侧压力、冲击力和滑升时的摩阻力。操作平台系统包括操作平台、上辅助平台和内外吊脚手架等,是施工操作地点。提升机具系统包括支承杆、千斤顶和提升操纵装置等,是液压滑模向上滑升的动力。提升架将模板系统、操作平台系统和提升机具系统连成整体,构成整套液压滑模装置(图 5-2)。

液压滑模装置要求具有较好的整体刚度,能保证结构的几何形状与截面尺寸,运转可靠,施工安全。

5.2.4 模板分项工程的有关规定

《混凝土结构工程施工质量验收规范》(GB 50204—2015)对模板分项工程的有关规定如下:

1. 一般规定

① 楼板及其支架应根据工程结构形式、荷载大小、地基土类别、施工设备和材料供应等条件进行设计。模板及其支架应具有足够的承载能力、刚度及稳定性,能可靠地承受浇筑混凝土的重量、侧压力以及施工荷载。

② 在浇筑混凝土之前,应对模板工程进行验收。

模板安装和浇筑混凝土时,应对模板及其支架进行观察和维护。发生异常情况时,应按施工技术方案及时进行处理。

③ 模板及其支架拆除的顺序及安全措施应按施工技术方案执行。

2. 模板安装

(1)主控项目

① 安装现浇结构的上层模板及其支架时,下层楼板应具有承受上层荷载的承载能力,或加设支

架;上、下层支架的立柱应对准,并铺设垫板。

检查数量:全数检查。

检验方法:对照模板设计文件和施工技术方案观察。

② 在涂刷模板隔离剂时,不得沾污钢筋和混凝土接槎处。

检查数量:全数检查。

检验方法:观察。

(2) 一般项目

① 模板安装应满足下列要求:

A. 模板的接缝不应漏浆;在浇筑混凝土前,木模板应浇水湿润,但模板内不应有积水。

B. 模板与混凝土的接触面应清理干净并涂刷隔离剂,但不得采用影响结构性能或妨碍装饰工程施工的隔离剂。

C. 浇筑混凝土前,模板内的杂物应清理干净。

D. 对清水混凝土工程及装饰混凝土工程,应使用能达到设计效果的模板。

检查数量:全数检查。

检验方法:观察。

② 用作模板的地坪、胎模等应平整光洁,不得产生影响构件质量的下沉、裂缝、起砂或起鼓。

检查数量:全数检查。

检验方法:观察。

③ 对跨度不小于 4 m 的现浇钢筋混凝土梁、板,其模板应按设计要求起拱;当设计无具体要求时,起拱高度宜为跨度的 $1/1000 \sim 3/1000$。

检查数量:在同一检验批内,对梁,应抽查构件数量的 10%,且不少于 3 件;对板,应按有代表性的自然间抽查 10%,且不少于 3 间;对大空间结构,板可按纵、横轴线划分检查面,抽查 10%,且不少于 3 面。

检验方法:水准仪或拉线、钢尺检查。

④ 固定在模板上的预埋件、预留孔和预留洞均不得遗漏,且应安装牢固,其偏差应符合表 5-1 的规定。

表 5-1　预埋件、预留孔洞的允许偏差

项目		允许偏差(mm)
预埋钢板中心线位置		3
预埋管、预留孔中心线位置		3
插筋	中心线位置	5
	外露长度	＋10.0
预埋螺栓	中心线位置	2
	外露长度	＋10.0
预留洞	中心线位置	10
	尺寸	＋10.0

注:检查中心线位置时,应沿纵、横两个方向量测,并取其中的较大值。

检查数量:在同一检验批内,对梁、柱和独立基础,应抽查构件数量的 10%,且不少于 3 件;对墙和板,应按有代表性的自然间抽查 10%,且不少于 3 间;对大空间结构,墙可按相邻轴线间高度 5 m 左右划分检查面,板可按纵横轴线划分检查面,抽查 10%,且均不少于 3 面。

检验方法：钢尺检查。

对预埋件的外露长度，只允许有正偏差，不允许有负偏差；对预留洞内部尺寸，只允许大，不允许小。在允许偏差表中，不允许的偏差都以"0"来表示。

本规范中，尺寸偏差的检验除可采用条文中给出的方法外，也可采用其他方法和相应的检测工具。

⑤ 现浇结构模板安装的偏差应符合表 5-2 的规定。

表 5-2　现浇结构模板安装的允许偏差及检验方法

项目		允许偏差（mm）	检验方法
轴线位置		5	钢尺检查
底模上表面标高		±5	水准仪或拉线、钢尺检查
截面内部尺寸	基础	±10	钢尺检查
	柱、墙、梁	+4，−5	钢尺检查
层高垂直度	不大于 5 m	6	经纬仪或吊线、钢尺检查
	大于 5 m	8	经纬仪或吊线、钢尺检查
相邻两板表面高低差		2	钢尺检查
表面平整度		5	2 m 靠尺和塞尺检查

注：检查轴线位置时，应沿纵、横两个方向量测，并取其中的较大值。

检查数量：在同一检验批内，对梁、柱和独立基础，应抽查构件量的 10%，且不少于 3 件；对墙和板，应按有代表性的自然间抽查 10%，且不少于 3 间；对大空间结构，墙可按相邻轴线间高度 5m 左右划分检查面，板可按纵、横线划分检查面，抽查 10%，且均不少于 3 面。

⑥ 预制构件模板安装的偏差应符合表 5-3 的规定。

表 5-3　预制构件模板安装的允许偏差及检验方法

项目		允许偏差（mm）	检验方法
长度	板、梁	±5	钢尺量两角边，取其中较大值
	薄腹梁、桁架	±10	
	柱	0，−10	
	墙板	0，−5	
宽度	板、墙板	0，−5	钢尺量一端及中部，取其中较大值
	梁、薄腹梁、桁、柱	+2，−5	
高（厚）度	板	+2，−3	钢尺量一端及中部，取其中较大值
	墙板	0，−5	
	梁、薄腹梁、桁架柱	+2，−5	
侧向弯曲	梁、板、柱	$L/1000$ 且≤15	拉线、钢尺量最大弯曲处
	墙板、薄腹梁、桁梁	$L/1500$ 且≤15	
板的表面平整度		3	2 m 靠尺和塞尺检查

项目		允许偏差（mm）	检验方法
相邻两板表面高低差		1	钢尺检查
对角线差	板	7	钢尺量两个对角线
	墙板	5	
翘曲	板、墙板	$L/1500$	调平尺在两端量测
设计起拱	薄腹梁、桁架、梁	± 3	拉线、钢尺量跨中

注：L 为构件长度（mm）。

检查数量：首次使用及大修后的模板应全数检查；使用中的模板应定期检查，并根据使用情况不定期抽查。

3. 模板拆除

（1）主控项目

① 底模及其支架拆除时的混凝土强度应符合设计要求；当设计无具体要求时，混凝土强度应符合表 5-4 的规定。

表 5-4　底模拆除时的混凝土强度要求

构件类型	构件跨度（m）	达到设计的混凝土 立方体抗压强度标准值的百分率（%）
板	$\leqslant 2$	$\geqslant 50$
	$> 2,\leqslant 8$	$\geqslant 75$
	> 8	$\geqslant 100$
梁、拱、壳	$\leqslant 8$	$\geqslant 75$
	> 8	$\geqslant 100$
悬臂结构	—	$\geqslant 100$

检查数量：全数检查。

检验方法：检查同条件养护试件强度试验报告。

② 对后张法预应力混凝土结构构件，侧模宜在预应力张拉前拆除；底模支架的拆除应按施工技术方案执行，当无具体要求时，不应在结构构件建立预应力前拆除。

检查数量：全数检查。

检验方法：观察。

③ 后浇带模板的拆除和支顶应按施工技术方案执行。

检查数量：全数检查。

检验方法：观察。

（2）一般项目

① 侧模拆除时的混凝土强度应能保证其表面及棱角不受损伤。

检查数量：全数检查。

检验方法：观察。

② 模板拆除时,不应对楼层形成冲击荷载。拆除的模板和支架宜分散堆放并及时清运。

检查数量:全数检查。

检验方法:观察。

[知识测试]

1. 为保证木模板干缩时缝隙均匀,浇水后易于密实,受潮后不易翘曲,拼板宽度不宜超过(　　　)。

　　A. 100 mm　　　　　　　　　　B. 150 mm　　　　　　　　　　C. 200 mm

2. 梁模板主要由底模、侧模、支架等组成,拆模时一般先拆(　　　)。

　　A. 底模　　　　　　　　　　　B. 侧模　　　　　　　　　　　C. 支柱

3. 悬臂构件模板在(　　　)时即可拆除。

　　A. 达到50%设计强度　　　　　　　　　　　　　　B. 达到70%设计强度

　　C. 混凝土成型　　　　　　　　　　　　　　　　　D. 达到100%设计强度

码 5-2　模板工程
知识测试答案

4. 为保证浇筑混凝土不离析,柱支模时,沿高度方向每隔约(　　　)m开有浇筑口。

5. 滑模组成包括(　　　　　)、(　　　　　)、(　　　　　)三个系统。

6. 我国目前的大模板工程大体分为(　　　　　)、(　　　　　)、(　　　　　)三类。

7. 试述模板的作用和要求。

8. 跨度在 4 m 及 4 m 以上的梁模板为什么需要起拱?起拱多少?

9. 大模板由哪几部分组成?各有什么作用?

5.3　钢　筋　工　程

[任务描述]　介绍常见钢筋的性能、施工要求以及验收方法。

[能力目标]　可以独立完成钢筋工程的施工质量验收。

[知识目标]　了解钢筋的分类,钢筋的主要力学性能,冷拉设备及计算,钢筋冷拔原理及冷拔工艺,电阻点焊焊接工艺,埋弧压力焊原理和焊接工艺,气压焊原理和焊接工艺,钢筋挤压连接、螺纹连接,钢筋调直、除锈、切断、弯曲成型等。

熟悉钢筋的冷拉目的、冷拉原理,钢筋外观检查和机械性能试验,冷拉参数,电渣压力焊焊接原理、适用范围及焊接工艺,钢筋代换原则及注意问题,质量验收标准。

掌握钢筋冷拉伸长值及拉力计算,钢筋对焊焊接原理、焊接工艺、闪光对焊参数、焊接质量检查,电弧焊焊接工艺,钢筋下料长度计算。列出钢筋配料单。

[任务工单]

《普通混凝土制备及施工技术》学习任务工单

项目	普通混凝土施工		任务	5.3　钢筋工程		
队名		班级			学时	2
队长		队员				
工作任务	掌握常见钢筋的性能、施工要求以及验收方法。					
任务目标	掌握常见钢筋的性能、施工要求以及验收方法。					
工作方式	每个班级分为 6 个学习小分队,每队 5~6 人,按学习任务进行分工,每人在完成自学后,一起讨论,共同完成任务,并进行任务总结。					

						合计	权重	分值
工作记录								
任务总结								
工作评价		参与讨论 /(20)	工作数量 /(20)	工作质量 /(20)	团结协作 /(20)	工作结果 /(20)	合计	权重	分值

工作评价		参与讨论 /(20)	工作数量 /(20)	工作质量 /(20)	团结协作 /(20)	工作结果 /(20)	合计	权重	分值
	自我评价							30%	
	同学评价							30%	
	老师评价							40%	

教师评语	教师签名： 年　　月　　日

5.3.1　钢筋的分类

1. 按外形分类

（1）光圆钢筋

光圆钢筋是光面圆钢筋的意思，由于表面光滑，也叫"光面钢筋"，或简称"圆钢"。

（2）带肋钢筋

表面有突起部分的圆形钢筋称为带肋钢筋，它的肋纹形式有"月牙形"（图 5-3）、"螺纹形"（图 5-4）、"人字形"（图 5-5）。钢筋表面带有两条纵肋和沿长度方向均匀分布的横肋。横肋的纵截面呈月牙形，且与纵肋不相交的钢筋称为月牙形钢筋。横肋的纵截面高度相等，且与纵肋相交的钢筋，称为等高肋钢筋，有螺纹形和人字形两种。

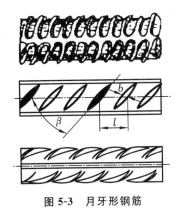

图 5-3　月牙形钢筋

图 5-4　螺纹形钢筋

图 5-5　人字形钢筋

掌握钢筋按外形分类,对施工现场区别钢筋种类很重要。Ⅰ级钢筋(HPB300级)表面都是光圆的,Ⅱ级(HRB335)、Ⅲ级(HRB400)钢筋表面都是变形的(轧制成人字形);Ⅳ级钢筋表面有一部分做成光圆的,有一部分做成变形的(轧制成螺旋形及月牙形)。

2. 按钢筋直径分类

(1)钢丝

钢丝直径 $d=(3\sim5)$ mm。

(2)细钢筋

细钢筋直径 $d=(6\sim12)$ mm。

对于直径小于 12 mm 的钢丝或细钢筋,出厂时,一般做成盘圆状,使用时须调直。

(3)粗钢筋

对于直径大于 12 mm 的粗钢筋,为了便于运输,出厂时一般做成直条状,每根 6~12 m,如需特长钢筋,可同厂方协议。

3. 按化学成分分类

(1)碳素钢钢筋

碳素钢钢筋是由碳素钢轧制而成。根据国家标准的规定,普通碳素结构钢按照厂方供应的保证条件分为下列三类:

甲类钢——保证机械性能的钢,用符号 A 表示。

乙类钢——保证化学成分的钢,用符号 B 表示。

特类钢——既保证机械性能又保证化学成分的钢,用符号 C 表示。

碳素钢钢号愈大,含碳量也愈高,强度及硬度也愈高,但塑性、韧性、冷弯及焊接性等均降低。

(2)普通低合金钢筋

普通低合金钢筋是在低碳和中碳钢的成分中加入少量元素(硅、锰、钛、稀土等)制成的钢筋。

其钢号及表示方法:普通低合金钢的钢号是按含碳量及含金元素的种类来表示的。最前的数字,表示平均含碳量的万分数,后面的化学元素名称为所加的合金元素,合金元素后面的数字表示合金元素的含量。如:"20 MnSi"读作 20 锰硅钢,表示含碳量在万分之二十,由锰硅两种合金元素组成,合金元素的平均含量小于 1.5% 的普通低合金钢钢筋。

普通低合金钢筋的主要优点是强度高,综合性能好,用钢量比碳素钢少 20% 左右。

常用的普通低合金钢有 20 锰硅、25 锰硅、40 硅锰钒等品种。

(3)杂质对钢筋材性的影响

① 碳(C)

碳是决定钢材性能的主要元素,含碳量增加会导致钢材强度和硬度的提高,而它的塑性、韧性则相应降低。含碳量过多会使焊接性能恶化,使焊缝附近热影响区组织和性能产生不良变化,引起局部硬化脆裂。

② 硫(S)

硫使钢在高温时变脆,即出现"热脆现象"。热脆现象会导致钢的韧性、塑性降低,疲劳强度也相应地降低,因此,对于承受冲击荷载或重复荷载的钢筋是非常有害的。

③ 磷(P)

磷是钢材中的有害化学成分,它会使钢的塑性和韧性降低,特别是在低温条件下的韧性降低得更剧烈,当温度低于 -200 ℃时,容易导致钢筋发生脆断,即出现"冷脆现象"。冷脆现象对承受冲击荷载或在负温下使用的钢筋十分有害，而焊接时焊缝金属容易产生冷裂纹并继续扩展，因此，磷是恶化钢筋焊接性能的一种化学元素。磷的危害性随含碳量的增加而增大，对于含碳量较高的钢筋，如含磷量过高，由于冷脆性能影响的塑性降低尤为显著。

④ 锰（Mn）

锰本是制钢过程中的一种主要脱氧剂，但它能够除去热脆性的硫化铁，而硫在钢中是以硫化铁的形式存在，所以能清除硫的有害作用，减轻热脆影响，有利于改善钢的焊接性能。锰含量在 1.0% 以下时，几乎不降低钢筋的塑性和韧性，甚至对韧性还会稍有提高；当锰含量超过 1.0% 时，强度提高而塑性和韧性降低，但有时为了提高钢筋强度，还是要适当增加；当钢中含碳量不高（0.2% 以下）时，1.0% 以下的锰含量对钢筋的焊接性能影响不大，但如果锰含量再增加，则钢筋的可焊性变差。

⑤ 硅（Si）

硅可显著地提高钢筋的抗拉强度，也能使屈服点略有提高；硅含量过多时，会使钢筋的塑性和韧性降低，从而导致它的可焊性变差。

⑥ 钒（V）

钒能有效地提高钢的强度，改善塑性和韧性；由于它对钢的强化作用较大，所以加少量钒（0.05%～0.15%）就可以适量地少加较多的锰、碳，从而进一步改善钢的性能。

⑦ 钛（Ti）

钢中加少量的钛（≤0.08%），就可以使强度显著提高，同时塑性稍有降低；但韧性和焊接性能则有所改善。

⑧ 铌（Nb）

钢中加入少量的铌可以提高钢筋硬度，并使强度提高。

⑨ 铬（Cr）

铬的硬度高，抗腐蚀能力强，钢中加适量铬可以提高钢筋强度。

4. 按生产工艺分类

（1）热轧钢筋

热轧钢筋由轧钢厂经过热轧成材供应，钢筋直径一般为 5～40 mm，分直条和盘条形式。

热轧钢筋按它的强度高低（以屈服点表示）分为四个强度等级，即 Ⅰ 级（HPB300）钢筋、Ⅱ 级（HRB335）钢筋、Ⅲ 级（HRB400）钢筋和 Ⅳ 级钢筋。热轧钢筋的强度等级代号为"R"（"热"字汉语拼音字头），如果外形是带肋的，在 R 后面加 L 而成"RL"（L 为"肋"字汉语拼音字头）（外形是光圆的就不加 L），在 R 或 RL 后面添上屈服点值（以 N/mm^2 计）以区别级别，例如强度等级为 RL335 的钢筋表示热轧带肋钢筋，它的屈服点不小于 335 N/mm^2。

热轧钢筋的强度等级划分见表 5-5。表中 Ⅳ 级钢筋是用于预应力钢筋混凝土构件，如果按锚具要求，不须带肋，那么由施工单位提出以光圆外形交货，强度等级代号就为 R540。

表 5-5　热轧钢筋的强度等级

外形	强度等级	屈服点（N/mm^2）	强度等级代号
光圆	Ⅰ	235	R235
带肋	Ⅱ	335	RL335
	Ⅲ	400	RL400
	Ⅳ	540	RL540

（2）冷拉钢筋

冷拉钢筋是将热轧钢筋在常温下进行强力拉伸，使它强度提高的一种钢筋。这种冷拉操作都在施工工地进行，分为冷拉Ⅰ级钢筋、冷拉Ⅱ级钢筋、冷拉Ⅲ级钢筋、冷拉Ⅳ级钢筋。

（3）热处理钢筋

热处理钢筋又称调质钢筋，采用热轧螺纹钢筋经淬火及回火的调质热处理而制成。按其外形，又可分为有肋和无肋两种。

（4）钢丝

① 碳素钢丝

碳素钢丝是采用优质高碳光圆盘条钢筋经冷拔和矫直、回火制成。这种钢丝的强度高，塑性性能也相对较好。有 $\phi4$、$\phi5$ 两种，主要是以钢丝束的形式用来作预应力筋。

② 刻痕钢丝

刻痕钢丝是把上述碳素钢丝的表面，经过机械刻痕而制成，只有 $\phi5$ 一种。由于刻痕的影响，其强度比碳素钢丝略低。通过刻痕可以使它与混凝土或水泥浆之间的黏结性能得到一定改善，在工程中只用作预应力筋。

③ 冷拔低碳钢丝

冷拔低碳钢丝一般是用小直径的低碳光圆钢筋，在施工现场或预制厂用拔丝机经过几次冷拔而成。它分为甲级和乙级，甲级钢丝的质量要求较严，即要求对钢丝逐盘取样进行检验，它又分为Ⅰ、Ⅱ两组。主要用于一般民用建筑中小型预应力混凝土构件中作预应力筋用。钢筋强度见表5-6。

表 5-6　钢筋强度

级别	组别	直径	强度标准值（N/mm²）	抗拉设计强度标准值（N/mm²）	抗压设计强度标准值（N/mm²）
甲级	Ⅰ组	ϕ 4	700	460	400
		ϕ 5	650	430	400
	Ⅱ组	ϕ 4	650	430	400
		ϕ 5	600	400	400

乙级冷拔低碳钢丝质量要求不如甲级严，它只要求分批进行抽样试验，有直径 $\phi3\sim\phi5$，强度标准值 550 N/mm²，乙级冷拔低碳钢丝只能用作中小型钢筋混凝土或预应力混凝土构件中的箍筋和构造钢筋以及焊接网和焊接骨架的钢筋。

④ 钢绞线

钢绞线是由 7 根圆形截面钢丝经绞捻、热处理而成。由于强度高，又与混凝土的黏结性能好，大多用于大跨度、重荷载的预应力钢筋混凝土结构中。

（5）冷轧扭钢筋

冷轧扭钢筋是用低碳盘圆钢筋经专用钢筋冷轧扭机调直、冷轧并冷扭一次成型，呈连续螺旋状，具有规定截面形状和节距，见图5-6。冷轧扭钢筋按其截面形状不同分为两种类型：Ⅰ型，为矩形截面；Ⅱ型，为菱形截面。

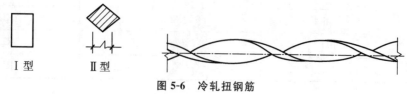

Ⅰ型　Ⅱ型

图 5-6　冷轧扭钢筋

冷轧扭钢筋的直径以"标志直径"表示,指原材料(母材)轧制前的公称直径。标志直径有 6.5 mm、8 mm、10 mm、12 mm、14 mm 等五种。

冷轧扭钢筋的名称代号为 LZN("冷"、"轧"、"扭"字汉语拼音字头),用 Φt 作为钢筋符号,接着写上标志直径和截面类型,即为它的型号。例如"LZNΦt10(Ⅰ)"标记为冷轧扭钢筋,标志直径 10 mm,矩形截面。

这种钢筋具有较高的强度,而且有足够的塑性,与混凝土黏结性能优异,代替Ⅰ级钢筋可节约钢材约 30%。一般用于预制钢筋混凝土圆孔板、叠合板中的预制薄板,以及现浇钢筋混凝土楼板等。

5. 按用途分类

(1) 受拉钢筋

受拉钢筋沿梁的纵向跨度方向布置,承受梁中由弯矩引起的拉力,又称纵向受拉钢筋,如图 5-7 所示。对于普通钢筋混凝土构件一般采用Ⅰ、Ⅱ级钢筋。

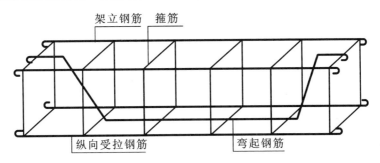

图 5-7   梁的配筋

(2) 弯起钢筋

将一部分纵向钢筋弯起,称为弯起钢筋,如图 5-8 所示。它的斜段承受梁中剪力引起的拉力。对于普通钢筋混凝土构件一般采用Ⅰ、Ⅱ级钢筋。

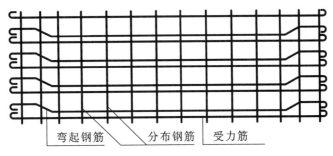

图 5-8   板的配筋

(3) 架立钢筋

架立钢筋沿梁的纵向布置,它基本不受力,而是起架立和构造作用,它往往布置成直线形,与梁中的纵向受力钢筋和箍筋一起形成钢筋骨架。对于普通钢筋混凝土构件一般采用Ⅰ级钢筋,也有采用Ⅱ级钢筋的。

(4) 箍筋

箍筋在梁中承受剪力,同时与架立钢筋、纵向受拉钢筋形成钢筋骨架,一般采用Ⅰ级钢筋。

(5) 分布钢筋

只有钢筋混凝土板才有分布钢筋,它的作用是固定板中受力钢筋,它沿板的横向布置,与纵向钢筋垂直。

6. 钢筋的采用

《混凝土结构设计规范》(GB 50010—2010)规定:

① 钢筋混凝土结构及预应力混凝土结构的钢筋,应按下列规定选用:

a. 普通钢筋宜采用 HRB400 级及 HRB335 级钢筋,也可采用 HPB300 级和 RRB400 级钢筋;

b. 预应力钢筋宜采用预应力钢绞线、钢丝,也可采用热处理钢筋。

注:① 普通钢筋系指用于钢筋混凝土结构中的钢筋和预应力混凝土结构中的非预应力钢筋。

② HRB400 级和 HRB335 级钢筋指现行国家标准《钢筋混凝土用钢 第 2 部分:热轧带肋钢筋》(GB/T 1499.2—2018)中的 HRB400 和 HRB335 钢筋;HPB300 级钢筋系指现行国家标准《钢筋混凝土用热轧光圆钢筋》(GB 13013)中的 Q235 钢筋;RRB400 级钢筋系指现行国家标准《钢筋混凝土用余热处理钢筋》(GB 13014)中的 KL400 钢筋。

③ 预应力钢丝系指现行国家标准《预应力混凝土用钢丝》(GB/T 5223)中的光面、螺旋肋和三面刻痕的消除应力的钢丝。

④ 当采用本条未列出但符合强度和伸长率要求的冷加工钢筋及其他钢筋时,应符合专门标准的规定。

本规范在钢筋方面提倡用 HRB400 级(即新Ⅲ级)钢筋作为我国钢筋混凝土结构的主力钢筋;用高强的预应力钢绞线、钢丝作为我国预应力混凝土结构的主力钢筋,推进在我国工程实践中提升钢筋的强度等级。

② 钢筋的强度标准值应具有不小于 99% 的保证率。

热轧钢筋的强度标准值系根据屈服强度确定,用 f_{yk} 表示。预应力钢绞线、钢丝和热处理钢筋的强度标准值系根据极限抗拉强度确定,用 f_{ptk} 表示。

普通钢筋的强度标准值应按表 5-7 采用;预应力钢筋的强度标准值应按表 5-8 采用。

表 5-7 普通钢筋的强度标准值(N/mm^2)

种类		符号	公称直径 d(mm)	屈服强度标准值 f_{yk}
热轧钢筋	HPB300(Q235)	φ	8~20	300
	HRB335(20MnSi)	ϕ	6~50	335
	HRB400(20MnSiV、20MnSiNb、20MnTi)	ϕ	6~50	400
	RRB400(K20MnSi)	ϕ^R	8~40	400

注:① 热轧钢筋直径 d 系指公称直径;

② 当采用直径大于 40 mm 的钢筋时,应有可靠的工程经验。

表 5-8 预应力钢筋的强度标准值 (N/mm^2)

种类		符号	极限强度标准值 f_{ptk}
钢绞线	1×3	ϕ^S	1860
			1720
			1570
	1×7		1860
			1720
消除应力钢丝	光面螺旋肋	ϕ^P ϕ^H	1770
			1670
			1570
	刻痕	ϕ^I	1570

种类		符号	极限强度标准值 f_{ptk}
热处理钢筋	40Si2Mn	ϕ^{HT}	1470
	48Si2Mn		
	45Si2Cr		

注：①钢绞线直径 d 系指钢绞线外接圆直径，即现行国家标准《预应力混凝土用钢绞线》(GB/T 5224—2014)中的公称直径 D。钢丝和热处理钢筋的直径 d 均指公称直径。

②消除应力光面钢筋直径 d 为 4～9 mm，消除应力螺旋钢筋直径 d 为 4～8 mm。

③ 普通钢筋的抗拉强度设计值 f_y 及抗压强度设计值 f'_y 应按表 5-9 采用；预应力钢筋的抗拉强度设计值 f_{py} 及抗压强度设计值 f'_{py} 应按表 5-10 采用。

表 5-9　普通钢筋强度设计值（N/mm²）

种类		符号	公称直径 d(mm)	抗拉强度设计值 f_y	抗压强度设计值 f'_{py}
热轧钢筋	HPB300(Q235)	ϕ	8～20	210	210
	HRB335(20MnSi)	Φ	6～50	300	300
	HRB400(20MnSiV、20MnSiNb、20MnTi)	Φ	6～50	360	360
	RRB400(K20MnSi)	Φ^R	8～40	360	360

表 5-10　预应力钢筋强度设计值（N/mm²）

种类		符号	极限强度标准值 f_{ptk}	抗拉强度设计值 f_{py}	抗压强度设计值 f'_{py}
钢绞线	1×3	ϕ^S	1860	1320	390
			1720	1220	
			1570	1110	
	1×7		1860	1320	390
			1720	1220	
消除应力钢丝	光面螺旋肋	ϕ^P ϕ^H	1770	1250	410
			1670	1180	
			1570	1110	
	刻痕	ϕ^I	1570	1110	410
热处理钢筋	40Si2Mn	ϕ^{HT}	1470	1040	400
	48Si2Mn				
	45Si2Cr				

注：当预应力钢绞线、钢丝的强度标准值不符合表 5-8 的规定时，其强度设计值应进行换算。

当构件中配有不同种类的钢筋时，每种钢筋应采用各自的强度设计值。

HPB300 级钢筋、HRB400 级钢筋的设计值按规范取用。HRB335 级钢筋的强度设计值改为 300 N/mm²。

对预应力用钢丝、钢绞线和热处理钢筋,原规范取用 $0.8\sigma_b$(σ_b 为钢筋的极限抗拉强度)作为条件屈服点,本规范改为 $0.85\sigma_b$,以与钢筋的国家标准相一致。

④ 钢筋的弹性模量 E_s 应按表 5-11 采用。

表 5-11　钢筋的弹性模量($\times 10^5 \mathrm{N/mm^2}$)

种　类	弹性模量 E_s
HPB300 级钢筋	2.1
HRB335 级钢筋、HRB400 级钢筋、RRB400 级钢筋、热处理钢筋	2.0
消除应力钢丝(光面钢丝、螺旋肋钢丝、刻痕钢丝)	2.05
钢绞线	1.95

注:必要时钢绞线可采用实测的弹性模量。

5.3.2　钢筋的主要力学性能

在钢筋混凝土结构中所使用的钢材是否符合标准,直接关系工程的质量,因此,在使用前,必须对钢筋进行一系列的检查与试验,机械性能试验就是其中的一个重要检验项目,是评估钢材能否满足设计要求、检验钢质及划分钢号的重要依据之一。

5.3.3　钢筋工程施工工艺流程

钢筋工程施工工艺流程:原材料→调直(除锈)→切断→接长→冷拉→弯曲→骨架。

5.3.4　钢筋检验

对进场的钢筋除应检查其标牌、外观、尺寸外,还应按规定采取试样检验。

1. 外观检查

(1)热轧钢筋

① 热轧光圆钢筋

钢筋表面不得有裂纹、结疤和折叠;钢筋表面凸块和它的缺陷的深度和高度不得大于所在部位尺寸的允许偏差。从每批中抽取 5% 进行外观检查。

② 热轧圆盘条钢筋

盘条应将头尾有害缺陷部分切除;盘条的截面不得有分层及夹杂;盘条表面应光滑,不得有裂纹、折叠、耳子、结疤。盘条不得有夹杂及其他有害缺陷。从每批中抽取 5% 进行外观检查。

③ 热轧带肋钢筋

钢筋表面不得有裂纹、结疤和折叠;钢筋表面允许有凸块,但不得超过横肋的高度,钢筋表面上其他缺陷的深度和高度不得大于所在部位尺寸的允许偏差。从每批中抽取 5% 进行外观检查。

(2)冷拔低碳钢丝

钢丝表面不得有裂纹和影响力学性质的锈蚀及机械损伤。

(3)预应力钢筋混凝土用钢丝

钢丝表面不得有裂纹、小刺、机械损伤、氧化铁皮和油污;

除非供需双方另有协议,否则钢丝表面只要没有目视可见的麻坑,表面浮锈不应作为拒收的理由。

（4）热处理钢筋（RRB400）

钢筋表面不得有肉眼可见的裂纹、结疤和折叠；钢筋表面允许有凸块，但不得超过横肋的高度，钢筋表面允许有不影响使用的缺陷；钢筋表面不得沾有油污。钢筋在制造过程中，除端部外，应使钢筋不受到切割火花或其他方式造成的局部加热影响。从每批中抽取5%进行外观检查。

2. 机械性能试验

（1）热轧钢筋

①热轧光圆钢筋

取样方法：每批钢筋由同一牌号、同一炉罐号、同一规格的钢筋组成，质量不大于60 t。从每批钢筋中，任选两根钢筋，去掉钢筋端头500 mm。

取样数量：在每根钢筋中取两个试样，一个试样做拉力试验，测定屈服点、抗拉强度和伸长率三项指标；另一个试样做冷弯试验。每批钢筋总计取拉力试样两个，冷弯试样两个。

试样规格：拉力试验试样为$5d+200$ mm，冷弯试验试样取$5d+150$ mm（d为标距部分的钢筋直径）。

试验结果评定：若各项技术指标全部符合标准要求，应评定为合格；若有某一项试验结果不符合标准要求，应从同一批中再任取双倍数量的试样进行不合格项目的复验。复验结果包括该项试验要求的任一指标，即使有一个指标不合格，则评定为该批钢筋不合格，应降级使用。

② 热轧圆盘条钢筋

取样方法及数量：每60t为一批；拉伸试验仅取1个试件，从任一盘中切取；冷弯试验取两个试件，从不同盘切取。

试样规格：同热轧光圆钢筋。

试验结果评定：同热轧光圆钢筋。

③ 热轧带肋钢筋

取样方法：每批钢筋由同一牌号、同一炉罐号、同一规格的钢筋组成，质量不大于50 t。从每批钢筋中，任选两根钢筋，去掉钢筋端头500 mm。

取样数量：在每根钢筋中取两个试样，一个试样做拉力试验，测定屈服点、抗拉强度和伸长率三项指标；另一个试样做冷弯试验。每批钢筋总计取拉力试样两个，冷弯试样两个。

试样规格：拉力试验试样为$5d+200$ mm，冷弯试验试样取$5d+150$ mm（d为标距部分的钢筋直径）。

试验结果评定：若各项技术指标全部符合标准要求，应评定为合格，若有某一项试验结果不符合标准要求，则判定为该批钢筋不合格。

（2）冷拔低碳钢丝

取样方法：甲级冷拔低碳钢丝在每盘任一端截取两个试样（甲级冷拔低碳钢丝要求较严，要求逐盘检验）。乙级冷拔低碳钢丝，在每批中任取3盘，每盘各截取两个试样（乙级冷拔低碳钢丝要求抽样检验）。

取样数量：甲、乙级中各取两个试样，均为一个做拉力试验，测定抗拉强度和伸长率；另一个做反复弯曲试验。

取样规格：拉力试验试样取$10d+200$ mm；反复弯曲试验试样取$100\sim150$ mm。

试验结果评定：若各项技术指标全部符合标准要求，应评定为X级X组冷拔低碳钢丝，若有一个试样不符合乙级钢丝的各项标准要求，应在未取过试样的钢丝盘中另取双倍数量的试样，重做各项试验，若仍有一个试样不合格，该批钢丝应逐盘试验，合格者方可使用。

（3）预应力混凝土用钢丝

取样方法：每批钢丝由同一牌号、同一规格、同一生产工艺制度的钢丝组成，质量不大于60 t。在形状尺寸和表面检查合格的每批钢丝中抽取10%，但不得少于3盘，在每盘钢丝的两端截取试样。

取样数量：每盘钢丝两端截取来的试样，分别进行抗拉强度、弯曲、伸长率试验。

试样规格：拉力试样为350 mm，反复弯曲试样为100～150 mm。

试验结果评定：矫直回火钢丝、冷拉钢丝及刻痕钢丝应分别按有关标准评定。若各项技术指标全部符合相应的标准要求，则应分别评为合格品；若有某一项试验结果不符合标准要求，该盘不得交货并从同一批未经试验的钢丝盘中再取双倍数量的试样进行复验，包括该项试验所要求的任一指标，复验结果即使有一个指标不合格，该批不得交货或逐盘检验合格后方可使用。

（4）热处理钢筋

取样方法：每批钢筋由同一外形截面尺寸、同一热处理制度和同一炉罐号的钢筋组成，质量不大于60 t。从每批钢筋中选取10%的盘数（不少于25盘）。

取样数量：在每盘的末端截取一根试样作力学性能试验。

取样规格：$10d+200$ mm。

试验结果评定：若各项技术指标全部符合标准要求，应评为合格品；若有一项不合格时，该盘为不合格品，要再从未试验过的钢筋中取双倍数量的试样进行复验，若仍有一项不合格，则该批钢筋为不合格品。

5.3.5 钢筋的验收

钢筋是钢筋混凝土中的主要组成部分，所以使用的钢筋是否符合质量标准，直接影响着建筑物的使用安全，因此在施工过程中必须做好钢筋的验收工作，不合格者，不得使用。

1. 钢筋进入现场（加工厂）的验收

① 应有出厂质量证明书（试验报告单）。

② 每捆（盘）钢筋均应有标牌。

③ 应按炉罐（批）号及直径分批堆放，分批验收。

2. 钢筋的验收方式

① 查对标牌。

② 进行外观检查。

3. 钢筋的保管

为了确保质量，钢筋验收合格后，还要做好保管工作，主要是防止生锈、腐蚀和混用，为此：

① 堆放场地要干燥，并用方木或混凝土板等作为垫件，一般保持离地20 cm以上。非急用钢筋，宜放在有棚盖的仓库内。

② 钢筋必须严格分类、分级，分牌号堆放，不合格钢筋另作标记分开堆放。

③ 钢筋不要和酸、盐、油这一类的物品放在一起，要远离有害气体的地方堆放，以免腐蚀。

5.3.6 钢筋的配料

1. 什么叫钢筋配料

钢筋配料是根据构件的配筋图计算构件各钢筋的直线下料长度、根数及重量，然后编制钢筋配料单，作为钢筋备料加工的依据。钢筋配料单的形式如表5-12所示。

表 5-12　钢筋配料单

项次	构件名称	钢筋编号	简图	直径	下料长度	单位根数	合计根数	质量

2. 为什么要进行下料长度计算

构件配筋图中注明的尺寸一般是钢筋外轮廓尺寸,即从钢筋外皮到外皮量得的尺寸,称为外包尺寸。在钢筋加工时,一般也按外包尺寸进行验收。钢筋加工前直线下料,如果下料长度按钢筋外包尺寸的总和来计算,则加工后的钢筋尺寸将大于设计要求的外包尺寸,或者弯钩平直段太长造成材料的浪费。这是由于钢筋弯曲时外皮伸长,内皮缩短,只有中轴线长度不变。按外包尺寸总和下料是不准确的,只有按钢筋轴线长度尺寸下料加工,才能使加工后的钢筋形状、尺寸符合设计要求。

所以在施工现场施工时,要对钢筋进行翻样,翻样内容为:

① 将设计图纸上钢材明细表中的钢筋尺寸改为施工时的适用尺寸;

② 根据施工图纸计算钢筋的下料长度;

③ 列出钢筋配料单。

3. 计算方法

钢筋弯曲或弯折后,弯曲处外皮延伸,内皮收缩,轴线长度不变。钢筋的外包尺寸和轴线长度之间存在一个差值,称为"量度差值"。钢筋的直线段外包尺寸等于轴线长度,二者无量度差值;而钢筋弯曲段,外包尺寸大于轴线长度,二者间存在量度差值。因此,钢筋下料时,其下料长度应为各段外包尺寸之和减去弯曲处的量度差值加上两端弯钩的增长值。即:钢筋的下料长度=各段外包尺寸之和－弯曲处的量度差值＋两端弯钩的增长值。

5.3.7　钢筋的代换

1. 代换原因

进行钢筋施工时,之所以发生需要进行钢筋规格代换的做法,一般基于以下几点考虑:

① 由于材料供应不可能满足设计图纸的全部要求,因此得用现有库存或将从别处有把握调进的钢筋代替缺货钢筋。

② 某种钢筋有充足的来源,并且价廉物美,与原设计钢筋对比,有明显的经济优势。

③ 由于施工技术需要(例如钢筋配置过密,不便浇捣混凝土),改变钢筋规格之后可方便施工或改善工程质量。

④ 为了适应现有施工工艺、设备条件(例如钢筋连接方法的选择),必须改变原设计配筋。

2. 代换原则

(1) 等强度代换

构件配筋受强度控制时,按代换前后强度相等的原则进行代换,称为等强度代换。代换时应满足下式要求:

$$A_{s2} f_{y2} \geqslant A_{s1} f_{y1} \quad 即: \quad A_{s2} \geqslant \frac{A_{s1} f_{y1}}{f_{y2}}$$

式中　A_{s1}——原设计钢筋总面积,mm^2;

A_{s2}——代换后钢筋总面积,mm^2;

f_{y1}——原设计钢筋的设计强度,N/mm^2;

f_{y2}——代换后钢筋的设计强度,N/mm^2。

在设计图纸上钢筋都是以根数表示的,由于 $A_{s1}=n_1 d_1^2(\pi/4)$,$A_{s2}=n_2 d_2^2(\pi/4)$。所以:

$$n_2 d_2^2(\pi/4)f_{y2} \geq n_1 d_1^2(\pi/4)f_{y1}$$

$$n_2 \geq \frac{n_1 d_1^2 f_{y1}}{d_2^2 f_{y2}}$$

式中　　n_1——原设计钢筋根数;

　　　　d_1——原设计钢筋直径,mm;

　　　　n_2——代换后钢筋根数;

　　　　d_2——代换后钢筋直径,mm。

(2) 等面积代换

构件按最小配筋率配筋时,按代换前后面积相等的原则进行代换,称为等面积代换。即:$A_{s2} \geq A_{s1}$。

3. 钢筋代换应注意的问题

① 钢筋代换后,应满足混凝土结构设计规范中所规定的钢筋间距、锚固长度、最小钢筋直径、根数的要求。

② 对重要受力构件如吊车梁、薄腹梁、屋架下弦等,不宜用 HPB300 级光面钢筋代换变形钢筋。

③ 梁的纵向受力钢筋与弯起钢筋应分别进行代换。

④ 当构件配筋受抗裂裂缝宽度或挠度控制时,钢筋代换后应进行抗裂裂缝宽度或挠度验算。

⑤ 有抗震要求的框架,不宜以强度等级较高的钢筋代替原设计中的钢筋。如必须代换时,其代换的钢筋检验所得的实际强度,尚应符合下列要求:

A. 钢筋的实际抗拉强度与实际屈服强度的比值应大于 1.25。

B. 钢筋的实际屈服强度与钢筋标准强度的比值:当按 HPB300 级抗震等级设计时不应大于 1.25,当按 HRB335 级抗震等级设计时不应大于 1.4。

⑥ 预制构件吊环,必须采用未经冷拉的 I 级热轧钢筋制作,严禁以其他钢筋代换。

⑦ 不同种类钢筋的代换,应按钢筋受拉承载力设计值相等的原则进行。

5.3.8　钢筋的加工

钢筋的加工包括钢筋的冷加工(冷拉及冷拔)、焊接、调直、除锈、下料切断、弯曲成型等。

1. 钢筋的调直

调直就是将有弯的钢筋弄直。钢筋调直方法可分为人工调直和机械调直两类。

(1) 人工调直

直径在 12 mm 以下的钢筋可以在工作台上用小锤敲直,也可以采用绞磨拉直。直径在 12 mm 以上的粗钢筋,一般仅出现一些慢弯,常用人工在工作台上调直。

(2) 机械调直

机械调直为采用钢筋调直机、数控钢筋调直切断机来调直钢筋。

2. 除锈

(1) 锈蚀现象及预防

一般锈蚀现象有三种:

① 浮锈:钢筋表面附着较均匀的细粉末,呈黄色或淡红色。

② 陈锈:锈迹粉末较粗,用手捻略有微粒感,颜色转红,有的呈红褐色。

③ 老锈:锈斑明显,有麻坑,出现起层的片状分离现象,锈斑几乎遍及整根钢筋表面;颜色变暗,

深褐色,严重的接近黑色。

　　钢筋锈蚀现象随原材料保管条件优劣和存放时间长短而不同,长期处于潮湿环境或堆放于露天场地的,会导致严重的锈蚀。因此,钢筋原材料应存放在仓库或料棚内,保持地面干燥;钢筋不得堆置在地面上,必须用混凝土墩、砖或垫木垫起,离地面 200 mm 以上;库存期限不得过长,原则上先进库的先使用。工地上临时保管原材料时,先选择地势较高、地面干燥的露天场地;根据天气情况,必要时加盖雨布;场地四周要有排水措施,堆放期尽量缩短。

　　钢筋锈蚀程度可根据锈迹分布状况、色泽变化以及钢筋表面平滑或粗糙程度等,凭肉眼外观确定,根据锈蚀轻重的具体情况采用除锈措施。

　　(2) 清除方法

　　① 浮锈处于铁锈形成的初期(例如无锈钢筋经雨淋之后出现),在混凝土中不影响钢筋与混凝土黏结,因此除了在焊接操作时在焊点附近须擦干净之外,一般可不做处理。但是,有时为了防止锈迹污染,也可用麻袋布擦拭。

　　② 陈锈必须清除。工作量不大或在工地设置的临时工棚中操作时,可用麻袋布擦或用钢刷子刷;对于较粗的钢筋,可用砂盘除锈法,即制作钢槽或木槽,槽盘内放置干燥的粗砂和细石子,将有锈的钢筋穿进砂盘中来回抽拉。直径 12 mm 以下的钢筋在采用机械调直后冷拔时,就可把铁锈清除干净。还可采用机械除锈。

3. 切断

　　(1) 准备工作

　　① 汇集当班所要切断的钢筋料牌(图 5-9),将同规格(同级别、同直径)的钢筋分别统计,按不同长度进行长短搭配,一般情况下考虑先断长料,后断短料,以尽量减少短头。

　　② 检查测量长度所用工具或标志(在切断机一端工作辊道台上有长度标尺)的准确性;如果是利用工作辊道台上的长度标尺,应事先检查定尺挡板的牢固和可靠性。

　　③ 对根数较多的批量切断任务,在正式操作前应试切两三根,以检验长度准确度。

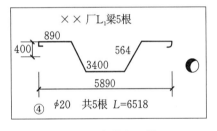

图 5-9　钢筋加工牌

　　(2) 切断方法

　　① 一般在钢筋工作量较小的工程上采用克子切断法。

　　② 切断钢丝可用断线钳。

　　③ 切断直径为 16 mm 以下的Ⅰ级钢筋可用手动切断机。

　　④ 常用的钢筋切断机可切断钢筋最大直径为 40 mm 的钢筋。

4. 弯曲成型

　　弯曲成型是指将已切断、配好的钢筋,按图纸规定的要求,准确地加工成规定的形状尺寸。弯曲成型的顺序:画线→试弯→弯曲成型。

　　弯曲钢筋有手工和机械两种弯曲方法:

　　(1) 手工弯曲

　　手工弯曲钢筋的方法设备简单、成型正确,工地经常采用。

　　(2) 机械弯曲

　　采用钢筋弯曲机,可将钢筋弯曲成各种形状和角度,使用方便。

5. 钢筋的接长

(1) 钢筋位置画线

为了便于绑扎钢筋时确定它们的相应位置,操作时需要在该位置上事先用粉笔画上标志(一般称为"画线"),例如 图 5-10 所示是 1 根梁的纵筋,长 5950 mm,按箍筋间距的要求,可在纵筋上画线。

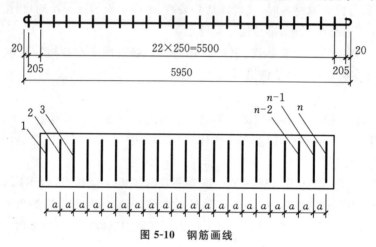

图 5-10　钢筋画线

一般情况下,梁的箍筋位置画在纵向钢筋上,平板或墙板钢筋画在模板上;柱的箍筋画在两根对角线纵向钢筋上。

施工图上标明的钢筋间距通常是整数,例如写 @120 或@250,其中@是间距的符号,遇到这种情况,应先算出实际需用的钢筋根数,再加以复核,以确定实际间距。

(2) 绑扣

钢筋绑扎所用工具可用钳子或铁钩,用钳子可以节约一些铁丝,但不如用钩子灵活方便。

(3) 单根钢筋的接头

钢筋的连接可分为两类:绑扎搭接;机械连接或焊接。机械连接接头和焊接接头的类型及质量应符合国家现行有关标准的规定。

受力钢筋的接头宜设置在受力较小处。在同一根钢筋上宜少设接头,不宜设置两个或两个以上接头。接头末端至钢筋弯起点的距离不应小于钢筋直径的 10 倍。

轴心受拉及小偏心受拉杆件(如桁架和拱的拉杆)的纵向受力钢筋不得采用绑扎搭接接头。

当受拉钢筋的直径 $d>28$ mm 及受压钢筋的直径 $d>32$ mm 时,不宜采用绑扎搭接接头。

同一构件中相邻纵向受力钢筋的绑扎搭接接头宜相互错开。

钢筋绑扎搭接接头连接区段的长度为 1.3 倍搭接长度,凡搭接接头中点位于该连接区段长度内的搭接接头均属于同一连接区段。同一连接区段内纵向钢筋搭接接头面积百分率为该区段内有搭接接头的纵向受力钢筋截面面积与全部纵向受力钢筋截面面积的比值(图 5-11)。

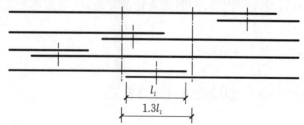

图 5-11　同一连接区段内的纵向受拉钢筋绑扎搭接接头

注:图中所示同一连接区段内的搭接接头钢筋为两根,当钢筋直径相同时,钢筋搭接接头面积百分率为 50%。

位于同一连接区段内的受拉钢筋搭接接头面积百分率:

对梁类、板类及墙类构件,不宜大于 25%;

对柱类构件,不宜大于 50%。

当工程中确有必要增大受拉钢筋搭接接头面积百分率时,对梁类构件,不应大于 50%;对板类、墙类及柱类构件,可根据实际情况放宽。

纵向受拉钢筋绑扎搭接接头的搭接长度应根据位于同一连接区段内的钢筋搭接接头面积百分率按下列公式计算:

$$l_l = \zeta l_n$$

式中　l_l——纵向受拉钢筋的搭接长度;

　　　l_n——纵向受拉钢筋的锚固长度。按《混凝土结构设计规范》(GB 50010—2010)确定;

　　　ζ——纵向受拉钢筋搭接长度修正系数,按表 5-13 取用。

表 5-13　纵向受拉钢筋搭接长度修正系数

纵向钢筋搭接接头面积百分率(%)	≤ 25	50	100
ζ	1.2	1.4	1.6

在任何情况下,纵向受拉钢筋绑扎搭接接头的搭接长度均不应小于 300 mm。构件中的纵向受压钢筋,当采用搭接连接时,其受压搭接长度不应小于纵向受拉钢筋搭接长度的 0.7 倍,且在任何情况下不应小于 200 mm。

(4) 对绑扎的基本要求

① 钢筋网片绑扣

钢筋的交叉点应采用铁丝扎牢。

对于板和墙的钢筋网,除靠近外围两行钢筋的相交点应全部扎牢外,中间部分交叉点可间隔交替扎牢,但必须保证受力钢筋不产生位置偏移;在靠近外围两行钢筋的相交点最好按十字花扣绑扎;在按一面顺扣绑扎的区段内,绑扣的方向应根据具体情况交错地变化,以免网片朝一个方向歪扭,见图 5-12。对于面积较大的网片,可适当地用钢筋作斜向拉结加固。

双向受力的钢筋须将所有相交点全部扎牢。

② 梁和柱的箍筋

对梁和柱的箍筋,除设计有特殊要求(例如用于桁架端部节点采用斜向箍筋)之外,箍筋应与受力钢筋保持垂直;箍筋弯钩叠合处应沿受力钢筋方向错开放置,如图 5-13 所示。其中梁的箍筋弯钩应放在受压区,即不放在受力钢筋这一面,在个别情况下,例如连续梁支座处,受压区在截面下部,要是箍筋弯钩位于下面,有可能被钢筋压"开",这时,只好将箍筋弯钩放在受拉区(截面上部,即受力钢筋那一面),但应特别绑牢,必要时用电弧焊点焊几处。

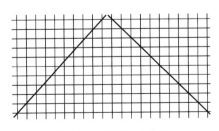

图 5-12　钢筋网片绑扣

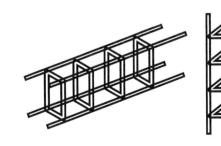

图 5-13　箍筋

③ 弯钩朝向

绑扎矩形柱的钢筋时,角部钢筋的弯钩平面应与模板面成 45°角(多边形柱角部钢筋的弯钩平面应位于模板内角的平分线上;圆形柱钢筋的弯钩平面应与模板切平面垂直,即弯钩应朝向圆心);矩形柱和多边形柱的中间钢筋(即不在角部的钢筋)的弯钩平面应与模板面垂直;当采用插入式振捣器浇筑截面很小的柱时,弯钩平面与模板面的夹角不得小于 15°。

(5) 构件交叉点钢筋处理

在构件交叉点,例如柱与梁、梁与梁以及框架和桁架节点处杆件交汇点,钢筋纵横交错,大部分在同一位置上发生碰撞,无法安装。遇到这种情况,必须在施工前的审图过程中就予以解决。处理办法一般是使一个方向的钢筋设置在规定的位置(按规定取保护层厚度),而另一个方向的钢筋则去避开它(常以调整保护层厚度来实现)。

(6) 钢筋位置的固定

为了使安装钢筋处于准确位置之后,不致因施工过程中被人踩、放置工具、混凝土浇捣等影响而位移,必要时须预先规划一些相应的支架、撑件或垫筋备用。

(7) 钢筋保护层

① 保护层厚度

钢筋骨架或钢筋网被浇筑于混凝土中之后,四周必须有混凝土包裹住,钢筋外皮离混凝土面(即构件外表)的最小距离就是钢筋的混凝土保护层。

混凝土保护层必须有相当的厚度,以使钢筋不致产生锈蚀,并且能使混凝土与钢筋握裹得好,保证在受力工作时结合可靠。虽然混凝土保护层不可太薄,但也不应太厚,以避免混凝土面离钢筋太远而被碰撞掉边掉角。

受力钢筋的混凝土保护层最小厚度(从受力钢筋外皮算起)应符合表 5-14 的规定,且不应小于受力钢筋的直径。

表 5-14　受力钢筋的混凝土保护层

环境类别		板、墙、壳			梁			柱		
		≤C20	C25～C45	≥C50	≤C20	C25～C45	≥C50	≤C20	C25～C45	≥C50
一		20	15	15	30	25	25	30	30	30
二	a	—	20	20	—	30	30	—	30	30
	b	—	25	25	—	35	30	—	35	30
三		—	30	30	—	40	35	—	40	35

注:① 环境类别:一类为室内正常环境;二类 a 为室内潮湿环境、非严寒和非寒冷地区的露天环境、与无侵蚀的水或土壤直接接触的环境;二类 b 为严寒和寒冷地区的露天环境、与无侵蚀的水或土壤直接接触的环境;三类为使用除冰盐的环境、严寒和寒冷地区冬季水位变动的环境、滨海室外环境。

② 基础中纵向受力钢筋的混凝土保护层厚度不应小于 40 mm;当无垫层时不应小于 70 mm。

处于一类环境且由工厂生产的预制构件,当混凝土强度等级不低于 C20 时,其保护层厚度可按表 5-14 中规定减少 5 mm,但预应力钢筋的保护层厚度不应小于 15 mm;处于二类环境且由工厂生产的预制构件,当表面采取有效保护措施时,保护层厚度可按表 5-14 中一类环境数值取用。

预制钢筋混凝土受弯构件钢筋端头的保护层厚度不应小于 10 mm;预制肋形板主肋钢筋的保护层厚度应按梁的数值取用。

板、墙、壳中分布钢筋的保护层厚度不应小于表 5-14 中相应数值减 10 mm,且不应小于 10 mm;梁、柱中箍筋和构造钢筋的保护层厚度不应小于 15 mm。

当梁、柱中纵向受力钢筋的混凝土保护层厚度大于 40 mm 时,应对保护层采取有效的防裂构造措施。

处于二、三类环境中的悬臂板,其上表面应采取有效的保护措施。

对有防火要求的建筑物,其混凝土保护层厚度尚应符合国家现行有关标准的要求。

处于四、五类环境中的建筑物,其混凝土保护层厚度尚应符合国家现行有关标准的要求。

② 保证保护层符合要求的措施

A. 混凝土保护层利用水泥砂浆块加垫而成(垫于模板上)。一般情况下,当保护层厚度在 20 mm 以下时,垫块平面尺寸约为 30 mm²;厚度在 20 mm 以上时,约为 50 mm²。垫块厚度即保护层厚度。砂浆应有足够的强度,能承受钢筋骨架重压,不致破损。

B. 混凝土保护层砂浆垫块应根据钢筋粗细和间距垫得适量可靠。对于竖立钢筋(例如立柱、水沟壁、墙面等),可采用埋有铁丝的垫块,绑在钢筋骨架外侧;同时,为使保护层厚度准确,须用铁丝将钢筋骨架拉向模板,将垫块挤牢。

C. 当保护层处于浇捣混凝土的位置上方时,例如板式构件反向浇捣,网片有可能随浇捣过程沉落,可用铁丝将网片绑吊在模板楞上,或用钢筋穿过侧模作为托件以承托网片,浇捣完毕或混凝土稍硬后抽去承托钢筋。

5.3.9　质量验收标准

《混凝土结构工程施工质量验收规范》(GB 50204—2015)对钢筋分项工程有如下规定:

1. 一般规定

(1) 当钢筋的品种、级别或规格须作变更时,应办理设计变更文件。

(2) 在浇筑混凝土之前,应进行钢筋隐蔽工程验收,其内容包括:

① 纵向受力钢筋的品种、规格、数量、位置等;

② 钢筋的连接方式、接头位置、接头数量、接头面积百分率等;

③ 箍筋、横向钢筋的品种、规格、数量、间距等;

④ 预埋件的规格、数量、位置等。

2. 原材料

(1) 主控项目

① 钢筋进场时,应按现行国家标准《钢筋混凝土用钢 第 2 部分:热轧带肋钢筋》(GB 1499.2—2018)等的规定抽取试件作力学性能检验,其质量必须符合有关标准的规定。

检查数量:按进场的批次和产品的抽样检验方案确定。

检验方法:检查产品合格证、出厂检验报告和进场复验报告。

② 对有抗震设防要求的框架结构,其纵向受力钢筋的强度应满足设计要求;当设计无具体要求时,对一、二级抗震等级,检验所得的强度实测值应符合下列规定:

A. 钢筋的抗拉强度实测值与屈服强度实测值的比值不应小于 1.25;

B. 钢筋的屈服强度实测值与强度标准值的比值不应大于 1.3。

检查数量:按进场的批次和产品的抽样检验方案确定。

检验方法:检查进场复验报告。

③ 当发现钢筋脆断、焊接性能不良或力学性能显著不正常等现象时,应对该批钢筋进行化学成分检验或其他专项检验。

检验方法:检查化学成分等专项检验报告。

（2）一般项目

钢筋应平直、无损伤，表面不得有裂纹、油污、颗粒状或片状老锈。

检查数量：进场时和使用前全数检查。

检验方法：观察。

3. 钢筋加工

（1）主控项目

① 受力钢筋的弯钩和弯折应符合下列规定：

A. HPB300 级钢筋末端应作 180°弯钩，其弯弧内直径不应小于钢筋直径的 2.5 倍，弯钩的弯后平直部分长度不应小于钢筋直径的 3 倍。

B. 当设计要求钢筋末端需作 135°弯钩时，HRB335 级、HRB400 级钢筋的弯弧内直径不应小于钢筋直径的 4 倍，弯钩的弯后平直部分长度应符合设计要求。

C. 钢筋作不大于 90°的弯折时，弯折处的弯弧内直径不应小于钢筋直径的 5 倍。

检查数量：按每工作班同一类型钢筋、同一加工设备抽查不应少于 3 件。

检验方法：钢尺检查。

② 除焊接封闭环式箍筋外，箍筋的末端应作弯钩，弯钩形式应符合设计要求；当设计无具体要求时，应符合下列规定：

A. 箍筋弯钩的弯弧内直径除应满足规范规定外，尚应不小于受力钢筋直径。

B. 箍筋弯钩的弯折角度：对一般结构，不应小于 90°；对有抗震等要求的结构，应为 135°。

C. 箍筋弯后平直部分长度：对一般结构，不宜小于箍筋直径的 5 倍；对有抗震等要求的结构，不应小于箍筋直径的 10 倍。

检查数量：按每工作班同一类型钢筋、同一加工设备抽查不应少于 3 件。

检验方法：钢尺检查。

（2）一般项目

① 钢筋调直宜采用机械方法，也可采用冷拉方法。当采用冷拉方法调直钢筋时，HPB300 级钢筋的冷拉率不宜大于 4%，HRB335 级、HRB400 级和 RRB400 级钢筋的冷拉率不宜大于 1%。

检查数量：按每工作班同一类型钢筋、同一加工设备抽查不应少于 3 件。

检验方法：观察，钢尺检查。

② 钢筋加工的形状、尺寸应符合设计要求，其偏差应符合表 5-15 的规定。

表 5-15　钢筋加工的允许偏差

项目	允许偏差（mm）
受力钢筋顺长度方向全长的净尺寸	±10
弯起钢筋的弯折位置	±20
箍筋内净尺寸	±5

检查数量：按每工作班同一类型钢筋、同一加工设备抽查不应少于 3 件。

检验方法：钢尺检查。

4. 钢筋连接

（1）主控项目

① 纵向受力钢筋的连接方式应符合设计要求。

检查数量：全数检查。

检验方法:观察。

② 在施工现场,应按国家现行标准《钢筋机械连接技术规程》(JGJ 107—2016)、《钢筋焊接及验收规程》(JGJ 18—2012)的规定抽取钢筋机械连接接头、焊接接头试件作力学性能检验,其质量应符合有关规程的规定。

检查数量:按有关规程确定。

检验方法:检查产品合格证、接头力学性能试验报告。

(2) 一般项目

① 钢筋的接头宜设置在受力较小处。同一纵向受力钢筋不宜设置两个或两个以上接头。接头末端至钢筋弯起点的距离不应小于钢筋直径的 10 倍。

检查数量:全数检查。

检验方法:观察,钢尺检查。

② 在施工现场,应按国家现行标准《钢筋机械连接技术规程》(JGJ 107—2016)、《钢筋焊接及验收规程》(JGJ 18—2012)的规定对钢筋机械连接接头、焊接接头的外观进行检查,其质量应符合有关规程的规定。

检查数量:全数检查。

检验方法:观察。

③ 当受力钢筋采用机械连接接头或焊接接头时,设置在同一构件内的接头宜相互错开。

纵向受力钢筋机械连接接头及焊接接头连接区段的长度为 $35d$(d 为纵向受力钢筋的较大直径)且不小于 500 mm,凡接头中点位于该连接区段长度内的接头均属于同一连接区段,同一连接区段内,纵向受力钢筋机械连接及焊接的接头面积百分率为该区段内有接头的纵向受力钢筋截面面积与全部纵向受力钢筋截面面积的比值。

同一连接区段内,纵向受力钢筋的接头面积百分率应符合设计要求;当设计无具体要求时,应符合下列规定:

A. 在受拉区不宜大于 50%。

B. 接头不宜设置在有抗震设防要求的框架梁端、柱端的箍筋加密区;当无法避开时,对等强度高质量机械连接接头,不应大于 50%。

C. 直接承受动力荷载的结构构件中,不宜采用焊接接头;当采用机械连接接头时,不应大于 50%。

检查数量:在同一检验批内,对梁、柱和独立基础,应抽查构件数量的 10%,且不少于 3 件;对墙和板,应按有代表性的自然间抽查 10%,且不少于 3 间;对大空间结构,墙可按相邻轴线间高度 5 m 左右划分检查面,板可按纵横轴线划分检查面,抽查 10%,且均不少于 3 面。

检验方法:观察,钢尺检查。

④ 同一构件中相邻纵向受力钢筋的绑扎搭接接头宜相互错开。绑扎搭接接头中钢筋的横向净距不应小于钢筋直径,且不应小于 25 mm。

钢筋绑扎搭接接头连接区段的长度为 $1.3l_l$(l_l 为搭接长度),凡搭接接头中点位于该连接区段长度内的搭接接头均属于同一连接区段。同一连接区段内,纵向钢筋搭接接头面积百分率为该区段内有搭接接头的纵向受力钢筋截面面积与全部纵向受力钢筋截面面积的比值。

同一连接区段内,纵向受拉钢筋搭接接头面积百分率应符合设计要求;当设计无具体要求时,应符合下列规定:

A. 对梁类、板类及墙类构件,不宜大于 25%;

B. 对柱类构件,不宜大于 50%;

C. 当工程中确有必要增大接头面积百分率时,对梁类构件,不应大于 50%;对其他构件,可根据实际情况放宽。

纵向受力钢筋绑扎搭接接头的最小搭接长度应符合表 5-16 的规定。

表 5-16　纵向受拉钢筋的最小搭接长度

钢 筋 类 型		混凝土强度等级			
		C15	C20～C25	C30～C35	≥ C40
光圆钢筋	HPB300 级	45d	35d	30d	25d
带肋钢筋	HRB335 级	55d	45d	35d	30d
	HRB400 级、RRB400 级	—	55d	40d	35d

注:两根直径不同钢筋的搭接长度,以较细钢筋的直径计算。

注:(1) 当纵向受拉钢筋的绑扎搭接接头面积百分率不大于 25％ 时,其最小搭接长度应符合表 5-16 的规定。

(2) 两根直径不同钢筋的搭接长度,以较细钢筋的直径计算。

(3) 当纵向受拉钢筋搭接接头面积百分率大于 25％,但不大于 50％ 时,其最小搭接长度应按表 5-16 中的数值乘以系数 1.2 取用;当接头面积百分率大于 50％时,应按表 5-16 中的数值乘以系数 1.35 取用。

(4) 当符合下列条件时,纵向受拉钢筋的最小搭接长度应根据以上规定确定后,按下列规定进行修正:

① 当带肋钢筋的直径大于 25 mm 时,其最小搭接长度应按相应数值乘以系数 1.1 取用。

② 对环氧树脂涂层的带肋钢筋,其最小搭接长度应按相应数值乘以系数 1.25 取用。

③ 当在混凝土凝固过程中受力钢筋易受扰动时(如滑模施工),其最小搭接长度应按相应数值乘以系数 1.1 取用。

④ 对末端采用机械锚固措施的带肋钢筋,其最小搭接长度可按相应数值乘以系数 0.7 取用。

⑤ 当带肋钢筋的混凝土保护层厚度大于搭接钢筋直径的 3 倍且配有箍筋时,其最小搭接长度可按相应数值乘以系数 0.8 取用。

⑥ 对有抗震设防要求的结构构件,其受力钢筋的最小搭接长度对一、二级抗震等级应相应数值乘以系数 1.15 采用;对三级抗震等级应按相应数值乘以系数 1.05 采用。

在任何情况下,受拉钢筋的搭接长度不应小于 300 mm。

检查数量:在同一检验批内,对梁、柱和独立基础,应抽查构件数量的 10％,且不少于 3 件;对墙和板,应按有代表性的自然间抽查 10％,且不少于 3 间;对大空间结构,墙可按相邻轴线间高度 5 m 左右划分检查面,板可按纵、横轴线划分检查面,抽查 10％,且均不少于 3 面。

检验方法:观察、钢尺检查。

⑤ 纵向受压钢筋搭接时,其最小搭接长度应根据以上规定确定相应数值后,乘以系数 0.7 取用。在任何情况下,受压钢筋的搭接长度不应小于 200 mm。

⑥ 在梁、柱类构件的纵向受力钢筋搭接长度范围内,应按设计要求配置箍筋。当设计无具体要求时,应符合下列规定:

A. 箍筋直径不应小于搭接钢筋较大直径的 0.25 倍;

B. 受拉搭接区段的箍筋间距不应大于搭接钢筋较小直径的 5 倍,且不应大于 100 mm;

C. 受压搭接区段的箍筋间距不应大于搭接钢筋较小直径的 10 倍,且不应大于 200 mm;

D. 当柱中纵向受力钢筋直径大于 25 mm 时,应在搭接接头两个端面外 100 mm 范围内各设置两个箍筋,其间距宜为 50 mm。

检查数量:在同一检验批内,对梁、柱和独立基础,应抽查构件数量的 10％,且不少于 3 件;对墙和板,应按有代表性的自然间抽查 10％,且不少于 3 间;对大空间结构、墙可按相邻轴线间高度 5 m 左右划分检查面,板可按纵、横轴线划分检查面,抽查 10％,且均不少于 3 面。

检验方法:钢尺检查。

5. 钢筋安装

（1）主控项目

钢筋安装时,受力钢筋的品种、级别、规格和数量必须符合设计要求。

检查数量:全数检查。

检验方法:观察,钢尺检查。

（2）一般项目

钢筋安装位置的偏差应符合表 5-17 的规定。

表 5-17　钢筋安装位置的允许偏差和检验方法

项目		允许偏差（mm）	检验方法
绑扎钢筋网	长、宽	±10	钢尺检查
	网眼尺寸	±20	钢尺量连续三档,取最大值
绑扎钢筋骨架	长	±10	钢尺检查
	宽、高	±5	钢尺检查
受力钢筋	间距	±10	钢尺量两端、中间各一点,取最大值
	排距	±5	
受力钢筋	保护层厚度　基础	±10	钢尺检查
	柱、梁	±5	钢尺检查
	板、墙、壳	±3	钢尺检查
绑扎箍筋、横向钢筋间距		±20	钢尺量连续三档,取最大值
钢筋弯起点位置		20	钢尺检查
预埋件	中心线位置	5	钢尺检查
	水平高差	+3.0	钢尺和塞尺检查

注:① 检查预埋件中心线位置时,应沿纵、横两个方向量测,并取其中的较大值;

② 表中梁类、板类构件上部纵向受力钢筋保护层厚度的合格点率应达到 90% 及以上,且不得有超过表中数值 1.5 倍的尺寸偏差。

检查数量:在同一检验批内,对梁、柱和独立基础,应抽查构件数量的 10%,且不少于 3 件;对墙和板,应按有代表性的自然间抽查 10%,且不少于 3 间;对大空间结构、墙可按相邻轴线间高度 5 m 左右划分检查面,板可按纵、横轴线划分检查面,抽查 10%,且均不少于 3 面。

5.3.10　钢筋的锚固

当计算中充分利用钢筋的抗拉强度时,受拉钢筋的锚固长度应按下列公式计算:

普通钢筋: $$L_a = \alpha_f f_y / f_t \tag{5-1}$$

预应力钢筋: $$L_a = \alpha_f f_{py} d / f_t \tag{5-2}$$

式中　L_a——受拉钢筋的锚固长度,mm;

　　　f_y、f_{py}——普通钢筋、预应力钢筋的抗拉强度设计值,N/mm²;

　　　f_t——混凝土轴心抗拉强度设计值,N/mm²,当混凝土强度等级高于 C40 时,按 C40 取值;

　　　d——钢筋的公称直径,mm;

　　　α_f——钢筋的外形系数,按表 5-18 取用。

表 5-18　钢筋的外形系数

钢筋类别	光面钢筋	带肋钢筋	刻痕钢丝	螺旋肋钢筋	三股钢绞线	七股钢绞线
α_f	0.16	0.14	0.19	0.13	0.16	0.17

注:光面钢筋系指 HPB235 级钢筋,其末端应做 180°弯钩,弯后平直段长度不应小于 3d,但作受压钢筋时可不做弯钩;带肋钢筋系指 HRB335 级、HRB400 级 钢筋及 RRB400 级余热处理钢筋。

当符合下列条件时,计算的锚固长度应进行修正:

① 当 HRB335、HRB400 和 RRB400 级钢筋的直径大于 25 mm 时,其锚固长度应乘以修正系数 1.1。

② HRB335、HRB400 和 RRB400 级的环氧树脂涂层钢筋,其锚固长度应乘以修正系数 1.25。

③ 当钢筋在混凝土施工过程中易受扰动(如滑模施工)时,其锚固长度应乘以修正系数 1.1。

④ 当 HRB335、HRB400 和 RRB400 级钢筋在锚固区的混凝土保护层厚度大于钢筋直径的 3 倍且配有箍筋时,其锚固长度可乘以修正系数 0.8。

⑤ 除构造需要的锚固长度外,当纵向受力钢筋的实际配筋面积大于其设计计算面积时,如有充分依据和可靠措施,其锚固长度可乘以设计计算面积与其实际配筋面积的比值。但对有抗震设防要求及直接承受动力荷载的结构构件,不得采用此项修正。

⑥ 当采用骤然放松预应力钢筋的施工工艺时,先张法预应力钢筋的锚固长度应从距构件末端 $0.25L_u$ 处开始计算,此处 L_u 为预应力传递长度,经上述修正后的锚固长度不应小于按公式(5-1)计算锚固长度的 $\frac{7}{10}$,且不应小于 250 mm。

当 HRB335 级、HRB400 级和 RRB400 级纵向受拉钢筋末端采用机械锚固措施时,包括附加锚固端头在内的锚固长度可取为按公式(5-1)计算的锚固长度的 $\frac{7}{10}$。

采用机械锚固措施时,锚固长度范围内的箍筋不应少于 3 个,其直径不应小于纵向钢筋直径的 $\frac{1}{5}$,其间距不应大于纵向钢筋直径的 5 倍。当纵向钢筋的混凝土保护层厚度不小于钢筋公称直径的 5 倍时,可不配置上述箍筋。

当计算中充分利用纵向钢筋的抗压强度时其锚固长度不应小于受拉锚固长度的 $\frac{7}{10}$。

对承受重复荷载的预制构件,应将纵向非预应力受拉钢筋末端焊接在钢板或角钢上,钢板或角钢应可靠地锚固在混凝土中。钢板或角钢的尺寸应按计算确定,其厚度不宜小于 10 mm。

[知识测试]

1. 钢筋按外形分类有(　　　　)、(　　　　)。

2. HPR300 级外形为(　　　　),HRB335 级外形为(　　　　),HRB400 级外形为(　　　　)。

3. 低碳钢拉伸时变形发展分哪四个阶段?

4. 钢筋进场检验有哪两项内容?

5. 钢筋冷拉的目的是(　　　　)、(　　　　)。

6. 钢筋的冷拉控制方法有(　　　　)、(　　　　)两种方法。

7. 一根直径 20 mm 的 25 锰硅钢筋,长 10 m,采用控制应力法冷拉,冷拉力(　　　　)N,冷拉伸长值(　　　　)mm。(冷拉控制应力 500 N/mm²,冷拉率 4%)

8. 一根直径 20 mm 的 25 锰硅钢筋,长 10 m,采用控制应力法冷拉,计算该钢筋冷拉时的冷拉力,

冷拉时若实测该钢筋伸长值为 400 mm,试问该钢筋是否合格。(冷拉控制应力 700 N/mm²,最大冷拉率 5%)

9. 什么叫冷拉钢筋的冷拉率和弹性回缩率?

10. 什么叫冷拉钢筋的"时效"?

11. 什么叫冷拉钢筋的自然时效? 什么叫冷拉钢筋的人工时效?

12. 钢筋的冷拉变形为(　　　)。

A. 弹性变形　　　　B. 塑性变形　　　　C. 弹塑性变形　　　　D. 以上都不是

13. 试述钢筋闪光对焊的常用工艺及其适用范围。

14. 现浇钢筋混凝土框架结构施工时,柱的纵向受力筋为直径 20 mm 的 HRB335 级钢筋,有人提出采取闪光对焊方法进行接长,被工程技术人员否定了,请你谈谈这是为什么? 应该采取哪种焊接方法?

15. 试述钢筋电弧焊的接头型式。

16. 闪光对焊接头用于(　　　)。

A. 钢筋网片的焊接　　　　　　　　B. 竖向钢筋的接头

C. 钢筋搭接焊接　　　　　　　　　D. 水平钢筋的接头

17. 框架结构柱竖向钢筋的连接宜采用(　　　)。

A. 闪光对焊　　　　　　　　　　　B. 电渣压力焊

18. 什么叫量度差值?

19. 什么叫钢筋弯曲调整值?

20. 钢筋弯折 45°时的量度差值为(　　　　　)d;钢筋弯折 90°时的量度差值为(　　　　　)d。

21. HPB300 级钢筋的末端需要作 180°弯钩,其圆弧内弯曲直径 D,不应小于钢筋直径 d 的(　　　　)倍;平直部分的长度不宜小于钢筋直径 d 的(　　　　)倍;用于普通混凝土结构时,其弯曲直径 D=2.5d,平直长度为 3d,每一个 180°弯钩的增长值为(　　　　)d。

22. HRB335、HRB400 级钢筋末端弯折 135°时,当弯曲直径 D=4d 时,每一弯折处的增长值为 2.9d+平直长度,计算时取(　　　　)d+平直长度。

23. HRB335、HRB400 级钢筋末端弯折 90°时,当弯曲直径 D=5d 时,每一弯折处的增长值为 1.21d+平直长度,计算时取(　　　　)d+平直长度。

24. 一般结构如设计无要求时箍筋可按图 5-14 加工;有抗震要求的结构,应按图(　　　　)加工。

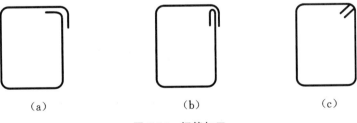

(a)　　　　　　　　(b)　　　　　　　　(c)

图 5-14　钢筋加工

25. 箍筋弯钩的弯曲直径 D 应大于受力钢筋直径,且不小于箍筋直径的(　　　　　)倍。弯钩平直部分,一般结构不宜小于箍筋直径的(　　　　　)倍;有抗震要求的结构,不小于箍筋直径的(　　　　)倍。

26. 箍筋为 90°/90°弯钩时两个弯钩增长值为:当取 D=2.5d,平直长为 5d 时,两个弯钩增加值(　　　　)d。箍筋为 135°/135°弯钩时两个弯钩增长值为:当取 D=2.5d,平直长为 10d 时,两个弯钩增加值( )d。箍筋为90°/180°弯钩时两个弯钩增长值为:当取 D=2.5d,平直长为 5d 时,两个弯钩增加值( )d。

27. 某建筑物一层共有 10 根 L 梁(图 5-15),绘制 L 梁钢筋配料单。

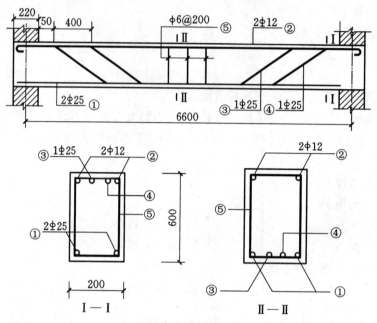

图 5-15 L 梁

28. 钢筋代换有哪些原则?

码 5-3 钢筋工程
知识测试答案

29. 受力钢筋的接头宜设置在受力较( )处。在同一根钢筋上宜少设接头。不宜设置两个或两个以上接头。接头末端至钢筋弯起点的距离不应小于钢筋直径的( )倍。

30. 在任何情况下,纵向受拉钢筋绑扎搭接接头的搭接长度均不应小于( )mm。构件中的纵向受压钢筋,当采用搭接连接时,其受压搭接长度不应小于纵向受拉钢筋搭接长度的 $\frac{7}{10}$,且在任何情况下不应小于

( )mm。

31. 钢筋连接的方法通常有( )、( )、( )。

5.4 混凝土工程

[任务描述] 介绍普通混凝土工程的施工工艺流程以及验收方法和标准。

[能力目标] 能够独立完成普通混凝土工程的质量验收工作。

[知识目标] 了解混凝土的组成与分类,混凝土拌合物的性质,硬化混凝土的性质,混凝土常用材料,混凝土搅拌机的分类,混凝土的运输要求,浇筑前的准备工作,混凝土喷膜、蓄热养护,混凝土浇筑常见质量问题。

熟悉混凝土试块的留置方法,试配强度,投料顺序,混凝土振捣设备,混凝土的质量检查与评定。

掌握混凝土的浇筑方法,施工缝设置原则、部位、形式及处理,表面振动器、内部振动器的使用要求与方法。混凝土浇水养护要求,混凝土的质量验收标准。

[任务工单]

《普通混凝土制备及施工技术》学习任务工单

项目	普通混凝土施工		任务		5.4　混凝土工程		
队名		班级				学时	
队长		队员					
工作任务	掌握普通混凝土工程的施工工艺流程以及验收方法和标准。						
任务目标	掌握普通混凝土工程的施工工艺流程以及验收方法和标准。						
工作方式	每个班级分为 6 个学习小分队,每队 5~6 人,按学习任务进行分工,每人在完成自学后,一起讨论,共同完成任务,并进行任务总结。						
工作记录							
任务总结							

工作评价		参与讨论 /(20)	工作数量 /(20)	工作质量 /(20)	团结协作 /(20)	工作结果 /(20)	合计	权重	分值
	自我评价							30%	
	同学评价							30%	
	老师评价							40%	

教师评语	教师签名: 年　　月　　日

5.4.1　混凝土试块的留置方法

混凝土工程的质量检验评定,除了对施工完毕的混凝土工程进行外观质量检查外,主要是检查混凝土的抗压强度。而混凝土的抗压强度能否达到设计强度要求,又是以混凝土立方体试块在标准养护条件下养护 28 d 做抗压试验来确定的。

1. 试块的留置组数

试块要在浇捣地点用钢模制作,试块的留置组数(一组 3 块)应根据工程量大小,按下列要求留置:

① 每拌制 100 盘且不超过 100 m³ 的同配合比的混凝土,其取样不得少于一次。

② 每工作班拌制的同配合比的混凝土不足 100 盘时,其取样不得少于一次。

③ 当一次连续浇筑超过 1000 m³ 时,同一配合比的混凝土每 200 m³ 取样不得少于一次。

④ 每一楼层、同一配合比的混凝土,取样不得少于一次。

⑤ 每次取样应至少留置一组标准养护试件,同条件养护试件的留置组数应根据实际需要确定。

此外,预拌混凝土应在预拌混凝土厂内按上述规定取样,混凝土运到施工现场后,尚应按上述规定留置试件。

标准养护条件下混凝土试块的强度是衡量混凝土质量的重要标准,但自然条件下硬化的混凝土实际强度,应根据与它同条件下的试块来确定。因此,为了检查结构或构件的拆模、吊装、预应力张拉、放张及施工期间临时负荷的需要,尚应留置与结构或构件同条件养护的试件。试件的组数可按实际需要确定。

2. 试块的尺寸

试块的尺寸根据骨料粒径大小而定:

当骨料最大粒径为 30 mm 及小于 30 mm 时,试块边长为 100 mm。

当骨料最大粒径为 40 mm 及小于 40 mm 时,试块边长为 150 mm。

当骨料最大粒径为 60 mm 及小于 60 mm 时,试块边长为 200 mm。

钢模在装混凝土前,应擦干净,并在模内表面涂一层机油,以利脱模。

3. 试块的制作

试块制作可用人工插捣或机械振捣。

(1) 人工插捣

将混凝土分两层装入钢模中,每层插捣次数:

做 100 mm×100 mm×100 mm 试块时每层插捣 12 次;

做 150 mm×150 mm×150 mm 试块时每层插捣 25 次;

做 200 mm×200 mm×200 mm 试块时每层插捣 50 次。

插捣时应用直径 16 mm 的捣棒按螺旋方向从边缘向中心均匀地进行。在插捣下层时,捣棒应插至钢模底面;捣上层时捣棒应插至底层面以下 20~30 mm 处。面层捣完后,用抹刀沿模壁插捣数下,以消除混凝土与模壁接触面处的气泡。然后再用抹刀刮去表面多余的混凝土,将表面抹光,使混凝土高于试模,静放半小时后,再将试块仔细抹光抹平,使之误差不超过 ±1 mm。

(2) 机械振捣

混凝土一次装满试块模,并用捣棒初步捣实,使混凝土略高于试块模,放在振动台上,一手扶住试块模,另一手用抹刀在混凝土表面来回不断压抹。

振捣的时间应根据混凝土坍落度而定,振捣即将结束时,用抹刀刮去表面多余的混凝土,并将其抹平。同一组试块的振捣时间必须相同。

在施工现场制作试块时,也可用平板式振捣器,振动到混凝土表面水泥浆呈现光亮为止。

试块成型后,在室温为 15~20 ℃情况下,至少静放一昼夜,但不得超过 2 昼夜,然后拆模编号,将试块放在标准养护室内养护到试压龄期为止,再从标准养护室取出,擦干,即可进行抗压试验。

5.4.2 混凝土浇筑

1. 浇筑前的准备工作

为了保证混凝土工程质量和混凝土工程施工的顺利进行,在浇筑前一定要充分做好准备工作。

(1) 地基的检查与清理

① 在地基上直接浇筑混凝土时(如基础、地面),应对其轴线位置及标高和各部分尺寸进行复核和检查,如有不符,应立即修正。

② 清除地基底面上的杂物和淤泥浮土。地基面上凹凸不平处,应加以修理整平。

③ 对于干燥的非黏土地基,应洒水润湿;对于岩石地基或混凝土基础垫层,应用清水清洗,但不得留有积水。

④ 对于有地下水涌出或地表水流入地基时,应考虑排水,并应考虑混凝土浇筑后及硬化过程中的排入措施,以防冲刷新浇筑的混凝土。

⑤ 检查基槽和基坑的支护及边坡的安全措施,以避免运输车辆行驶而造成塌方事故。

(2) 模板的检查

① 检查模板的轴线位置、标高、截面尺寸以及预留孔洞和预埋件的位置,并应与设计相一致。

② 检查模板的支撑是否牢固,对于妨碍浇筑的支撑应加以调整,以免在浇筑过程中产生变形、位移和影响浇筑。

③ 模板安装时应认真涂刷隔离剂,以利于脱模。模板内的泥土、木屑等杂物应清除。

④ 木模应浇水充分润湿,尚未胀密的缝隙应用纸筋灰或水泥袋纸嵌塞;对于缝隙较大处应用木片等填塞,以防漏浆。金属模板的缝隙和孔洞也应堵塞。

(3) 钢筋检查

① 钢筋及预埋件的规格、数量、安装位置应与设计相一致,绑扎与安装应牢固。

② 清除钢筋上的油污、砂浆等,并按规定加垫好钢筋的混凝土保护层。

③ 协同有关人员做好隐蔽工程记录。

(4) 供水、供电及原材料的保证

① 浇筑期间应保证水、电及照明不中断,应考虑临时停水断电措施。

② 浇筑地点应贮备一定数量的水泥、砂、石等原材料,并满足配合比要求,以保证浇筑的连续性。

(5) 机具的检查及准备

① 搅拌机、运输车辆、振捣器及串筒、溜槽、料斗应按需准备充足,并保证完好。

② 准备急需的备品、配件,以备修理用。

(6) 道路及脚手架的检查

① 运输道路应平整、通畅,无障碍物,应考虑空载和重载车辆的分流,以免发生碰撞。

② 脚手架的搭设应安全牢固,脚手板的铺设应合理适用,并能满足浇筑的要求。

(7) 安全与技术交底

① 对各项安全设施要认真检查,并进行安全技术的交底工作,以消除事故隐患。

② 对班组的计划工作量、劳动力的组合与分工、施工顺序及方法、施工缝的留置位置及处理、操作要点及要求,进行技术交底。

（8）其他

做好浇筑期间的防雨、防冻、防曝晒的设施准备工作，以及浇筑完毕后的养护准备工作。

2. 混凝土的浇筑

为确保混凝土工程质量，混凝土浇筑工作必须遵守下列规定：

（1）混凝土的自由下落高度

浇筑混凝土时为避免发生离析现象，混凝土自高处倾落的自由高度（称自由下落高度）不应超过 2 m。自由下落高度较大时，应使用溜槽或串筒，以防混凝土产生离析。

（2）混凝土分层浇筑

为了使混凝土能够振捣密实，浇筑时应分层浇灌、振捣，并在下层混凝土初凝之前，将上层混凝土浇灌并振捣完毕。如果在下层混凝土已经初凝以后，再浇筑上面一层混凝土，在振捣上层混凝土时，下层混凝土由于受振动，已凝结的混凝土结构就会遭到破坏。混凝土分层浇筑时每层的厚度应符合表 5-19 的规定。

表 5-19　混凝土浇筑层厚度

捣实混凝土的方法		浇筑层厚度（mm）
插入式振捣		振捣器作用部分长度的 1.25 倍
表面振捣		200
人工振捣	在基础、无筋混凝土或配筋稀疏的结构中	250
	在梁、墙板、柱结构中	200
	在配筋密列的结构中	150
轻骨料混凝土	插入式振捣	300
	表面振动（振动时需加荷）	200

（3）竖向结构混凝土浇筑

竖向结构（墙、柱等）浇筑混凝土前，底部应先填 50～100 mm 厚与混凝土内砂浆成分相同的水泥砂浆。浇筑时不得发生离析现象。当浇筑高度超过 3 m 时，应采用串筒、溜槽或振动串筒下落。

（4）梁和板混凝土的浇筑

在一般情况下，梁和板的混凝土应同时浇筑。较大尺寸的梁（梁的高度大于 1 m）、拱和类似的结构，可单独浇筑。

在浇筑与柱和墙连成整体的梁和板时，应在柱和墙浇筑完毕后停歇 1～1.5 h，使其获得初步沉实后，再继续浇筑梁和板。

（5）浇筑混凝土的正确方法和错误方法对比（见表 5-20）

表 5-20　浇筑混凝土的正确和错误方法对比

序号	操作项目	正确方法	错误方法
1	人工投料	反铲下料，砂浆与石子同时浇灌	正铲下料，石子先抛出，部分砂浆粘在工具上

续表 5-20

序号	操作项目	正确方法	错误方法
2	溜槽满管投料		
		1—不离析混凝土;2—砂浆;3—石子;4—单边挡板;5—垂直料筒	
3	小车浇灌大型竖向构件	 有料斗缓冲,混凝土不离析	 混凝土离析,底部容易出现蜂窝
4	小车浇筑模板	 逆向浇筑,赶浆易	 顺向浇筑,赶浆难
		1—小车行走桥板	
5	泵送混凝土至深模板	 下料自由高度不大于 500 mm,不离析	 下料自由高度过高,离析
6	在板面上浇筑混凝土	 有缓冲装置,不离析	 无缓冲装置,离析
		1—缓冲挡板;2—溜槽	
7	浇灌斜面构件	 先浇筑,后封面板,饱满	 先封面板,后浇筑,空鼓
		1—面模板;2—底模板;3—裂缝或空鼓	

续表 5-20

序号	操作项目	正确方法	错误方法
8	用串筒下料	料筒保留有三节垂直,不离析	料筒全部斜送,离析
9	振捣混凝土	先振底部,逐次向上,使混凝土向外流	先振上部,只能将该处振成砂窝
10	砂浆窝(石子窝)处理	先将窝内的净砂浆或净石子取出,用脚底或振动器或搓板从窝的外围将混凝土压送填补	将别处石子移来,不易密实;将别处砂浆移来,极难密实

3. 施工缝

（1）什么是施工缝

施工缝是一种特殊的工艺缝。浇筑时由于施工技术（安装上部钢筋、重新安装模板和脚手架、限制支撑结构上的荷载等）或施工组织（工人换班、设备损坏、待料等）上的原因，不能连续将结构整体浇筑完成，且停歇时间可能超过混凝土的凝结时间时，则应预先确定在适当的部位留置施工缝。由于施工缝处"新""老"混凝土连接的强度比整体混凝土强度低，所以施工缝一般应留在结构受剪力较小且便于施工的部位。表 5-21 所示为混凝土浇筑中的最大间歇时间。

表 5-21　混凝土浇筑中的最大间歇时间（单位：min）

混凝土强度等级	气温	
	≤ 25 ℃	> 25 ℃
≤ C30	210	180
> C30	180	150

注：当混凝土中掺加有促凝或缓凝型外加剂时，其允许时间应根据试验结果确定。

这里所说的施工缝，实际并没有缝，而是新浇混凝土与原混凝土之间的结合面，混凝土浇筑后，缝已不存在，与房屋的伸缩缝、沉降缝和抗震缝不同，这三种缝不管是建筑物在建造过程中或建成后，都存在实际的空隙。

（2）允许留施工缝的位置

施工缝设置的原则如下：

①柱子的施工缝宜留在基础与柱子的交接处的水平面上，或梁的下面，或吊车梁牛腿的下面，或吊车梁的上面，或无梁楼盖柱帽的下面。框架结构中，如果梁的负筋向下弯入柱内，施工缝也可设置在这些钢筋的下端，以便于绑扎，柱的施工缝应留成水平缝。

② 与板连成整体的大断面梁（高度大于 1 m 的混凝土梁）单独浇筑时，施工缝应留置在板底面以下 20～30 mm 处。板有梁托时，应留在梁托下部。

③ 有主次梁的楼板，宜顺着次梁方向浇筑，施工缝应留置在次梁跨度中间 1/3 的范围内。

④ 单向板的施工缝可留置在平行于板的短边的任何位置处。

⑤ 楼梯的施工缝也应留在跨中 1/3 范围内。

⑥ 墙留置在门洞口过梁跨中 1/3 范围内，也可留在纵横墙的交接处。

⑦ 双向受力楼板、大体积混凝土结构、拱、薄壳、蓄水池、斗包、多层框架及其他结构复杂工程，施工缝位置应按设计要求留置。

注意，留设施工缝是不得已为之，并不是每个工程都必须一定设施工缝，有的结构不允许留施工缝。

（3）施工缝的形式

工程中常采用企口缝和高低缝（图 5-16）。

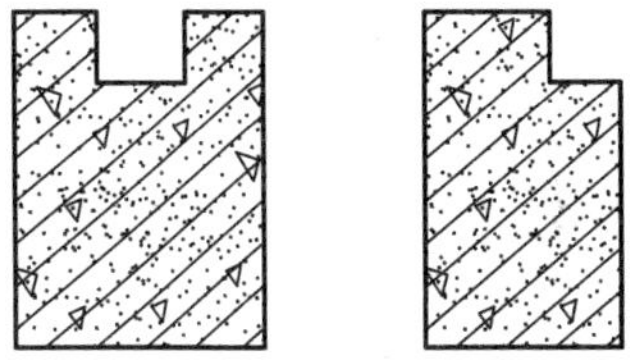

（4）施工缝的处理

① 在施工缝处继续浇筑混凝土时，先前已浇筑混凝土的抗压强度应不小于 1.2 N/mm²。

② 继续浇筑前，应清除已硬化混凝土表面上的水泥薄膜和松动石子以及软弱混凝土层，并加以充分湿润和冲洗干净，且不得积水。

图 5-16　企口缝、高低缝

③ 在浇筑混凝土前，先铺一层水泥浆或与混凝土内成分相同的水泥砂浆，然后再浇筑混凝土。

④ 混凝土应细致捣实，使新旧混凝土紧密结合。

5.4.3　混凝土振捣

混凝土浇灌到模板中后，由于骨料间的摩阻力和水泥浆的黏结作用，不能自动充满模板，其内部是疏松的，有一定体积的空洞和气泡，不能达到要求的密实度。而混凝土的密实性直接影响其强度和耐久性。所以在混凝土浇灌到模板内后，必须进行捣实，使之具有设计要求的结构形状、尺寸和设计的强度等级。

混凝土捣实的方法有人工振捣和机械振捣。施工现场主要用机械振捣。

1. 人工振捣

人工振捣是用人力的冲击（夯或插）使混凝土密实、成型。一般只有在采用塑性混凝土，而且是在缺少机械或工程量不大的情况下，才用人工振捣。振捣时要注意插匀、插全，实践证明，增加振捣次数比加大振捣力的效果好。重点要捣好下列部位：主钢筋的下面，钢筋密集处，石子多的地点，模板阴角处，钢筋与侧模之间。

① 人工振捣采用的振捣工具：对于基础、梁、柱，可用竹竿、钢管；对于楼板、地坪、小梁，可用铲、锹、平底锤等。

② 操作方法：a.边下料，边捣插；b.轻插，多插，密插为佳，不宜用力猛插；c.插点应均匀分布，钢筋、外模板及边角多插；d.截面较大的梁柱，可同时用木槌在模板外轻敲。

③ 密实饱满现象：a.不再冒出气泡；b.不再显著下沉；c.表面泛浆；d.表面基本形成水平面；

e.模板拼缝出现浆水。

2. 机械振捣

（1）混凝土机械振捣原理

混凝土振捣机械振动时,将具有一定频率和振幅的振动力传给混凝土,使混凝土发生强迫振动,新浇筑的混凝土在振动力作用下,颗粒之间的黏着力和摩阻力大大减小,流动性增加。振捣时粗骨料在重力作用下下沉,水泥浆均匀分布填充骨料空隙,气泡逸出,孔隙减少,游离水分被挤压上长,使原来松散堆积的混凝土充满模型,提高密实度。振动停止后混凝土重新恢复其凝聚状态,逐渐凝结硬化。机械振捣比人工振捣效果好,混凝土密实度提高,水灰比可以减小。

（2）混凝土振捣设备

混凝土振捣设备按其传递振动的方式,分为内部振动器、表面振动器、附着式振动器和振动台。在施工工地主要使用内部振动器和表面振动器。

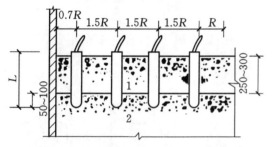

图 5-17　插入式振动器的插入深度

1—新浇注的混凝土;2—下层已振捣但尚未初凝的混凝土;
R—有效作用半径;L—振捣棒长

① 内部振动器

内部振动器又称为插入式振动器(振动棒),多用于振捣现浇基础、柱、梁、墙等结构构件和厚大体积设备基础的混凝土捣实。插入式振动器按产生振动的原理分为偏心式和行星式;按振动频率分有低频(1500~3000 次/分)、中频(5000~8000 次/分)、高频(10000次/分)。图 5-17 所示为偏心软轴插入式振动器。

建筑工地常用带软轴的插入式振动器,主要有:中频偏心软轴插入式振动器和高频行星滚锥软轴插入式振动器。

② 表面振动器

表面振动器又称平板振动器,是将一个带偏心块的电动振动器安装在钢板或木板上,振动力通过平板传给混凝土,表面振动器的振动作用深度小,适用于振捣表面积大而厚度小的结构,如现浇楼板、地坪或预制板。平板振动器底板大小的确定,应以使振动器能浮在混凝土表面上为准。

③ 附着式振动器

附着式振动器是将一个带偏心块的电动振动器利用螺栓或钳形夹具固定在构件模板的外侧,不与混凝土接触,振动力通过模板传给混凝土。附着式振动器的振动作用深度小,适用于振捣钢筋密、厚度小及不宜使用插入式振动器的构件如墙体、薄腹梁等。

表面振动器和附着式振动器都是在混凝土的外表面施加振动,而使混凝土振捣密实。

④ 振动台

振动台是一个支承在弹性支座上的工作台。工作台框架由型钢焊成,台面为钢板。工作台下面装设振动机构,振动机构转动时,即带动工作平台强迫振动,使平台上的构件混凝土被振实。

振动时应将模板牢固地固定在振动台上(可利用电磁铁固定)。否则模板的振幅和频率将小于振动台的振幅和频率,振幅沿模板分布也不均匀,影响振动效果,振动时噪声也过大。

（3）振动器的使用

① 插入式振动器的使用

A. 启动前应检查电动机接线是否正确,电动机运转方向应与机壳上箭头方向一致。电动机运转方向正确时,振捣棒应发出"呜—"的叫声,振动稳定有力,如振捣棒有"哗—"声而不振动,可摇晃棒头或将棒头对地轻磕两下,待振捣器发出"呜—"的叫声,振动正常后,方可投入使用。

B. 使用时,前手应紧握在振动棒上端约 50 cm 处,以控制插点,后手扶正软轴,前后手相距 40~

50 cm，使振捣棒自然沉入混凝土内。切忌用力硬插或斜推。振捣器的振捣方向有直插和斜插两种。

C. 插入式振动器操作时，应做到"快插慢拔"，快插是为了防止表面混凝土先振实而下面混凝土发生分层、离析现象。慢拔是为了使混凝土能填满振捣棒抽出时造成的空洞。振捣器插入混凝土后应上下抽动，抽动幅度为5～10 cm，以保证混凝土振捣密实。

D. 混凝土分层灌注时，每层的厚度不应超过振捣棒的1.5倍。在振捣上一层混凝土时，要将振捣棒插入下一层混凝土中5 cm左右（图5-17），使上下层混凝土接合成一整体。振捣上层混凝土要在下层混凝土初凝前进行。

E. 振动器插点排列要均匀，可按"行列式"或"交错式"的次序移动（图5-18），两种排列形式不宜混用，以防漏振。普通混凝土的移动间距不宜大于振捣器作用半径的1.5倍；轻骨料混凝土的移动间距不宜大于振捣器作用半径的1倍，振捣器距离模板不应大于作用半径的1/2，并应避免碰撞钢筋、模板、芯管、预埋件等。

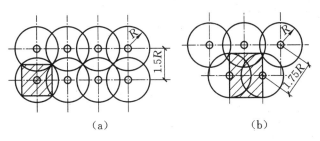

（a）　　　　　　　　（b）

图5-18　振捣器插点排列

（a）行列式；（b）交错式

F. 准确掌握好每个插点的振捣时间。时间过长、过短都会引起混凝土离析、分层。每一插点的振捣延续时间，一般以混凝土表面呈水平状，混凝土拌合物不显著下沉，表面泛浆和不出现气泡为准。

② 平板振动器的使用

平板振动器的使用应注意以下几个方面：

A. 平板振动器因设计时不考虑轴承承受轴向力，故在使用时，电动机轴承应呈水平状。

B. 平板振动器在每一位置上连续振动的时间，正常情况下为25～40 s，以混凝土表面均匀出现泛浆为准。移动时应成排依次振捣前进，前后位置和排与排之间，应保证振动器的平板覆盖已振实部分的边缘，一般重叠3～5 cm为宜，以防漏振。移动方向应与电动机转动方向一致。

C. 平板振动器的有效作用深度，在无筋和单筋平板中为20 cm，在双筋平板中约为12 cm。因此，混凝土厚度一般不超过振动器的有效作用深度。

D. 大面积的混凝土楼地面，可采用两台振动器以同一方向安装在两条木杠上；通过木杠的振动，使混凝土密实，但两台振动器的频率应保持一致。

E. 振捣带斜面的混凝土时，振动器应由低处逐渐向高处移动，以保证混凝土密实。

③ 附着式振动器的使用

附着式振动器的操作和使用应掌握以下三点：

A. 附着式振动器的有效作用深度约为25 cm，如构件较厚时，可在构件对应两侧安装振动器，同时进行振捣。

B. 在同一模板上同时使用多台附着式振动器时，各振动器的频率须保持一致，两面的振动器应错开位置排列。其位置和间距视结构形状、模板坚固程度、混凝土坍落度及振动器功率大小，经试验确定，一般每隔1～1.5 m设置一台振动器。

C. 当结构构件断面较深、较狭时，可采用边浇灌、边振捣的方法。但对于其他垂直构件，须在混凝土浇灌高度超过振动器的高度时，方可开动振动器进行振捣。混凝土表面呈水平状，且无气泡出现时,可停止振捣。

5.4.4　混凝土的养护

混凝土浇筑后逐渐凝结硬化,强度也不断增长,这个过程主要由水泥的水化作用来实现。而水泥的水化作用又必须在适当的温湿度条件下才能完成,如果混凝土浇筑后即处在炎热、干燥、风吹、日晒的气候环境中,就会使混凝土中的水分很快蒸发,影响混凝土中水泥的正常水化作用。轻则使混凝土表面脱皮、起砂和出现干缩裂缝;严重的会因混凝土内部疏松,降低混凝土的强度。因此混凝土养护绝不是一件可有可无的工作,而是混凝土施工过程中的一个重要环节。

混凝土浇筑后,必须根据水泥品种、气候条件和工期要求加强养护措施。混凝土养护的方法很多,通常按其养护工艺分为自然养护和蒸汽养护两大类。而自然养护又分为浇水养护及喷膜养护,施工现场则以浇水养护为主要养护方法。

1. 浇水养护

浇水养护是指混凝土终凝后,日平均气温高于 5 ℃的自然气候条件下,用草帘、草袋将混凝土表面覆盖并经常浇水,以保持覆盖物充分湿润。对于楼地面混凝土工程也可采用蓄水养护的办法。浇水养护时必须注意以下事项:

① 对于一般塑性混凝土,应在浇筑后 12 h 内立即加以覆盖和浇水润湿,炎热的夏天养护时间可缩短至 2～3 h。而对于干硬性混凝土应在浇筑后 1～2 h 即可养护,使混凝土保持湿润状态。

② 在已浇筑的混凝土强度达到 1.2 N/mm² 以后,方可在其上允许操作人员行走和安装模板及支架等。

③ 混凝土浇水养护日期视水泥品种而定,硅酸盐水泥和普通硅酸盐水泥、矿渣硅酸盐水泥拌制的混凝土,不得少于 7 d;掺用缓凝型外加剂或有抗渗要求的混凝土,不得少于 14 d;采用其他品种水泥时,混凝土的养护时间应根据水泥技术性能确定。

④ 养护用水应与拌制用水相同,浇水的次数应以能保持混凝土具有足够的润湿状态为准。

⑤ 在养护过程中,如发现因遮盖不好、浇水不足,致使混凝土表面泛白或出现干缩细小裂缝时,应立即仔细加以避盖,充分浇水,加强养护,并延长浇水养护日期加以补救。

⑥ 平均气温低于 5 ℃时,不得浇水养护。

2. 喷膜养护

喷膜养护是将一定配比的塑料溶液,用喷洒工具喷洒在混凝土表面,待溶液挥发后,塑料在混凝土表面结成一层薄膜,使混凝土表面与空气隔绝,封闭混凝土中水分的蒸发而完成水泥的水化作用,达到养护的目的。

喷膜养护适用于不易浇水养护的高耸构筑物和大面积混凝土的养护,也可用于表面积大的混凝土施工和缺水地区。

喷膜养护剂的喷洒时间,一般待混凝土收水后,混凝土表面以手指轻按无指印时即可进行。

3. 蒸汽养护

蒸汽养护是将构件放在充有饱和蒸汽或蒸汽空气混合物的养护室内,在较高的温度和相对湿度的环境中进行养护,以加快混凝土的硬化。

蒸汽养护制度包括:养护阶段的划分,静停时间,升、降温速度,恒温养护温度与时间,养护室相对湿度等。

常压蒸汽养护过程分为四个阶段:静停阶段、升温阶段、恒温阶段及降温阶段。

① 静停阶段:构件在浇灌成型后先在常温下放一段时间,称为静停。静停时间一般为 2～6 h,以防止构件表面产生裂缝和疏松现象。

② 升温阶段:构件由常温升到养护温度的过程。升温温度不宜过快,以免由于构件表面和内部产生过大温差而出现裂缝。升温速度:薄型构件不超过 25 ℃/h,其他构件不超过 20 ℃/h,用干硬性混凝土制作的构件不得超过 40 ℃/h。

③ 恒温阶段:温度保持不变的持续养护时间。恒温养护阶段应保持 90%~100% 的相对湿度,恒温养护温度不得大于 95 ℃。恒温养护时间一般为 3~8 h。

④ 降温阶段:是恒温养护结束后,构件由养护最高温度降至常温的散热降温过程。降温速度不得超过 10 ℃/h,构件出池后,其表面温度与外界温差不得大于 20 ℃。

对大面积结构可采用蓄水养护和塑料薄膜养护。大面积结构如地坪、楼板可采用蓄水养护。贮水池一类结构,可在拆除内模板,混凝土达到一定强度后注水养护。

5.4.5　混凝土的质量检查

1. 混凝土在拌制和浇筑过程中的质量检查

混凝土组成材料的质量和用量,每一工作班至少检查两次,按重量比投料量偏差在允许范围之内。即水泥、外掺混合材料±2%,水、外加剂±2%,粗、细骨料±3%。

在一个工作班内,如混凝土配合比由于外界影响而有变动时(如砂、石含水率的变化)应及时检查。

混凝土的搅拌时间,应随时检查。

检查混凝土在拌制地点及浇筑地点的坍落度,每一工作班至少两次。

2. 混凝土强度检查

为了检查混凝土是否达到设计强度等级,或混凝土是否已达到拆模、起吊强度及预应力构件混凝土是否达到张拉、放松预应力筋时所规定的强度,应制作试块,做抗压强度试验。

(1) 检查混凝土是否达到设计强度等级

混凝土抗压强度(立方强度)是检查结构或构件混凝土是否达到设计强度等级的依据,其检查方法:制作边长为 150 mm 的立方体试块,在温度为(20±3) ℃和相对湿度为 90% 以上的潮湿环境或水中的标准条件下,经 28 d 养护后试验确定。试验结果作为核算结构或构件的混凝土强度是否达到设计要求的依据。

混凝土试块应用钢模制作,试块尺寸、数量应符合下列规定:

① 试块的最小尺寸,应根据骨料的最大粒径,按下列规定选定:

骨料的最大粒径≤30 mm,选用边长为 100 mm 的立方体;

骨料的最大粒径≤40 mm,选用边长为 150 mm 的立方体;

骨料的最大粒径≤60 mm,选用边长为 200 mm 的立方体。

② 当采用非标准尺寸的试块时,应将抗压强度折算成标准试块强度,其折算系数分别为:

边长为 100 mm 的立方体试块,折算系数为 0.95;

边长为 200 mm 的立方体试块,折算系数为 1.05。

③ 用作评定结构或构件混凝土强度质量的试块应在浇筑地点随机取样制作。检验评定混凝土强度用的混凝土试块组数,应按下列规定留置:

A. 每拌制 100 盘且不超过 100 m³ 的同配合比的混凝土,其取样不得少于一次;

B. 每工作班拌制的同配合比的混凝土不足 100 盘时,其取样不得少于一次;

C. 现浇楼层,每层取样不得少于一次;

D. 预拌混凝土应在预拌混凝土厂内按上述规定留置试块。

每项取样应至少留置一组标准试件,同条件养护试件的留置组数,可根据实际需要确定。

（2）检查施工各阶段混凝土的强度

为了检查结构或构件的拆模、出厂、吊装、张拉、放张及施工期间临时负荷的需要，尚应留置与结构或构件同条件养护的试块。试块的组数可按实际需要确定。

3. 混凝土强度验收评定标准

混凝土强度应分批进行验收。同批混凝土应由强度等级相同、龄期相同以及生产工艺和配合比基本相同的混凝土组成。每批混凝土的强度，应以同批内全部标准试件的强度代表值来评定。

（1）每组试块（三块）强度代表值

每组试块（三块）应在同盘混凝土中取样制作，其强度代表值按下述规定确定：

① 取三个试块试验结果的平均值，作为该组试块的强度代表值；

② 当三个试块中的最大或最小的强度值，与中间值相比超过 15％时，取中间值代表该组的混凝土试块的强度；

③ 当三个试块中的最大和最小的强度值，均超过中间值的 15％时，其试验结果不应作为评定的依据。

（2）混凝土强度检验评定

根据混凝土生产情况，在混凝土强度检验评定时，按以下三种情况进行：

① 当混凝土的生产条件在较长时间内能保持一致，且同一品种混凝土的强度变异性能保持稳定时，由连续的三组试块代表一个验收批。

② 当混凝土的生产条件不能满足上述规定或在前一个检验期内的同一品种混凝土没有足够的数据用以确定验收混凝土立方体抗压强度标准差时，应由不少于 10 组的试块代表一个验收批。

③ 对零星生产的预制构件的混凝土或现场搅拌的批量不大的混凝土，可采用非统计法评定。

当检验结果能满足第①或第②或第③条的规定时，则该批混凝土强度判为合格；当不能满足上述规定时，则该批混凝土强度判为不合格。

由于抽样检验存在一定的局限性，混凝土的质量评定可能出现误判。因此，如混凝土试件强度不符合上述要求时，允许从结构上钻取芯样进行试压检查，亦可用回弹仪或超声波仪直接在构件上进行非破损检验。

5.4.6　混凝土的质量验收标准

1. 原材料

（1）主控项目

① 水泥进场时应对其品种、级别、包装及散装仓号、出厂日期等进行检查，并应对其强度、安定性及其他必要的性能指标进行复验，其质量必须符合现行国家标准《通用硅酸盐水泥》（GB 175—2007）等的规定。

当在使用中对水泥质量有怀疑或水泥出厂超过三个月（快硬硅酸盐水泥超过一个月）时，应进行复验，并按复验结果使用。

钢筋混凝土结构、预应力混凝土结构中，严禁使用含氯化物的水泥。

检查数量：按同一生产厂家、同一等级、同一品种、同一批号且连续进场的水泥，袋装不超过 200 t 为一批，散装不超过 500 t 为一批，每批抽样不少于一次。

检验方法：检查产品合格证、出厂检验报告和进场复验报告。

② 混凝土中掺用外加剂的质量及应用技术应符合现行国家标准《混凝土外加剂》（GB 8076—2008）、《混凝土外加剂应用技术规范》（GB 50119—2013）等和有关环境保护的规定。

预应力混凝土结构中,严禁使用含氯化物的外加剂。钢筋混凝土结构中,当使用含氯化物的外加剂时,混凝土中氯化物的总含量应符合现行国家标准《混凝土质量控制标准》(GB 50164—2011)的规定。

检查数量:按进场的批次和产品的抽样检验方案确定。

检验方法:检查产品合格证、出厂检验报告和进场复验报告。

③ 混凝土中氯化物和碱的总含量应符合现行国家标准《混凝土结构设计规范》(GB 50010—2010)和设计的要求。

检验方法:检查原材料试验报告和氯化物、碱的总含量计算书。

(2)一般项目

① 混凝土中掺用矿物掺合料的质量应符合现行国家标准《用于水泥和混凝土中的粉煤灰》(GB/T 1596—2017)等的规定。矿物掺合料的掺量应通过试验确定。

检查数量:按进场的批次和产品的抽样检验方案确定。

检验方法:检查出厂合格证和进场复验报告。

② 普通混凝土所用的粗、细骨料的质量应符合国家现行标准《普通混凝土用砂、石质量及检验方法标准》(JGJ 52—2006)的规定。

检查数量:按进场的批次和产品的抽样检验方案确定。

检验方法:检查进场复验报告。

注:① 混凝土用的粗骨料,其最大颗粒粒径不得超过构件截面最小尺寸的 1/4,且不得超过钢筋最小净间距的 3/4。

② 对混凝土实心板,骨料的最大粒径不宜超过板厚的 1/3,且不得超过 40 mm。

③ 拌制混凝土宜采用饮用水;当采用其他水源时,水质应符合国家现行标准《混凝土用水标准》(JGJ 63—2006)的规定。

检查数量:同一水源检查不应少于一次。

检验方法:检查水质试验报告。

2. 配合比设计

(1)主控项目

混凝土应按国家现行标准《普通混凝土配合比设计规程》(JGJ 55—2011)的有关规定,根据混凝土强度等级、耐久性和工作性等要求进行配合比设计。

对有特殊要求的混凝土,其配合比设计尚应符合国家现行有关标准的专门规定。

检验方法:检查配合比设计资料。

(2)一般项目

① 首次使用的混凝土配合比应进行开盘鉴定,其工作性应满足设计配合比的要求。开始生产时应至少留置一组标准养护试件,作为验证配合比的依据。

检验方法:检查开盘鉴定资料和试件强度试验报告。

② 混凝土拌制前,应测定砂、石含水率并根据测试结果调整材料用量,提出施工配合比。

检查数量:每工作班检查一次。

检验方法:检查含水率测试结果和施工配合比通知单。

5. 混凝土施工

(1)主控项目

① 结构混凝土的强度等级必须符合设计要求。用于检查结构构件混凝土强度的试件,应在混凝土的浇筑地点随机抽取。取样与试件留置应符合下列规定:

A. 每拌制 100 盘且不超过 100 m³ 的同配合比的混凝土,取样不得少于一次;

B. 每工作班拌制的同一配合比的混凝土不足 100 盘时,取样不得少于一次;

C. 当一次连续浇筑超过 1000 m³ 时,同一配合比的混凝土每 200 m³ 取样不得少于一次;

D. 每一楼层、同一配合比的混凝土,取样不得少于一次;

E. 每次取样应至少留置一组标准养护试件,同条件养护试件的留置组数应根据实际需要确定。

检验方法:检查施工记录及试件强度试验报告。

② 对有抗渗要求的混凝土结构,其混凝土试件应在浇筑地点随机取样。同一工程、同一配合比的混凝土,取样不应少于一次,留置组数可根据实际需要确定。

检验方法:检查试件抗渗试验报告。

③ 混凝土原材料每盘称量的偏差应符合表 5-22 的规定。

表 5-22　原材料每盘称量的允许偏差

材料名称	允许偏差	材料名称	允许偏差
水泥、掺合料	± 2%	水、外加剂	± 2%
粗、细骨料	± 3%		

注:① 各种衡器应定期校验,每次使用前应进行零点校核,保持计量准确;

　　② 当遇雨天或含水率有显著变化时,应增加含水率检测次数,并及时调整水和骨料的用量。

检查数量:每工作班抽查不应少于一次。

检验方法:复秤。

④ 混凝土运输、浇筑及间歇的全部时间不应超过混凝土的初凝时间。同一施工段的混凝土应连续浇筑,并应在底层混凝土初凝之前将上一层混凝土浇筑完毕。

当底层混凝土初凝后浇筑上一层混凝土时,应按施工技术方案中对施工缝的要求进行处理。

检查数量:全数检查。

检验方法:观察,检查施工记录。

(2) 一般项目

① 施工缝的位置应在混凝土浇筑前按设计要求和施工技术方案确定。施工缝的处理应按施工技术方案执行。

检查数量:全数检查。

检验方法:观察,检查施工记录。

② 后浇带的留置位置应按设计要求和施工技术方案确定。后浇带混凝土浇筑应按施工技术方案进行。

检查数量:全数检查。

检验方法:观察,检查施工记录。

③混凝土浇筑完毕后,应按施工技术方案及时采取有效的养护措施,并应符合下列规定:

A. 应在浇筑完毕后的 12 h 以内对混凝土加以覆盖并保湿养护。

B. 混凝土浇水养护的时间:对采用硅酸盐水泥、普通硅酸盐水泥或矿渣硅酸盐水泥拌制的混凝土,不得少于 7 d;对掺用缓凝型外加剂或有抗渗要求的混凝土,不得少于 14 d。

C. 浇水次数应能保持混凝土处于湿润状态;混凝土养护用水应与拌制用水相同。

D. 采用塑料布覆盖养护的混凝土,其敞露的全部表面应覆盖严密,并应保持塑料布内有凝结水。

E. 混凝土强度达到 1.2 N/mm² 前,不得在其上踩踏或安装模板及支架。

注:①当日平均气温低于 5 ℃时,不得浇水;

　　② 当采用其他品种水泥时,混凝土的养护时间应根据所采用水泥的技术性能确定;

③ 混凝土表面不便浇水或使用塑料布时,宜涂刷养护剂;

④ 对大体积混凝土的养护,应根据气候条件按施工技术方案采取控温措施。

检查数量:全数检查。

检验方法:观察,检查施工记录。

4. 混凝土结构工程施工验收记录

① 检验批质量验收按表 5-23 记录。

表 5-23　检验批质量验收记录

检验批质量验收记录　　　　　　　　　　　　　　　　TJ4.3.25

工程名称			检验批部位			施工执行标准名称及编号	
施工单位			项目经理			专业工长	
分包单位			分包项目经理			施工班组长	
序号						施工单位检查评定记录	监理(建设)单位验收记录
主控项目	1						
	2						
	3						
	4						
	5						
一般项目	1						
	2						
	3	项次	项　目	允许偏差(mm)			
		1					
		2					
		3					
		4					
		5					
		6					
施工单位检查评定结果		项目专业质量检查员:　　　　　　　　　　年　　月　　日					
监理(建设)单位验收结论		监理工程师(建设单位项目专业技术负责人):　　　　年　　月　　日					

② 分项工程质量验收按表 5-24 记录。

表 5-24 分项工程质量验收记录

_____分项工程质量验收记录表(示例)

单位工程名称					
施工单位					
项目负责人		项目技术负责人		项目质量负责人	
序 号	分项工程名称		检验批数	施工单位检查评定结果	
1				符合要求	
2				符合要求	
3				符合要求	
4				符合要求	
5					
6					
7					
8					
质量控制资料				共 项,符合要求	
验收单位	施 工 单 位	质量合格 项目负责人: 年 月 日			
	勘察设计单位 (需要时)	项目负责人: 年 月 日			
	监 理 单 位	验收合格 监理工程师: 年 月 日			

③ 混凝土结构分部工程质量验收按表 5-25 记录。

表 5-25 混凝土结构分部工程质量验收记录

_____分部(子分部)工程质量验收记录表

表 G3　　　　　　　　　　　　　　　　　　　　　编号：

单位(子单位)工程名称			结构类型及层数		
施工单位		技术部门负责人		质量部门负责人	
分包单位		分包单位负责人		分包技术负责人	
序号	分项工程名称	检验批数	施工单位检查评定	验收意见	
1					
2					
3					
4					
5					
6					
7					
质量控制资料					
安全和功能检验(检测)报告					
感观质量验收					
验收单位	分包单位		项目经理：　　　　年　月　日		
	施工单位		项目经理：　　　　年　月　日		
	勘察单位		项目负责人：　　　　年　月　日		
	设计单位		项目负责人：　　　　年　月　日		
	监理(建设)单位		总监理工程师： (建设单位项目专业负责人)　年　月　日		

5.4.7 混凝土结构工程检查验收应具备的技术资料

混凝土结构工程检验验收应具备以下技术资料：

① 水泥产品合格证、出厂检验报告、进场复验报告。

② 外加剂产品合格证、出厂检验报告、进场复验报告。

③ 混凝土中氯化物、碱的总含量计算书。

④ 掺合料出厂合格证、进场复试报告。

⑤ 粗、细骨料进场复验报告。

⑥ 水质试验报告。

⑦ 混凝土配合比设计资料。

⑧ 砂、石含水率测试结果记录。

⑨ 混凝土配合比通知单。

⑩ 混凝土试件强度试验报告。

⑪ 混凝土试件抗渗试验报告。

⑫ 施工记录。

⑬ 检验批质量验收记录。

⑭ 混凝土分项工程质量验收记录。

[知识测试]

1. 在浇筑混凝土之前，应进行钢筋隐蔽工程验收，其内容有哪些？

2. 混凝土搅拌机按其工作原理分为（ ）搅拌机和（ ）搅拌机两大类。

3. 常用的混凝土搅拌机按搅拌原理分为自落式搅拌机和强制式搅拌机，自落式搅拌机适用于搅拌（ ）混凝土；强制式搅拌机适用于搅拌（ ）混凝土。

4. 常用混凝土搅拌机的类型有（ ）、（ ），对干硬性混凝土宜采用（ ）。

5. 搅拌机出料容量与进料容量的比值称为出料系数，一般为 0.60～0.7。在计算出料量时，可取出料系数为（ ）。

6. 搅拌混凝土时，根据计算出的各组成材料的一次投料量，按重量投料。投料时允许偏差不得超过下列规定：水泥、外掺混合材料为（ ）%；粗、细骨料为（ ）%；水、外加剂为（ ）%。各种衡器应定期检验，保持准确，骨料含水率应经常测定，雨天施工时应增加测定次数。

7. 什么叫一次投料法？

8. 某结构采用 C20 混凝土，实验室配合比为 1∶2.15∶4.35∶0.60，实测砂石含水率分别为 3%、1%，试计算施工配合比。若采用 400 L 搅拌机搅拌，每立方米混凝土水泥用量为 270 kg，试计算一次投料量。

9. 混凝土搅拌时为什么控制搅拌时间？

10. 混凝土搅拌时间与（ ）有关。

A. 坍落度　　　　　B. 搅拌机容积　　　　　C. 外加剂　　　　　D. 搅拌机机型

11. 混凝土的运输有何要求？

12. 混凝土泵按作用原理分为哪三种？

13. 混凝土自高处倾落的自由高度（称自由下落高度）不应超过（ ）m。自由下落高度较大时,应使用溜槽或串筒,以防混凝土产生离析。

14.为了使混凝土能够振捣密实,浇筑时应分层浇灌、振捣,并在下层混凝土(　　　　　)之前,将上层混凝土浇灌并振捣完毕。

15.在一般情况下,梁和板的混凝土应同时浇筑。较大尺寸的梁(梁的高度大于 1 m)、拱和类似的结构,可单独浇筑。在浇筑与柱和墙连成整体的梁和板时,应在柱和墙浇筑完毕后停歇(　　　　　)h,使其获得初步沉实后,再继续浇筑梁和板。

16.什么叫施工缝?为什么要留施工缝?施工缝一般留在何部位?

17.混凝土构件的施工缝应留在结构(　　　　　)较小且施工方便的部位。

18.有主次梁的楼板,宜顺着次梁方向浇筑,施工缝应留置在次梁跨度中间(　　　　　)的范围内。

19.在施工缝处继续浇筑混凝土应如何处理?

20.混凝土振捣机械按其传动振动的方式分为(　　　　　　　　　)。

21.现浇钢筋混凝土框架结构,梁的振捣可采用(　　　　　),柱的振捣可采用(　　　　　)。

A.内部振动器　　　B.外部振动器　　　C.表面振动器　　　D.振动台

22.什么是混凝土的自然养护?

23.混凝土的浇水养护有何要求?

24.为检查现浇混凝土结构或构件某一阶段的混凝土强度,试块应采用(　　　)养护。

25.混凝土结构工程检查验收应具备的技术资料有哪些?

码 5-4　混凝土工程
知识测试答案

【项目评价】

普通混凝土施工项目评价表

评价模块	评价内容	完成情况	分值
5.1　混凝土施工准备	了解普通混凝土结构施工前需要完成的各种准备工作		(满分 20)
5.2　模板工程	了解常用普通混凝土施工中的各种模板及适用范围		(满分 10)
5.3　钢筋工程	了解常见钢筋的性能、施工要求以及验收方法		(满分 30)
5.4　混凝土工程	掌握普通混凝土工程的施工工艺流程以及验收方法和标准		(满分 20)
实训:普通混凝土施工验收	1.掌握普通混凝土工程的施工工艺流程; 2.能够完成普通混凝土工程的施工验收		(满分 20)
合计			100

项目 5 参考文献

1. 中国建筑工程总公司.清水混凝土施工工艺标准[M].北京:中国建筑工业出版社,2005.

2. 中华人民共和国住房和城乡建设部.混凝土结构工程施工规范:GB 50666—2011[S].北京:中国建筑工业出版社,2011.

3. 王军强.混凝土结构施工[M].2 版.北京:高等教育出版社,2017.

4. 中国建筑科学研究院.混凝土结构工程施工质量验收规范:GB 50204—2015[S].北京:中国建筑工业出版社,2015.

5. 李仙兰.钢筋混凝土工程施工[M].北京:机械工业出版社,2015.

项目 6　混凝土常见质量问题及其防治

【项目描述】

本项目介绍了预拌混凝土施工过程中常见质量问题及其防治措施；混凝土离析与泌水的原因，对工程质量的影响及对离析与泌水的防治和处理方法；预拌混凝土裂缝种类、各种裂缝产生的原因及处理方法、预防措施；混凝土表面缺陷的形成原因及处理方法；混凝土强度不足的原因及处理方法；混凝土凝结时间异常的原因及预防措施；混凝土在泵送过程中发生堵泵现象及预防措施。

【项目目标】

知识目标：熟练掌握预拌混凝土离析与泌水、裂缝、表面缺陷、强度不足、凝结时间异常及堵泵现象产生的原因及预防措施。

能力目标：能够对混凝土常见质量问题的原因进行分析，能解决已出现的质量问题，并具有预防这些问题的能力。

素质目标：养成团队合作精神，具有质量第一的基本职业素质。

6.1　混凝土离析与泌水

［任务描述］　本任务主要介绍了混凝土产生离析与泌水的原因、离析与泌水对工程质量的影响、对离析与泌水的防治和处理方法。

［能力目标］　能够预防预拌混凝土产生离析与泌水现象及能够处理产生离析与泌水的混凝土。

［知识目标］　掌握预拌混凝土产生离析与泌水的原因、对工程的影响及防治措施。

［任务工单］

《普通混凝土制备及施工技术》学习任务工单

项目	混凝土常见质量问题及其防治	任务		6.1　混凝土离析与泌水	
队名		班级		学时	
队长		队员			
工作任务	掌握混凝土产生离析与泌水的原因、离析与泌水对工程质量的影响及对离析与泌水的防治和处理方法。				
任务目标	［能力目标］能够预防预拌混凝土产生离析与泌水现象，能够处理产生离析与泌水的混凝土。 ［知识目标］掌握预拌混凝土产生离析与泌水的原因、对工程的影响及防治措施。				
工作方式	每个班级分为 6 个学习小分队，每队 5～6 人，按学习任务进行分工，每人在完成自学后，一起讨论，共同完成任务，并进行任务总结。				

	参与讨论 /(20)	工作数量 /(20)	工作质量 /(20)	团结协作 /(20)	工作结果 /(20)	合计	权重	分值

工作记录

任务总结

工作评价

	参与讨论 /(20)	工作数量 /(20)	工作质量 /(20)	团结协作 /(20)	工作结果 /(20)	合计	权重	分值
自我评价							30%	
同学评价							30%	
老师评价							40%	

教师评语

教师签名：

年　　月　　日

混凝土离析是指混凝土拌合物发生浆骨分离、石子堆积或下沉的现象。泌水是指混凝土拌合物中泌出部分拌合水,并浮于表面的现象。

离析与泌水常常相伴而生,有时还会同时产生"抓底",抓底现象表现为板面上附着的砂浆不易铲除。这些现象的产生是混凝土拌合物保水性能差或外加剂反应慢引起的,是混凝土拌合物体积稳定性不良,在重力作用下使密度大的材料下沉、密度小的材料上浮的现象。如图 6-1 所示。

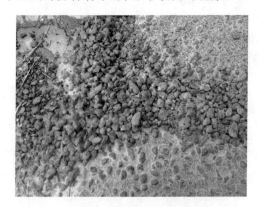

图 6-1　混凝土离析现象

6.1.1　混凝土离析、泌水产生的原因

混凝土离析、泌水与原材料、混凝土配合比、施工方法、结构尺寸和体积有关。如相同的混凝土拌合物浇筑在楼板部位仅出现轻微泌水,而浇筑柱或墙体部位会出现较明显的泌水。

1. 原材料的原因

① 与胶凝材料性质和用量有关。如胶凝材料用量少、粉煤灰颗粒较粗、矿粉掺量过大等,特别是大流态混凝土必须有足够的胶凝材料用量,胶凝材料用量少只适合低坍落度的混凝土,否则就容易发生离析、泌水问题。

② 骨料级配不良、粒径大、砂中小颗粒含量少。

③ 减水剂掺量过大、分散效果慢或与胶凝材料的相容性不良。特别是使用聚羧酸系高性能减水剂时,由于这种减水剂对原材料、用水量和环境气温的变化比较敏感,控制不好就容易发生混凝土坍落度随时间的延长而增加的现象,严重时出现离析、泌水。

2. 配合比的原因

① 新拌混凝土坍落度过大、用水量多、水胶比大、混凝土拌合物黏聚性差。

② 砂率小。

③ 缓凝剂掺量过大,凝结时间长将加重混凝土的离析、泌水;缓凝剂或阻锈剂与胶凝材料不匹配也会发生滞后泌水。

3. 生产及施工的原因

① 生产时搅拌时间过短或过长,混凝土拌合物匀质性差。

② 在施工过程中往混凝土拌合物里加水,以及过振时易引起拌合物泌水或加重泌水的产生。

③ 体积大、浇筑高度高的结构易泌水。

④ 环境温湿度、风力大小、阴天或日照强度等,对混凝土拌合物离析、泌水程度都有一定的影响。

6.1.2 混凝土离析、泌水对工程的影响

1. 对施工方面的影响

① 已离析的混凝土拌合物和易性差,并易产生抓底现象,当采用泵送工艺浇筑时,若混凝土的泵送不连续,容易造成输送管堵塞。

② 浇筑时已发生严重离析、泌水的混凝土拌合物,由于石子的聚集不易振捣,平面结构局部表面易发生石子裸露,造成抹面困难。特别是自密实混凝土,浇筑时已发生严重离析、泌水,其自填充性能已丧失,坚决不能使用,否则石子容易聚集在钢筋最密处,导致结构发生严重的孔洞质量缺陷,而且蜂窝、麻面和开裂质量问题也较严重,因此必须杜绝已严重离析、泌水的混凝土用于结构浇筑。混凝土严重离析结果如图 6-2 所示。

2. 对结构实体方面的影响

① 泌水将增加粗骨料和水平钢筋下方聚集水囊的量,硬化后形成空隙,降低混凝土的密实性,从而削弱了水泥石与骨料和钢筋的黏结力。

② 泌水会造成混凝土中部分轻物质随水一起向上迁移并浮于表面,凝结后形成强度较低的软面,使表面耐磨性差,容易起灰和开裂,并降低耐久性能。

③ 泌水的混凝土将在结构侧面留下一道水痕,影响美观。因此,对于表面质量要求较高的结构,如清水混凝土等,必须杜绝泌水的出现。

图 6-2 混凝土严重离析结果

④ 离析、泌水的混凝土将增加结构表面砂浆层的厚度,砂浆层水胶比较大,在凝结硬化过程中塑性收缩与下部不一致,更容易引发开裂问题。而结构下部石子聚集过多,易产生蜂窝、麻面和孔洞等质量缺陷。对采取分层浇筑的结构,如果上层浇筑不及时,在层间结合处容易形成薄弱层,对抗渗结构防水不利。

⑤ 泌水留下的毛细通道将降低混凝土结构的密实性,对结构的抗渗性、抗冻性和抗腐蚀性等产生不利影响。

混凝土泌水并不都是有害的,在正温条件下,轻微泌水对于不浇水养护的混凝土结构有利,能起到养护作用,减少干裂的产生,对混凝土耐久性是有益的。当然,明显泌水的混凝土影响结构整体匀质性,硬化后影响混凝土的一些性能,应杜绝。

混凝土离析对工程质量的影响如图 6-3 所示。

图 6-3　混凝土离析对工程质量的影响

6.1.3　混凝土离析、泌水的防治与处理方法

① 防止离析、泌水的根本途径是提高混凝土拌合物的黏度,改善骨料级配,适当提高砂率,控制水胶比、坍落度和用水量,掺入矿物掺合料和引气剂等。其中,矿物掺合料应选择质量较轻的,如硅灰比粉煤灰效果好,粉煤灰又比矿渣粉效果好等。

② 加强胶凝材料与外加剂相容性检验和生产配合比的验证工作,及时发现问题及时解决,尽量避免或消除离析、泌水现象的发生。

③ 当泌水量较大时,应及时将水引走,平面结构在初凝前采用平板振动器振动一遍,然后进行二次收面,二次振动和收面可以起到封闭泌水通道及提高混凝土密实性的作用,从而使混凝土强度也得到提高;当泌水量不大时,只进行二次收面即可。二次振动必须掌握好时机,如果先浇的部位已经初凝最好不用,否则振动可能引起已初凝的部位产生开裂。竖向结构泌水时不易处理,如采用二次振捣的方法,过早振捣时将加重浆骨分离,对结构整体匀质性不利,过迟时无法采用,时机的掌握需要有丰富的经验。

④ 注意运输和浇筑方法,阻止施工过程中往混凝土拌合物中加水,可以减少或避免离析、泌水现象的发生。

⑤ 供需双方应加强混凝土拌合物的交货检验工作,发现已离析和泌水的混凝土坚决不用于结构的浇筑。

[知识测试]

1. 混凝土离析是指混凝土拌合物发生(　　　　)、(　　　　)的现象。

2. 混凝土离析、泌水与(　　　　)、(　　　　)、(　　　　)、结构尺寸和体积有关。

3. 泌水会造成混凝土中部分轻物质随水一起(　　　　),凝结后形成强度较低的软面,使表面(　　　　)差,容易起灰和开裂,并降低耐久性能。

4. 防止离析、泌水的根本途径是提高混凝土拌合物的(　　　　),改善骨料级配,适当提高砂率,控制(　　　　)、坍落度和用水量,掺入矿物掺合料和(　　　　)等。

码 6-1　混凝土离析与泌水
　　　　知识测试答案

6.2　预拌混凝土裂缝

[任务描述]　本任务介绍预拌混凝土裂缝的种类及产生的原因,重点分析了塑性裂缝中的沉降收缩裂缝、塑性收缩裂缝和温度裂缝产生的原因、出现的规律及预防的措施等内容。

[能力目标]　具有分析混凝土裂缝原因并能够预防混凝土裂缝出现的能力。

[知识目标]　掌握预拌混凝土裂缝产生原因、出现规律及预防措施。

[任务工单]

《普通混凝土制备及施工技术》学习任务工单

项目	混凝土常见质量问题及其防治		任务	6.2　预拌混凝土裂缝			
队名		班级				学时	
队长		队员					
工作任务	掌握预拌混凝土裂缝的种类及产生的原因,重点分析塑性裂缝中的沉降收缩裂缝、塑性收缩裂缝和温度裂缝产生的原因、出现的规律及预防的措施等。						
任务目标	[能力目标]具有分析混凝土裂缝原因并能够预防混凝土裂缝出现的能力。 [知识目标]掌握预拌混凝土裂缝产生原因、出现规律及预防措施。						
工作方式	每个班级分为6个学习小分队,每队5～6人,按学习任务进行分工,每人在完成自学后,一起讨论,共同完成任务,并进行任务总结。						
工作记录							
任务总结							

工作评价		参与讨论/(20)	工作数量/(20)	工作质量/(20)	团结协作/(20)	工作结果/(20)	合计	权重	分值
	自我评价							30%	
	同学评价							30%	
	老师评价							40%	

教师评语	教师签名: 　　年　　月　　日

6.2.1 混凝土裂缝的类型和原因

1. 混凝土裂缝概述

混凝土裂缝是建设工程中最常见的一种缺陷。这里说的裂缝是指肉眼可见的宏观裂缝,而不是微观裂缝,其宽度应在 0.05 mm 以上。混凝土出现宏观裂缝的原因多种多样,通常是因混凝土发生体积变形时受到约束,或因受到荷载作用时,在混凝土内引起过大拉应力(或拉应变)而产生裂缝。

混凝土的微观裂缝则为一般混凝土所固有,因为混凝土是由水泥浆体水化硬化后的水泥石与砂、石骨料组成,它们的物理力学性能并不一致,水泥浆体硬化后的干缩值较大,而骨料则限制了水泥浆体的自由收缩,这种约束作用使混凝土从硬化开始就在骨料与水泥浆体的黏结面上出现了微裂缝。也就是说,即使没有外部荷载作用,混凝土内部就已经有了微裂缝,但是这些微裂缝在不大的外力或变形作用下是稳定的;当外力或变形作用较大时,这些微裂缝就会发展;当外力或变形作用更大时,微裂缝就会扩展穿过水泥石,逐步发展成可见的宏观裂缝。

2. 裂缝的类型

① 按照裂缝的大小,可分为微观裂缝和宏观裂缝。

② 按照裂缝的开裂深度,可分为表面裂缝和贯穿裂缝。

③ 按照裂缝的危害程度,可分为无害裂缝和有害裂缝。

④ 按照裂缝的表面形状,可分为网状裂缝、爆裂状裂缝、不规则短裂缝、纵向裂缝、横向裂缝和斜裂缝等。

⑤ 按照裂缝的发展情况,可分为稳定裂缝和不稳定裂缝,以及能愈合裂缝和不能愈合裂缝。

⑥ 按照裂缝的产生时间,可分为混凝土硬化前产生的塑性裂缝和硬化后产生的裂缝。

⑦ 按照裂缝的产生原因,可分为荷载裂缝和变形裂缝。荷载裂缝是指因动、静荷载的直接作用引起的裂缝。变形裂缝是指因不均匀沉降、温度变化、湿度变化、膨胀、收缩、徐变等变形因素引起的裂缝。

3. 裂缝产生的原因

(1) 与结构设计及受力荷载有关的

① 在设计荷载范围内,超过设计荷载范围或设计未考虑到的作用;

② 构件断面尺寸不足、钢筋用量不足、配置位置不当;

③ 对温度应力和混凝土收缩应力估计不足;

④ 次应力作用;

⑤ 结构物的沉降差异;

⑥地震、台风作用等。

(2) 与使用及环境条件有关的

① 环境温度、湿度的变化;

② 结构构件各区域温度、湿度差异过大;

③ 冻融、冻胀;

④ 内部钢筋锈蚀;

⑤ 火灾或表面遭受高温;

⑥ 酸、碱、盐类的化学作用;

⑦ 冲击、振动影响。

（3）与材料性质和配合比有关的

① 水泥的水化热；

② 水泥非正常凝结（水泥受潮或水泥温度过高等）；

③ 水泥非正常膨胀（含碱量、游离 CaO、游离 MgO 过高）；

④ 骨料含泥量过大；

⑤ 骨料级配不良；

⑥ 使用了碱活性骨料或风化岩石；

⑦ 混凝土收缩；

⑧ 混凝土配合比不当（水泥用量大、用水量大、水胶比大、砂率大等）；

⑨ 选用的水泥、外加剂、矿物掺合料不当或匹配不当。

（4）与施工有关的

① 拌和不均匀、搅拌时间不足或过长、拌和后到浇筑时间间隔过长；

② 泵送时随意加水；

③ 浇筑顺序有误，浇筑不均匀（钢筋过密、振动赶浆等）；

④ 振捣不良、坍落度过大、骨料下沉、泌水、混凝土表面强度过低就进行下一道工序；

⑤ 连续浇筑间隔时间过长，接茬处理不当；

⑥ 钢筋搭接、锚固不良，钢筋、预埋件被扰动；

⑦ 钢筋保护层厚度不够；

⑧ 滑模工艺不当（拉裂或塌陷）；

⑨ 模板变形、模板漏浆或渗水；

⑩ 模板支撑下沉、过早拆除模板、模板拆除不当；

⑪ 混凝土硬化前遭受扰动或承受荷载；

⑫ 养护措施不当或养护不及时；

⑬ 养护初期遭受急剧干燥（大风、日晒）或冻害；

⑭ 混凝土表面抹压不及时；

⑮ 大体积混凝土内部温度与表面温度或表面温度与环境温度差异过大。

6.2.2　预拌混凝土常见裂缝原因及预防措施

预拌混凝土由于坍落度过大、用水量多、水泥用量多、砂率大、粗骨料粒径小、使用外加剂量过多、凝结时间长等原因，使得混凝土体积收缩变形增大，尤其是在塑性阶段更加突出，极易产生塑性裂缝和温度裂缝，给建设工程带来极大的隐患。

1. 塑性裂缝

塑性裂缝是指混凝土浇筑后尚处于可塑状态时产生的裂缝。根据裂缝形成原因，可分为沉降收缩裂缝和塑性收缩裂缝。这两种裂缝经常共生，很难区别，故统称为塑性裂缝。

（1）沉降收缩裂缝

沉降收缩裂缝是指混凝土硬化前，因骨料等比重大的颗粒下沉，竖向体积缩小而产生的塑性变形裂缝。

① 产生原因

混凝土浇筑后，在重力的作用下，粗骨料等比重大的颗粒缓慢沉降密实，水、气泡等比重小的组分被挤压浮至混凝土面层，出现分层现象，称为外分层（图 6-4）。

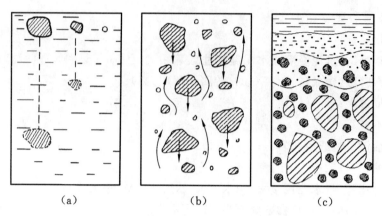

图 6-4　混凝土外分层形成过程示意图

　　在紧接粗骨料下方可能会聚积着一些水分,因而在水泥砂浆中也存在着部分分层,称为内分层(图 6-5)。

　　由图 6-5 可见,在紧接粗骨料下方的区域称为蓄水区,它是混凝土最弱的部分;砂浆中分布较均匀的区域称为正常区;在骨料上部因较小颗粒的沉降,可能形成较正常区密实度更大的沉积区。由于混凝土的内分层,使混凝土具有各向异性,表现为沿着浇灌方向的抗拉强度较垂直该方向的低。

　　混凝土因沉降竖向体积缩小约 1%。坍落度越大,保水性越差,凝结时间越长及混凝土越厚时,沉降收缩量越大。若混凝土均匀沉降,则不会出现裂缝。然而混凝土沉降时会受到钢筋、预埋件、模板、较大的粗骨料、先期硬化的混凝土等局部阻碍或约束,或混凝土本身各部相对的沉降量相差过大,由此产生拉应力。此时混凝土的抗拉强度还很小,因此会产生裂缝。

　　② 出现规律

　　沉降收缩裂缝出现在混凝土沉降受阻处,在混凝土结构的不同部位,如图 6-6 所示。

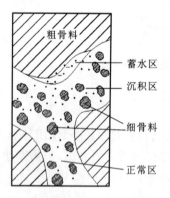

图 6-5　混凝土内分层示意图

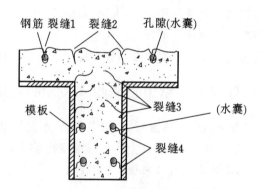

图 6-6　沉降收缩裂缝形式

　　裂缝 1:这类裂缝的分布形状与钢筋的布置有关,裂缝沿着钢筋通长方向上方顺筋开裂(坡面上的混凝土尤其严重),或者在预埋件附近周围出现(见图 6-7)。

　　裂缝 2:在梁(或墙)与顶板同时浇筑混凝土时,由于顶板混凝土下沉量较小,而梁(墙)等厚重体积混凝土下沉量较大,便易在板上出现平行于梁(墙)的裂纹(见图 6-8)。

　　裂缝 3:在梁(墙、柱)与顶板(梁)同时浇筑时,由于板(梁)底部分混凝土受模板支撑不会下沉,而梁(墙、柱)混凝土会有较大的沉降,在梁(墙、柱)接近板(梁)底部便会产生较大的沉降差,因此在该处易出现横向裂纹(见图 6-9 和图 6-10)。

图 6-7　顺筋开裂形式

图 6-8　沉降不均产生板上开裂

图 6-9　沉降不均产生板下开裂

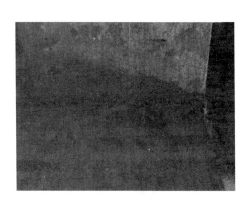

图 6-10　沉降不均产生梁下开裂

裂缝 4：墙、柱或梁上的箍筋及横筋，如果保护层过小，会限制较粗的骨料的通过，而较细的骨料和砂浆则会继续下沉，从而会产生顺筋横向开裂（见图 6-11 和图 6-12）。

图 6-11　墙体横向开裂

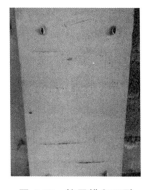

图 6-12　柱子横向开裂

③ 预防措施

沉降收缩裂缝是由于混凝土塑性沉降收缩所产生的，为此应尽量减少混凝土的沉降收缩量。其措施如下：

a. 优化混凝土配合比

应用减水率大的高效减水剂，最好采用聚羧酸高性能减水剂，因其减水率大、掺量少、保水性好、收缩率低，所以可以大幅度减少用水量，增加混凝土黏聚性，减少混凝土的离析和泌水现象，提高

码 6-2　塑性裂缝中沉降收缩裂缝
的产生原因及预防措施

混凝土密实性,减低混凝土收缩开裂的风险;应用保水性较好的普通硅酸盐水泥,连续级配的粗骨料,偏粗的中砂;混凝土坍落度不宜过大,混凝土凝结时间不宜过长。

b. 加强混凝土施工措施

坍落度较大的混凝土应避免过振。截面厚度相差较大的结构部位,应先浇筑较深的部位,静止1~2 h,待混凝土沉降稳定后再与上部截面混凝土同时浇注。

混凝土浇筑后,会有一段时间(1~2 h)的沉缩过程,沉降收缩裂缝正是在这段时间开始产生的。因此,消除沉缩裂缝的最有效办法就是待混凝土沉降趋于稳定后,再进行二次复振,以使混凝土重新密实,不但可以消除裂缝,还可以改善混凝土和钢筋的黏结强度。二次振捣是解决混凝土沉缩裂缝的关键。

对于混凝土面层部位,二次振捣后还应进行抹压,并及时覆盖塑料薄膜或喷养护剂进行湿养护。

(2) 塑性收缩裂缝

混凝土浇筑后尚处于塑性状态时,因气候干燥、风吹日晒,混凝土板面会失水过快,混凝土体积急剧收缩而产生的不规则裂缝称为塑性收缩裂缝(图 6-13 和图 6-14)。

图 6-13 塑性收缩裂缝 1

图 6-14 塑性收缩裂缝 2

① 产生原因

新浇筑的混凝土,当泌水速度大于蒸发速度,表面仍有泌水层时不会出现裂缝。当蒸发速度大于泌水速度时,混凝土便会产生收缩。如遇到风吹日晒,混凝土表面水分蒸发过快,混凝土就会出现急剧收缩,产生拉应力,由于混凝土早期抗拉强度很低,不能抵抗这种拉应力,混凝土便会产生塑性收缩裂缝。

塑性收缩裂缝与沉降收缩裂缝往往同时出现,尤其是在水平结构的混凝土表面上出现的裂缝,区别方法:规则的顺筋裂缝为沉降收缩裂缝,而不规则的裂缝则为塑性收缩裂缝。

② 出现规律

塑性收缩裂缝出现在暴露于空气中的混凝土表面,裂缝较浅,长短不一,短的仅 20~30 cm,长的可达 2~3 m,宽 1~5 mm,裂缝互不连贯,类似干燥的泥浆面(图 6-13 和图 6-14)。出现规律如下:

a. 刮风、晴天、气候干燥,混凝土浇筑后表面没有及时覆盖时容易出现。

b. 使用收缩较大的水泥(如矿渣水泥)、水泥用量过多、砂子太细、粗骨料粒径小、骨料含泥量大、用水量及外加剂掺量过多、坍落度过大、混凝土初凝时间过长、混凝土面层浮浆过多且强度低时容易出现。

c. 垫层、模板过于干燥,吸水大时容易出现。

③ 预防措施

防止出现塑性收缩裂缝的原理:一是降低混凝土表面游离水的蒸发速度;二是减小混凝土的面层

干缩量;三是增大混凝土面层早期的抗裂强度。

　　a.选用干缩小、早期强度高的硅酸盐水泥或普通硅酸盐水泥,严格控制水泥用量和矿物掺合料用量,减少用水量和外加剂掺量,选用高性能减水剂或高效减水剂,选用级配良好、含泥量低的石子和砂子等。

　　b.浇注混凝土前,将基层和模板浇水湿透,避免吸收混凝土中的水分。

　　c.振捣要密实,减少混凝土的收缩量。

　　d.采取原浆覆盖养护法进行养护。

　　原浆覆盖养护法:混凝土浇筑后,先用木拉板将混凝土面拉平,再用成轴的塑料薄膜边退边覆盖,随时用铁抹子抹平脚印,以达到原浆覆盖的效果,并一直保持到混凝土凝结硬化。这样便可以保住混凝土中的水分不蒸发,最大限度地减少了混凝土的早期塑性收缩裂缝(图 6-15 和图 6-16)。原浆覆盖养护法是解决塑性收缩裂缝最有效的办法。原浆覆盖与未覆盖的效果对比见图 6-17。

图 6-15　原浆覆盖养护法 1

图 6-16　原浆覆盖养护法 2

图 6-17　原浆覆盖与未覆盖效果对比

码 6-3　原浆覆盖法视频

　　e.采用原浆覆盖法通常不需要二次抹压。但对表面有特殊要求时(如路面等),可以在混凝土初凝前将塑料薄膜掀开,进行二次抹压,抹光后再用塑料薄膜重新覆盖,或喷涂养护剂。

　　f.如果做不到原浆覆盖,也可在混凝土初凝前用拉板或电抹子进行二次抹压,也能起到较好的防裂效果。但是,如果天气炎热或风速很大,则仍会产生裂纹。

　　g.在气温高、风速大、干燥的天气施工时,宜加设遮阳、挡风及喷雾等设施。

2. 温度裂缝

　　水泥水化过程会产生一定的水化热,使混凝土内部温度不断上升,而混凝土表面散热较快,致使混凝土内外温差逐步增大,混凝土内部热胀变形产生压力,外部冷缩变形产生拉应力,由于此时混凝土抗拉强度较低,当混凝土内部拉应力超过混凝土抗拉强度时,混凝土便产生裂缝,称为温度裂缝。

① 产生原因

由于混凝土是热的不良导体,产生的热量不容易散发,特别是大体积混凝土和长墙(如地下室剪力墙)结构混凝土,极易产生温度裂缝。

大体积混凝土产生裂缝主要是因水泥水化热引起混凝土内外温差过大,温度梯度产生温度应力,当温度应力大于混凝土的抗拉强度时即产生工程实体裂缝(见图6-18和图6-19)。

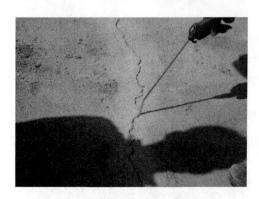 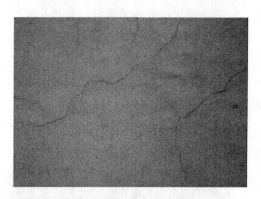

图6-18 大体积混凝土的表面开裂1　　　　　　图6-19 大体积混凝土的表面开裂2

控制大体积混凝土裂缝的关键在于控制温度梯度。大体积混凝土施工时,应按规定进行热工计算。在混凝土表面预留测温孔,安排专人测温。混凝土表面覆盖材料的厚度,应根据温度测定情况随时调整,控制混凝土内外温差≤25 ℃,且降温速度宜≤2 ℃/d,防止产生温度裂缝。

长墙结构最常见的就是地下室剪力墙,其经常会每隔1~2 m就出现一道竖向裂缝(图6-20和图6-21)。剪力墙的裂缝原因比较复杂,除了受自身化学收缩的影响外,还会受温度变形和干湿变形的影响。

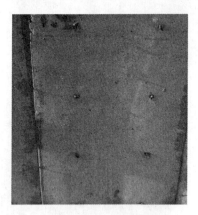 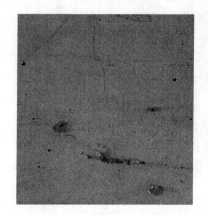

图6-20 剪力墙上的竖向裂缝1　　　　图6-21 剪力墙上的竖向裂缝2

水泥水化热大部分热量是在3 d以内释放的,会使混凝土内部温度逐步达到最高,然后就开始缓慢降温。地下室剪力墙浇筑完成后,内部温度随着水泥水化进程的发展开始逐步上升,3 d左右达到最高峰。根据热胀冷缩的原理,混凝土在升温期体积是膨胀的,在此期间不易产生裂缝。然而,当混凝土降温时,体积开始收缩,而此时混凝土早已凝结硬化,墙体会受到基础和两侧柱子的约束作用,而产生收缩拉应力;此外,这时工地往往已将模板拆除,混凝土疏于养护,使混凝土表面脱水干燥,又产生干燥收缩应力,当这两种应力加起来超过混凝土的极限抗拉强度时,混凝土表面就会产生竖向裂缝。

地下室剪力墙竖向裂缝比较常见,尤其易出现在 C45 以上的混凝土墙中,且混凝土强度等级越高,产生的裂缝越多,通常每隔 1～2 m 就会出现一条,裂缝宽度约 0.5 mm,长度通常都在墙高的中间部位,严重时也会贯通墙壁的全高。

② 影响因素

a.硅酸盐水泥和普通硅酸盐水泥水化反应较快,水化放热速率亦快。而粉煤灰水泥、矿渣水泥和复合水泥等水化热均比较低,可以推迟混凝土温峰出现的时间。

b.水泥的矿物组成对混凝土浇筑后温度的峰值和峰值出现的时间有很大影响,水泥四大矿物的水化热及放热速率顺序:$C_3A > C_3S > C_4AF > C_2S$,因此,减低水泥熟料中 C_3A 和 C_3S 的含量,相应提高 C_2S 含量,有助于减低水泥水化热温升。

c.混凝土体积越大,表面系数越小,则其内部热量散失得越慢,相应地,混凝土内部温峰越高。

d.环境温度越低,混凝土内外温差越大,发生温度裂缝的危险性越大。

③ 预防措施

a. 选用低热水泥,选择适宜的水泥品种,降低水泥用量,掺加适量的矿物掺合料,以降低水化温升。

b. 降低混凝土入模温度,混凝土内部预埋冷却水管,用循环水冷却降温。

c. 掺加缓凝型减水剂,减缓早期温升速率。

d. 掺加膨胀剂,补偿混凝土的收缩,膨胀剂掺量需经试验确定。

e. 及时进行养护,并应采取有效的保温措施,减少内外温差和降温速率,确保混凝土里表温差＜25 ℃。

f. 适当减小混凝土坍落度、分层浇筑、加强振捣,尤其需要二次振捣,增加混凝土密实度,以最大限度地减少收缩。

g. 对于长墙结构,应采用保温效果较好的竹木模板,不应过早拆模,应使混凝土里表温差≤20 ℃时方可拆模,且拆模后,应及时进行保湿养护(喷刷养护液或披挂棉毡等浇水养护)。

h. 在设计方面,应按照"细筋密布"的原则,增配水平构造钢筋,以起到温度筋的作用,能有效地提高混凝土的抗裂性能。甚至在墙体主筋外侧铺加钢丝网片,其抗裂效果更佳。

码 6-4 温度裂缝的产生
原因及预防措施

6.2.3 裂缝的治理方法

若塑性裂缝发现得较早,混凝土仍保持塑性状态时应及时采用二次振捣或二次抹压来消除,然后喷涂养护剂或加湿养护。二次振捣时间宜在 1 个小时以后进行,这时混凝土已开始收水,有了一定的黏性,而且混凝土沉缩已趋于稳定。二次振捣后会消除已产生的缺陷,使混凝土内部重新布局,达到均匀的效果。

若塑性裂缝发现较晚,混凝土已硬化,则对于较浅的塑性收缩裂缝,可用 1 份水泥改性剂(聚合物乳液)与 1 份水泥调和成水泥浆,用刮刀修补裂缝。当裂缝较宽时,可用 1 份水泥改性剂、1 份水泥、1.5 份细砂及适量水调制成聚合物砂浆修补裂缝。

裂缝较深时,沿裂缝方向凿成 V 型或 U 型槽口,然后洗掉浮尘。先刷水泥改性剂调成的水泥浆(1 份水泥改性剂、1 份水泥及适量水调成),然后用聚合物砂浆(0.2 份水泥改性剂、1 份水泥、1.5～2.0 份砂子及适量的水调成)添抹修补。每次添抹厚度不超过 2 cm,间隔时间 2～3 h。

其他处理方法,可参阅相关资料。

码 6-5　预拌混凝土裂缝
知识测试答案

[知识测试]

1. 什么是塑性裂缝?

2. 什么是沉降收缩裂缝?

3. 什么是塑性收缩裂缝?

4. 塑性收缩裂缝产生的原因是什么?

5. 什么是温度裂缝?

6. 什么是原浆覆盖养护法?

6.3　混凝土表面缺陷

[任务描述]　本任务介绍了混凝土构件表面经常出现的砂线、砂斑、麻面、蜂窝、空洞、露筋、缺棱掉角、松顶及色差等产生原因及预防措施。

[能力目标]　具有分析混凝土表面缺陷产生的原因及预防表面缺陷的能力。

[知识目标]　掌握预拌混凝土表面缺陷产生原因及预防措施。

[任务工单]

《普通混凝土制备及施工技术》学习任务工单

项目	混凝土常见质量问题及其防治		任务	6.3　混凝土表面缺陷		
队名		班级			学时	
队长		队员				
工作任务	掌握混凝土构件表面经常出现的砂线、砂斑、麻面、蜂窝、空洞、露筋、缺棱掉角、松顶及色差等产生原因及预防措施。					
任务目标	[能力目标]具有分析混凝土表面缺陷产生的原因及预防表面缺陷的能力。 [知识目标]掌握预拌混凝土表面缺陷产生原因及预防措施。					
工作方式	每个班级分为 6 个学习小分队,每队 5～6 人,按学习任务进行分工,每人在完成自学后,一起讨论,共同完成任务,并进行任务总结。					
工作记录						
任务总结						

工作评价		参与讨论 /(20)	工作数量 /(20)	工作质量 /(20)	团结协作 /(20)	工作结果 /(20)	合计	权重	分值
	自我评价							30%	
	同学评价							30%	
	老师评价							40%	
教师评语							教师签名：　　　　　　　　年　　月　　日		

在混凝土构件施工中,由于施工工艺不当或施工管理不善等原因,构件表面会经常出现砂线、砂斑、麻面(露石、气泡、粘皮)、缺棱、掉角、松顶等缺陷,在一定程度上影响了工程耐久性和观感质量。

1. 砂线、砂斑

混凝土表面泌水或轻微漏浆造成表面砂纸样缺陷。砂未能被水泥浆充分胶结而外露,采用木板轻刮可脱落。片状的(宽度大于 10 mm)称为砂斑,线状的称为砂线。混凝土表面砂斑如图 6-22 所示。

(1) 产生原因

选用的水泥泌水率较高,泌出的水未能及时排除,使积聚在表面的水沿着模板与混凝土之间缝隙流下而形成砂线、砂斑;配合比设计或施工中砂率过大;模板拼接不严,止浆不实,或振捣时振捣棒碰及模板而漏浆。

(2) 防治措施

尽量选用泌水率较小的水泥品种;混凝土试配时砂率不宜过大,施工时严格按配合比下料,控制砂含量;严格控制粗骨料中的石粉含量;出现泌水时应及时排除(可采用海绵吸干),尤其应保证模板边不积水;模板拼缝止浆密实,混凝土振捣时不漏浆,不过振,避免振捣棒碰及模板。

图 6-22　混凝土表面砂斑

2. 麻面

混凝土表面局部出现缺浆和许多小凹坑、麻点形成粗糙面,但无钢筋外露现象。主要包括俗称的"露石"、"粘皮"、"气泡"等缺陷。

(1) 产生原因

模板表面粗糙不干净,粘有干硬水泥浆等杂物,脱模剂涂刷不匀或选用脱模剂不当,拆模时混凝土表面黏结模板而引起麻面;模板拼缝不严、止浆条未及时更换、止浆不实而使混凝土浇筑时局部漏浆;混凝土振捣不密实,出现漏振而使气泡未能排出,一部分气泡留在模板表面,形成麻点;混凝土浇筑时分层厚度控制不好,每一层的下料高度过大,造成振捣时无法最大限度地将气泡排出,尤其是碰到仰斜面位置,下料时混凝土面往往高出斜面顶许多,在振捣力的作用下,料内残余气体受挤压上升,游离至模板仰斜面位置受阻后汇集成堆,因而形成大量气泡。

(2) 防治措施

模板表面应清除干净,脱模剂应涂刷均匀,不得漏刷;模板拼缝止浆应严密,不得有漏浆现象;混凝土施工时应分层下料,分层厚度不宜过大(一般不大于 40 cm)且逐层振捣密实,严防漏振,并在适当部位开孔,让气泡充分排除。

3. 蜂窝、空洞、露筋

混凝土表面无水泥浆,露出石子深度大于 5 mm,但不大于保护层厚度或 50 mm 的缺陷称为蜂窝;深度大于保护层厚度或 50 mm 的洞穴、严重蜂窝称为空洞;混凝土内部钢筋没有被混凝土所包裹而外露于表面称为露筋。混凝土表面蜂窝如图 6-23 所示,混凝土表面空洞如图 6-24 所示。

图 6-23　混凝土表面蜂窝

图 6-24　混凝土表面空洞

(1) 蜂窝

蜂窝是指混凝土表面无水泥浆,骨料间有空隙存在,形成数量或多或少的窟窿,大小如蜂窝,形状不规则,露出石子深度大于 5mm,深度不露主筋,可能露箍筋。起因主要是模板漏浆严重;混凝土坍落度偏小,加上欠振或漏振形成;混凝土搅拌与振捣不足,使混凝土不均匀、不密实。可延长混凝土拌制时间,混凝土分层厚度不得超过 30 cm,振捣工人必须按振捣要求精心振捣,特别加强模板边角和结合部位的振捣都能有效控制蜂窝产生。修补方法可参考麻面处理方法。

(2) 空洞

空洞是指混凝土表面呈现出无数绿豆般大小的不规则小凹点,直径通常不大于 5mm。主要原因是混凝土和易性差,混凝土浇筑后有的地方砂浆少、石子多,形成蜂窝,或因混凝土入模后振捣质量差或漏振,气泡未完全排出,造成蜂窝空洞等。只有控制混凝土拌合物质量,按规范要求振捣,才可有效控制空洞产生。混凝土表面的麻点,对结构无大影响,通常不做处理,如需处理,可采用 1∶2 的水泥砂浆,必要时掺拌一定比例白水泥调色或添加 108 胶增强黏结力;然后用刮刀将砂浆大力压入麻点,随即刮平;修补完成后,用麻袋或塑料布遮盖进行保湿养护即可。

(3) 混凝土表面露筋

露筋产生原因主要是钢筋垫块设置不合理、垫块绑扎固定不稳,致使混凝土振捣时垫块发生位移,钢筋紧贴模板,拆模后发生露筋;或因混凝土断面钢筋过密,遇大骨料不能被砂浆包裹,卡在钢筋上水泥浆不能充满钢筋周围,使钢筋密集处产生露筋。对于露筋部位,首先应将外露钢筋上的混凝土渣和铁锈清理干净,然后用水清洗湿润,用 1∶2 水泥砂浆,适量掺入 108 胶进行抹压平整;如露钢筋较深,应将薄弱混凝土全部凿掉,冲刷干净湿润,用高一强度等级的细石混凝土捣实,覆膜养护。混凝土表面露筋如图 6-25 所示。

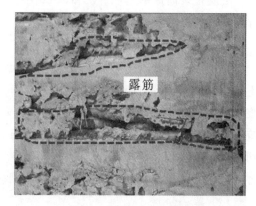

图 6-25　混凝土表面露筋

4. 缺棱、掉角

（1）产生原因

拆模时操作不当、撞击而使棱角碰掉，或吊运时操作不当而碰掉；过早拆模；棱角部位振捣不密实，或砂浆多石子少，因强度低而造成掉角。混凝土掉角如图 6-26 所示。

（2）防治措施

拆模时不能用力过猛，采用千斤顶和吊机配合拆模时，千斤顶一定要顶开模板，与混凝土面有一定宽度后才能用吊机吊模；混凝土拆模时间不能过早，一般侧模应保证其具有 1.2 MPa 以上强度才能拆模，冬季施工时宜适当延长拆模时间；混凝土振捣时应对边角振捣密实，分布均匀，保证边角的强度。

图 6-26　混凝土掉角

5. 松顶

（1）产生原因

混凝土浇筑顶部时，缺少 2 次振捣和 2 次抹面压光，造成表面粗糙、不平整、松散；有顶盖构件，由于顶盖拆模时间不合理，拆模后缺少 2 次抹面压光处理；养护不够。

（2）防治措施

当混凝土浇筑至顶部时，应进行 2 次振捣和 2 次抹面压光；有顶盖构件应在混凝土初凝后才能拆除顶盖，拆模后应及时进行抹面压光，并注意混凝土养护。

6. 混凝土表面色差

施工中许多因素都会引起混凝土表面颜色发生色差，比如原材料的种类不同、混凝土拌和质量不同等。施工中应采用同一种水泥、掺合料、骨料，严禁不同品牌、不同强度等级的水泥混在一起使用，一旦胶凝材料的品种或用量发生变化，都可能会产生色差。

混凝土拌和质量控制也尤为重要，往往施工单位对骨料含水率测定不规范或因骨料级配不均匀，使得拌制出的混凝土坍落度或大或小，在浇筑过程中混凝土易发生离析，再振捣不均匀等，造成某些部位骨料集中或砂浆过于丰富，待混凝土硬化后，表面颜色不一致。施工中，应严格控制后盘混凝土的拌制质量，确保混凝土的和易性；振动棒振捣应严格执行分层分段振捣，快插慢拔，气振和附着式振动都应注意振动时间控制。使用了不合格的脱模剂，或脱模剂使用不当，用量过大时，既浪费又会引起混凝土表面缓凝，还会污染已经浇筑好的混凝土表面；或为节约成本，不使用脱模剂，采用机油和柴油进行调和勾兑，现场计量控制不准，更有甚者采用废机油，极易造成混凝土表面产生色差。

对于颜色不均匀的混凝土表面，可考虑的处理方式，是污染后尽快采用细砂纸打磨或采用稀释的酸性溶液进行清洗，然后再将处理后的表面用水彻底冲洗，最后用干水泥饰面。混凝土结构中伸出预埋的钢筋以及扎丝，暴露在外面一段时间后，遇到雨水侵蚀，产生锈迹，极易污染混凝土表面；可能是由于模板表面打磨不彻底，锈斑浸入脱模剂中，从而污染了混凝土面而产生锈迹。

总之，混凝土表观缺陷主要是施工工艺造成的，只有严格控制施工工艺，狠抓工程管理，做到分工明确，责任落实，才能有效地避免和减少混凝土构件表观质量缺陷。混凝土色差如图 6-27 所示。

图 6-27　混凝土色差

**码6-6 混凝土表面缺陷
知识测试答案**

[知识测试]

1. 什么是砂斑、砂线？

2. 防治麻面的措施有哪些？

3. 缺棱掉角产生的原因是什么？

4. 什么是松顶？

5. 防治松顶的措施有哪些？

6.4 混凝土强度不足

[任务描述] 本任务介绍混凝土强度不足的原因及混凝土强度的控制、发生强度不足的处理方法。

[能力目标] 具有分析混凝土强度不足的原因及处理的能力。

[知识目标] 掌握混凝土强度不足的原因及发生强度不足的处理方法。

[任务工单]

《普通混凝土制备及施工技术》学习任务工单

项目	混凝土常见质量问题及其防治	任务	6.4 混凝土强度不足	
队名		班级		学时
队长		队员		
工作任务	掌握混凝土强度不足的原因及混凝土强度的控制、发生强度不足的处理方法。			
任务目标	[能力目标]具有分析混凝土强度不足的原因及处理的能力。 [知识目标]掌握混凝土强度不足的原因及发生强度不足的处理方法。			
工作方式	每个班级分为6个学习小分队，每队5~6人，按学习任务进行分工，每人在完成自学后，一起讨论，共同完成任务，并进行任务总结。			
工作记录				
任务总结				

工作评价		参与讨论/(20)	工作数量/(20)	工作质量/(20)	团结协作/(20)	工作结果/(20)	合计	权重	分值
	自我评价							30%	
	同学评价							30%	
	老师评价							40%	
教师评语								教师签名： 年　　月　　日	

混凝土施工的强度是当前建筑业界最重视的一个环节,建筑质量的优劣决定于混凝土的强度和操作技术,因此,混凝土强度是工程建设最为重要的关键问题。评定混凝土强度,采用的是标准试件的混凝土强度,即按照标准方法制作的边长为150 mm标准尺寸的立方体试件,在温度为(20±3)℃、相对湿度为90%以上的环境或水中的标准条件下,养护至28 d时按标准试验方法测得的混凝土立方体抗压强度。

混凝土强度不足是指施工阶段中混凝土的强度未达到设计标准所要求的数值。所造成的后果是混凝土抗渗性能降低,耐久性降低,构件出现裂缝和变形,承载能力下降,严重者会影响到建筑物正常使用甚至造成安全事故,见图6-28、图6-29。鉴于混凝土强度不足造成的危害,弄清造成混凝土强度不足的原因及采取何种措施进行控制是非常必要的。现仅从原材料、配合比、施工工艺等方面分析、控制混凝土的强度。

图 6-28　混凝土强度不足

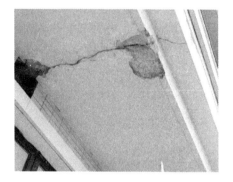

图 6-29　混凝土强度不足导致裂缝

6.4.1　混凝土强度不足的原因

1. 原材料质量存在问题

混凝土是由水泥、砂、石、水、外加剂、掺合料按一定比例拌和而成的,原材料质量的好坏直接影响到混凝土的强度。

（1）水泥

水泥质量不好是造成混凝土强度不足的关键因素。同一等级的水泥,生产厂家不同其实际强度和需水量(标准稠度用水量)存在一定的差异,当生产过程中更换水泥厂家时,如果依然按原配合比生产混凝土,就有可能发生混凝土强度不足的问题。

管理良好的水泥企业,其水泥实际强度和需水量波动较小;而管理较差的企业,会出现 28 d 强度 10 MPa 左右的波动,由于水泥试验跟不上生产的节奏,将大大影响混凝土强度的稳定性。

（2）骨料

① 骨料中的不良成分含量较高:粗骨料中含较多的石粉、黏土等成分,一是会影响骨料与水泥的黏结;二是加大骨料的表面积,增加用水量;三是黏土颗粒体积不稳定,干缩湿胀,对混凝土有一定破坏作用。细骨料中含有硫化物、硫酸盐及腐烂的植物等有机物(主要是鞣酸及其衍生物),对水泥水化产生不利影响,而使混凝土强度降低。

② 骨料的形状和自身强度有问题:粗骨料中针、片状颗粒的含量过多,或骨料自身强度有问题,都会使混凝土强度降低。

（3）拌合水和外加剂

拌合水有机杂质较高的沼泽水,pH 值大于 4 的酸性水,工业含油污废水,都可造成混凝土强度下降。不合格外加剂的使用或外加剂用量不当可造成混凝土强度不足,甚至不凝结事故发生。

（4）矿物掺合料

矿物掺合料质量发生明显变化,使用细度变粗或掺假的矿物掺合料,都会引起混凝土强度不足。

2. 混凝土配合比及生产方面出现问题

① 未对混凝土配合比进行试验验证,随意套用配合比,造成强度不足。

② 减水剂的减水率已降低,或其他材料质量发生明显变化,未合理调整生产配合比,只采取增加用水量的方法调整坍落度,造成强度不足。

③ 剩余混凝土处理不当,造成强度不足。

④ 计量装置失灵,造成配合比严重失控,从而造成强度不足。

3. 现场施工工艺不规范

混凝土搅拌、浇筑、振捣不得当,模板使用后不及时修复造成严重漏浆,运输中发生混凝土离析、运输工具漏浆、混凝土养护不当都可造成强度降低。

6.4.2　混凝土强度不足事故的处理方法

1. 检测、鉴定实际强度

当试块试压结果不合格,估计结构中的混凝土实际强度可能达不到设计要求时,可用无损检验、钻孔取样等方法测定混凝土实际强度,作为事故处理依据。

2. 分析验算

当混凝土实际强度与设计要求相差不多时,一般通过分析验算,挖掘设计潜力。多数可不作专门加固处理。因为混凝土强度不足对受弯构件正截面强度影响较小,所以经常采用这种方法处理;必要时在验算的基础上,做荷载试验,进一步证实结构安全可靠,不必处理。装配式框架梁柱节点核心区混凝土强度不足,可能导致抗震安全度不足,只要根据抗震规范验算后,在相当于设计震级的作用下,强度满足需求,结构裂缝和变形不经修理或经一般修理仍可继续使用,则不必采用专门措施处理。需要指出:分析验算后得出不处理的结论,必须经设计签证同意方有效。同时还应强调指出,这种处理方法实际上是挖掘设计潜力,一般不应提倡。

3. 利用混凝土后期强度

混凝土强度随龄期增加而提高,在干燥环境下 3 个月的强度可达 28 d 的 1.2 倍左右,一年可达 1.35～1.75 倍。如果混凝土实际强度比设计要求低得不多,结构加荷时间又比较晚,可以采用加强养护方法,利用混凝土后期强度的原则处理强度不足事故。

4. 减少结构荷载

由于混凝土强度不足造成结构承载能力明显下降,又不便采用加固补强方法处理时,通常采用减少结构荷载的方法处理。例如,采用高效轻质的保温材料代替白灰炉渣或水泥炉渣等措施,减轻建筑物自重,又如降低建筑物的总高度等。

5. 结构加固

柱混凝土强度不足时,可采用外包钢筋混凝土或外包钢加固,也可采用螺旋筋约束柱法加固。梁混凝土强度低导致抗剪能力不足时,可采用外包钢筋混凝土及粘贴钢板方法加固。当梁混凝土强度严重不足,导致正截面强度达不到规范要求时,可采用钢筋混凝土加高梁,也可采用预应力拉杆补强体系加固等。

6. 拆除重建

由于原材料质量问题严重和混凝土配合比错误,造成混凝土不凝结或强度低下时,通常都采用拆除重建方法处理。中心受压或小偏心受压柱混凝土强度不足时,对承载力影响较大,如不宜用加固方法处理时,也多用此法处理。

[知识测试]

1. 混凝土强度不足的后果是什么?

2. 造成混凝土强度不足的原因是什么?

3. 在混凝土配合比及生产方面出现什么问题可能造成混凝土强度不足?

4. 混凝土强度出现什么情况需要拆除重建?

码 6-7　混凝土强度不足
知识测试答案

6.5　混凝土凝结时间异常

[**任务描述**]　本任务介绍混凝土产生异常凝结的原因,解决混凝土凝结时间异常的方法及防治混凝土凝结时间异常的措施。

[**能力目标**]　具有分析产生混凝土凝结时间异常的原因及解决凝结异常的方法,能够预防混凝土出现凝结异常的现象。

[**知识目标**]　掌握产生混凝土凝结时间异常的原因及解决凝结异常的方法。

[**任务工单**]

《普通混凝土制备及施工技术》学习任务工单

项目	混凝土常见质量问题及其防治		任务	6.5　混凝土凝结时间异常	
队名		班级			学时
队长		队员			
工作任务	掌握混凝土产生异常凝结的原因,解决混凝土凝结时间异常的方法及防治混凝土凝结时间异常的措施。				
任务目标	[能力目标]具有分析产生混凝土凝结时间异常的原因及解决凝结异常的方法,能够预防混凝土出现凝结异常的现象。 [知识目标]掌握产生混凝土凝结时间异常的原因及解决凝结异常的方法。				

工作方式	每个班级分为6个学习小分队,每队5~6人,按学习任务进行分工,每人在完成自学后,一起讨论,共同完成任务,并进行任务总结。
工作记录	
任务总结	

工作评价		参与讨论/(20)	工作数量/(20)	工作质量/(20)	团结协作/(20)	工作结果/(20)	合计	权重	分值
	自我评价							30%	
	同学评价							30%	
	老师评价							40%	

教师评语	教师签名: 　　　　年　　月　　日

混凝土的凝结时间明显超过正常范围,可判为凝结时间异常。混凝土的凝结时间异常通常表现为缓凝(图6-30)、速凝(图6-31)和假凝三种,速凝和假凝会导致混凝土浇筑困难,缓凝会导致混凝土拆模时间延长,早期强度低,严重时28 d强度达不到设计要求,酿成质量事故。

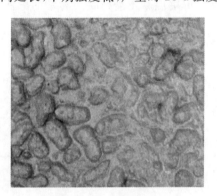

图6-30 混凝土缓凝

图6-31 混凝土速凝

6.5.1 产生凝结时间异常的原因分析

1. 缓凝

(1)判断依据

混凝土产生缓凝现象没有固定的时间规定,往往以是否影响后续正常施工来进行判定。一般在混凝土浇筑后,热天超过 10 h 不凝结硬化,冷天超过 20 h 不凝结硬化,可认为是异常凝结(特殊要求混凝土除外)。

（2）原因分析

① 人为因素

A. 搅拌站人员未按混凝土外加剂使用说明要求,盲目多掺外加剂。

B. 按混凝土配合比要求,将粉煤灰误当水泥使用。

C. 工作疏忽导致外加剂混淆使用,如将缓凝剂当早强剂使用。

D. 混凝土浇筑过程中,施工人员看混凝土发干、流动性小,擅自给混凝土加水。

② 设备因素

A. 计量器具未按照要求自检、送检,长期使用产生较大误差。

B. 盛放混凝土外加剂的料仓使用不当,改变了外加剂的性能。

C. 计量装置突发故障。特别是外加剂中复配有缓凝剂时,若过量将明显延长混凝土的凝结时间,甚至发生严重异常缓凝事故。

③ 水泥因素

A. 水泥自身凝结时间长。水泥生料配比不合理或水泥煅烧过程中温度控制不够,导致煅烧后水泥有效成分少,主要靠调凝石膏来调整凝结时间。

B. 水泥细度对凝结时间的影响。水泥细度越粗,水化反应越慢,凝结时间越长。水泥细度对混凝土凝结时间的影响更加明显,因为测定水泥凝结时间是用水泥净浆,在水泥净浆中,水泥的体积占 55% 左右。而混凝土由于其他材料用量大,水泥的体积只占 5%～15%,因此对混凝土凝结时间的影响更大。

C. 水泥工艺流程的重大改变,水泥性能不稳定。

D. 水泥厂家大量掺加粉煤灰。

④ 矿物掺合料因素

A. 由于矿物掺合料要靠水泥水化生成 $Ca(OH)_2$ 才能发生胶凝反应,因此矿物掺合料掺量越大,混凝土的凝结时间越长,故在冬季施工时矿物掺合料掺量不宜过多。

B. 使用脱硫粉煤灰将显著延长混凝土的凝结时间。

⑤ 外加剂因素

A. 外加剂种类繁多,工地上不注意外加剂标志,误用外加剂。

B. 外加剂对运输、储存、使用、掺量等方面都有严格要求,未按外加剂厂家说明使用。

C. 外加剂有一定适应性,调试过程中混凝土满足各项指标要求,但在大批量生产供货中,由于原材料的不稳定,会在凝结时间上有一定的误差。

D. 外加剂配方不合理的产品,自身凝结时间长,导致混凝土凝结时间过长。

⑥ 其他因素

A. 环境因素。水泥的水化反应随温度的上升而加快,施工的环境温度较低时,可能会使凝结时间延长。

B. 施工。冬季施工如果准备工作不到位,某一环节跟不上或仓促施工,容易造成混凝土凝结时间过长,如起始养护温度超低,凝结时间越长。

2. 速凝

（1）判断依据

速凝的主要特征是混凝土停止搅拌后,很快开始放热,拌合物流动性损失快,导致浇筑困难甚至无法浇筑。

（2）原因分析

混凝土发生速凝的原因除了上述的人为因素、设备因素外，可能还会有以下各因素：

① 水泥

A. 熟料中铝酸三钙（C_3A）和碱含量过高时，石膏的掺量又没有随之变化，导致水泥产生速凝。

B. 为调节水泥凝结时间，水泥中要掺入适量的石膏，若石膏掺量不足或掺量过多，都可能导致水泥发生速凝现象，甚至会导致水泥安定性不良。

C. 水泥粉磨细度过细。水泥细度越细，水化反应越快，而且随着细度的增大，吸附外加剂的量也增大，随着用量增加，拌合物越黏，流动性越差。

② 外加剂

A. 外加剂的质量与标识不符，或外加剂的用量没有掌握好，都有可能导致混凝土速凝。

B. 外加剂与胶凝材料相容性差，导致混凝土速凝。

③ 其他因素

施工的温度及湿度都对混凝土的凝结硬化有很大影响。随着温度的上升，新拌混凝土的凝结时间缩短；温度高，湿度小，即在干燥的环境下，新拌混凝土的水分蒸发快，混凝土的凝结时间相应缩短，并会导致混凝土出现裂缝、强度降低等。

3. 假凝

（1）判断依据

假凝的主要特征是混凝土停止搅拌后，流动性损失很快，并有凝结特征，但无明显温度上升现象，重新搅拌后有一定的流动性，可用于浇筑。

（2）原因分析

水泥在粉磨过程中，当磨内温度过高时，可引起二水石膏脱水，生成溶解度很小的半水石膏。水泥在使用过程中加水后，半水石膏迅速吸入水分生成二水石膏，导致自由水分减少，引起假凝现象。另外，某些含碱较高的水泥，氯酸钾与二水石膏生成钾石膏迅速长大，也会造成假凝现象。

6.5.2　凝结时间异常的解决方法

凝结时间异常的解决方法如下：

① 混凝土 3 d 未凝结，应迅速通知相关人员，果断处理，清除旧混凝土后重新浇筑，以免后续施工造成更大的损失。

② 迅速对混凝土进行覆盖，加强混凝土的养护。

③ 分析产生异常原因，检查混凝土配合比是否合理，检查搅拌站仪器设备是否存在较大误差，人员是否操作不当，原材料（水泥、粉煤灰、外加剂等）是否合格等。

6.5.3　凝结时间异常的防治措施

凝结时间异常的防治措施如下：

① 加强胶凝材料与外加剂相容性检验和生产配合比的验证，及时发现问题及时解决，尽量避免混凝土拌合物交付后发生异常凝结情况。

② 当混凝土的凝结时间采用调整外加剂的方法不能满足施工要求时，在保证混凝土质量的前提下，可同时调整水泥用量。

③ 严格按规定周期检定生产计量称量装置,并加强自校和维护保养工作,防止发生卡、顶、传感器灵敏度不良现象导致称量失准。

④ 加强筒仓管理工作,避免发生胶凝材料入错用错现象。

⑤ 冬期施工时,必须加强新浇混凝土的养护工作,尽量减少混凝土自身热量损失过快而延长凝结时间,影响早期强度的正常增长。

⑥ 禁止施工过程中随意向混凝土里加水。向已搅拌好的混凝土中加水不仅造成混凝土凝结时间延长,而且还将降低混凝土强度,增加开裂的概率,更重要的是改变了混凝土的匀质性,对硬化混凝土结构的耐久性影响较大。

[知识测试]

1. 混凝土凝结时间异常的危害是什么?
2. 混凝土产生假凝的原因是什么?
3. 产生混凝土凝结时间异常的解决方法有哪些?

码 6-8 混凝土凝结时间异常
知识测试答案

6.6 混凝土堵泵

[任务描述] 本任务主要介绍了混凝土泵送的一般要求,产生混凝土堵泵的原因及解决方法。

[能力目标] 具有分析混凝土堵泵的原因及解决堵泵的能力。

[知识目标] 掌握预拌混凝土施工中堵泵的原因及解决堵泵的方法。

[任务工单]

《普通混凝土制备及施工技术》学习任务工单

项目	混凝土常见质量问题及其防治	任务		6.6 混凝土堵泵	
队名		班级			学时
队长		队员			
工作任务	掌握混凝土泵送的一般要求,产生混凝土堵泵的原因及解决方法。				
任务目标	[能力目标]具有分析混凝土堵泵的原因及解决堵泵的能力。 [知识目标]掌握预拌混凝土施工中堵泵的原因及解决堵泵的方法。				
工作方式	每个班级分为6个学习小分队,每队5～6人,按学习任务进行分工,每人在完成自学后,一起讨论,共同完成任务,并进行任务总结。				
工作记录					

	参与讨论 /(20)	工作数量 /(20)	工作质量 /(20)	团结协作 /(20)	工作结果 /(20)	合计	权重	分值
自我评价							30%	
同学评价							30%	
老师评价							40%	

任务总结

工作评价

教师评语　　　　　　　　　　　　　　　　　　　　教师签名：
　　　　　　　　　　　　　　　　　　　　　　　　　　年　月　日

在混凝土泵送过程中,发生堵泵是一个非常普遍的问题,堵泵会影响施工进度,严重时影响混凝土结构质量。

6.6.1　混凝土泵送的一般要求

混凝土泵送的一般要求如下:

① 混凝土的泵送,按现行行业标准《混凝土泵送施工技术规程》(JGJ/T 10—2011)的有关规定执行,并采用由远而近的方式浇筑,减少泵送过程中接管影响作业。

② 施工现场安装混凝土泵的过程中,应逐一检查输送管中有无异物,安装完毕泵送水检查,确认混凝土泵和输送管中无异物后,接着喂润滑混凝土泵和输送管内壁的水泥砂浆。润滑用的水泥砂浆,可作接头砂浆,但不得作为混凝土混合物使用。

③ 预拌混凝土运送至浇筑地点,在给混凝土泵喂料前,应以中、高速旋转搅拌筒,使混凝土拌和均匀。如混凝土拌合物出现严重离析,应退回调整,不得泵送。

④ 开始泵送时,混凝土泵应处于慢速、匀速并随时可反泵的状态,泵送速度应先慢后快,逐步加速。同时,应观察混凝土泵的压力和各系统的工作情况,待各系统运转顺利后,方可按正常速度进行泵送。

⑤ 混凝土拌合物的浇筑温度,最高不宜超过 35 ℃,最低不宜低于 5 ℃。

⑥ 混凝土泵送应连续进行,如必须中断时,其中断时间不宜超过 1 h,在中断停歇期间,可每隔 10~15 min 反泵,再正泵 2~3 个行程。

⑦ 在混凝土泵送过程中,若需接长 3 m 以上(含 3 m)的输送管时,应预先用水湿润管道内壁。

⑧ 当超高层建筑采用接力泵送混凝土时,设置接力泵的楼面应验算其结构所能承受的荷载,必要时应采取加固措施。

⑨ 混凝土输送管,应根据工程和施工场地特点、混凝土浇筑方案进行配管,尽量缩短管线长度,少用弯管和软管。输送管的铺设应保证安全施工,便于清洗管道、排除故障和装拆维修。

⑩ 在同一条管线中,应采用相同管径的混凝土输送管;同时采用新、旧管段时,应将新管布置在泵送压力较大处。

⑪ 混凝土输送管应根据粗骨料最大粒径、混凝土泵型号、混凝土输出量和输送距离,以及输送难易程度等进行选择。输送管应具有与泵送条件相适应的强度。应使用无龟裂、无凹凸损伤和无弯折的管段。输送管的接头应严密,有足够强度,并能快速装拆。

⑫ 混凝土输送管的固定,不得直接支承在钢筋、模板及预埋件上;当垂直管固定在脚手架上时,应经脚手架设计与施工人员复核同意,必要时进行加固。

⑬ 炎热季节施工,宜用湿罩布、湿草袋等遮盖混凝土输送管,避免阳光照射。

⑭ 布料设备不得碰撞或直接搁置在模板、钢筋上,手动布料杆下的模板和支架应加固。

⑮ 混凝土泵的安全使用及操作,应严格执行使用说明书和其他有关规定。同时,应根据使用说明书制定专门操作要点。混凝土泵的操作人员必须经过专门培训,合格后方可上岗独立操作。

⑯ 混凝土泵送过程中,不得把拆下的输送管内的混凝土撒落在未浇筑的部位,废弃的和泵送终止时多余的混凝土应按预先确定的处理办法,及时进行妥善处理。

⑰ 当浇筑大方量混凝土或多台混凝土泵同时泵送时,搅拌站应增加现场调度人员进行密切配合,服从需方统一指挥。确保发车节奏与混凝土泵送的连续性和各泵之间的均衡供应,满足施工组织设计中有关要求,并保证混凝土从搅拌至浇筑完毕的延续时间符合有关的要求。

⑱ 混凝土泵送即将结束前,应正确计算或了解尚需用的混凝土数量,并应及时通知混凝土搅拌站。

⑲ 混凝土泵送管路接头应连接牢固,密封、不漏浆;要布置弯管的地方,尽量使用转弯半径大的弯管,减少压力损失,避免堵管。

6.6.2　混凝土堵泵原因及防治方法

堵泵是混凝土泵送施工过程中常见的故障,它包括机械和混凝土两种故障。但如果相关人员控制得当,堵泵问题可以减少或消除。分析造成混凝土泵送堵塞的原因,主要是由以下因素引起:

① 入泵时混凝土拌合物坍落度小于 100 mm;高强混凝土由于其黏性较大,坍落度小于 180 mm 时也容易引起堵泵。

② 未根据原材料质量变化及时调整配合比,混凝土拌合物坍落度太大,出现严重泌水、离析现象。

③ 粗骨料粒径大,或混凝土砂率太小,或骨料级配不良,或粗骨料针片状颗粒含量大(不宜大于 10%)等。

④ 施工过程中接管时未进行管道湿润,干管泵送,且此时泵送功率过小。

⑤ 润管砂浆不足、离析或砂浆未泵出管道即开始泵送混凝土。

⑥ 外加剂与胶凝材料的相容性差,混凝土坍落度损失快,造成混凝土泵送困难。

⑦ 泵送中断时间过长,输送管内的混凝土可能产生泌水,当再次泵送时,输送管上部的泌水就先被压走,剩下的骨料就易造成输送管堵塞。当混凝土供应不及时,宜采取间歇泵送方式,放慢泵送速度。间歇泵送可采用每隔 5 min 左右进行两个行程反泵,再进行两个行程正泵的泵送方式。

⑧ 泵送时操作不当,泵压和泵各部分未达到正常运转情况即开始泵送。

⑨ 泵送机械功率小,而输送管道长。

⑩ 混凝土拌合物胶凝材料用量少于 300 kg/m³ 时,细骨料通过 0.315 mm 筛孔的颗粒含量少于 15% 时,混凝土的可泵送性差,远距离泵送时更易发生堵泵。

⑪ 使用前检查泵管,发现管壁内有混凝土残留物必须处理后再使用,否则内壁的凹凸不平或在泵送过程中脱落容易造成堵管。

⑫ 泵送时,喂料斗内应始终有足够的混凝土,防止缺少混凝土吸入空气造成堵管。

⑬ 混凝土10 s时的相对压力泌水率S_{10}不宜大于40%,过大易造成堵泵。

⑭ 泵送时现场加水,由于不易搅拌均匀,容易产生离析现象。

⑮ 往下泵送大流动性混凝土时,混凝土自落易产生离析,中断时间长或接头密封不严泵管吸入空气,容易造成堵泵。因此,向下的管路布置,在垂直向下的管路下端应布置一缓冲水平段或管口朝上的倾斜坡段,以减少混凝土自落产生离析而堵塞。

⑯ 对泵送混凝土的骨料质量未严格控制,使混凝土拌合物中混入异物,如砖块、石块、已硬化的混凝土块及其他杂物等,在放料时如不及时挑出,就有可能造成堵泵。

⑰ 输送管管段之间接头密封不严密,出现漏浆情况。

⑱ 混凝土运输车滚筒内叶片损坏,造成混凝土拌合物不均匀(粗骨料下沉),粗骨料集中过多造成堵塞。

发生明显离析的混凝土不能泵送,要求混凝土输送车返回搅拌站调整,如已将离析混凝土放入泵的料斗内,最好将其放掉并清除;如进入管内且向上垂直泵送时,应立即反泵,借用管内混凝土的自重将离析混凝土反吸回料斗,清除干净后继续泵送;当向下垂直或平行远距输送时,必须在适当位置拆开管路进行处理;离析的砂浆不但起不到润滑作用,反而容易造成堵管,砂浆堵管比混凝土堵管更难处理,更不能泵送。

加强混凝土拌合物的交货检验工作,拒绝泵送和易性不良、已明显泌水、离析的混凝土。

外界温度过高影响混凝土的可泵性,因此,当环境温度超过30 ℃时,应用湿草袋、罩布等材料将泵管包裹,以减少外温对混凝土拌合物性能的影响。

[知识测试]

1. 混凝土泵安装完毕,应泵送(　　　　)检查,确认混凝土泵和输送管中无异物后,接着喂润滑混凝土泵和输送管内壁的(　　　　)。

2. 混凝土开始泵送时,混凝土泵应处于慢速、匀速并随时可(　　　　)的状态,泵送速度应(　　　　),逐步加速。

3. 在混凝土泵送过程中,若需接长3 m以上(含3 m)的输送管时,应预先用(　　　　)湿润管道内壁。

码6-9　混凝土堵泵
知识测试答案

4. 在同一条管线中,应采用相同管径的混凝土输送管;同时采用新、旧管段时,应将新管布置在泵送压力(　　　　)处。

5. 混凝土泵送管路接头应连接牢固,密封、不漏浆;要布置弯管的地方,尽量使用转弯半径(　　　　)的弯管,减少压力损失,避免堵管。

【项目评价】

混凝土常见质量问题及其防治项目评价表

评价模块	评价内容	完成情况	分值
6.1　混凝土离析与泌水	1.分析混凝土离析、泌水的原因; 2.具有预防混凝土离析、泌水的能力		(满分15)
6.2　混凝土裂缝	1.掌握混凝土裂缝的种类; 2.掌握混凝土裂缝产生的原因; 3.掌握预防混凝土裂缝的措施		(满分20)

6.3 混凝土表面缺陷	1.掌握混凝土产生表面缺陷的原因; 2.具有预防混凝土表面缺陷的能力		(满分20)
6.4 混凝土强度不足	1.掌握混凝土强度不足的原因及处理方法; 2.具有预防混凝土强度不足的能力		(满分20)
6.5 混凝土凝结时间异常	1.掌握混凝土产生凝结时间异常的原因及解决方法; 2.具有分析混凝土凝结时间异常的原因并能解决问题的能力		(满分15)
6.6 混凝土堵泵	1.掌握混凝土泵送过程中发生堵泵的原因及解决方法; 2.具有分析混凝土堵泵的原因并能解决问题的能力		(满分10)
合 计			100

项目 6 参考文献

1. 纪明香,初景峰.预拌混凝土生产及仿真操作[M].天津:天津大学出版社,2018.
2. 杨绍林,邵宇良,韩红明.预拌混凝土企业检测试验人员实用读本[M].3 版.北京:中国建筑工业出版社,2016.
3. 杨绍林,张彩霞.预拌混凝土生产企业管理实用手册[M].2 版.北京:中国建筑出版社,2012.
4. 杨红霞.商品混凝土质量与成本控制技术[M].北京:中国建材工业出版社,2014.
5. 隋良志,李玉甫.建筑与装饰材料[M].4 版.天津:天津大学出版社,2017.
6. 刘冬梅.水泥及混凝土检验员常用标准汇编[M].北京:中国建材工业出版社,2016.